Dietrich Seibt (Hrsg.)

Kommunikation, Organisation & Management

Ergebnisse der BIFOA-Forschung

vieweg

Ursprünglich erschienen bei Friedr. Vieweg & Sohn Verlagsgesellschaft mbH, Braunschweig/Wiesbaden 1995

Gedruckt auf säurefreiem Papier

ISBN 978-3-528-05522-6 ISBN 978-3-663-14066-5 (eBook)
DOI 10.1007/978-3-663-14066-5

Vorwort

Mit dem Jahrbuch 1994/1995 zum Thema

„Kommunikation, Organisation und Management"

legt das BIFOA eine neuartige Darstellung ausgewählter Forschungs- und Entwicklungsergebnisse vor. Mit Hilfe dieser Veröffentlichung wird ein Überblick über Ergebnisse aus Projekten gegeben, die einem relativ kleinen Kreis von Interessierten in BIFOA-Veranstaltungen, in Fachkongressen und in BIFOA-Arbeitsberichten bereits zeitnah vorgestellt worden sind. Die Beiträge zu diesem Sammelband können allerdings nur Ausschnitte aus einigen Projekten abbilden. Dabei handelt es sich um Forschungsergebnisse aus abgeschlossenen öffentlich geförderten Projekten, um Ergebnisse aus laufenden Projekten und um Ergebnisse aus Dissertationen von BIFOA-Mitarbeitern. Diese Veröffentlichung enthält außerdem Beiträge, die zu aktuellen Ereignissen (z. B. BIFOA-Jahresforum, Jubiläen etc.) entstanden sind.

Der Titel dieses Jahrbuchs weist auf Veränderungen hinsichtlich der im BIFOA bearbeiteten Forschungs- und Entwicklungsgebiete hin, die sich insbesondere in den letzten drei bis vier Jahren parallel zu generellen "Umbrüchen" in der Informations- und Kommunikationstechnik-Anwendung vollzogen haben. Schon im Jahre 1994, erst recht im Jahre 1995 liegen die Schwerpunkte der BIFOA-Forschung nicht mehr nur im Bereich der Organisationsprojekte, sondern insbesondere im Bereich "Anwendungen der Telekommunikation und Telekooperation" und im Bereich "Anwendung neuer technologie-unterstützter Management-Konzepte" - Geschäftsprozeßgestaltung, Qualitätsmanagement. In allen Bereichen und Projekten ist die für das BIFOA typische primär betriebswirtschaftliche Grundorientierung verbunden mit einem starken Anwendungsbezug dominierend und wird dies auch in Zukunft bleiben.

Den Autoren dieses Jahrbuchs sei für ihre Mühen herzlich gedankt. Zielgruppen für diese Veröffentlichung sind zum einen Fachleute und Manager der Bereiche Informationsverarbeitung, Organisation, Telekommunikation in der Wirtschafts- und Verwaltungspraxis, zum anderen Forscher in Wirtschaftsinformatik-Instituten mit starkem Anwendungs- und Praxisbezug.

August 1995 Dietrich Seibt

Inhalt

Paul Schmitz zum 70. Geburtstag

Zu seinem 70. Geburtstag (16. April 1995) gelten unsere herzlichsten Glückwünsche Herrn Professor (emeritus) Dr. Paul Schmitz. Das Direktorium, die Geschäftsführung und die Mitarbeiter des BIFOA wünschen ihm alles Gute, vor allem aber Gesundheit und die Muße, die er in den Jahren intensiver und aufreibender Tätigkeit für das BIFOA sicherlich nur spärlich gefunden hat.

Paul Schmitz ist einer der wenigen, der in seiner beruflichen Laufbahn an allen "Fronten" der Datenverarbeitung Erfahrungen und Kenntnisse gesammelt hat und dem es gelungen ist, diese Informationsquellen in seine Forschungsarbeiten zu integrieren.

Als Leiter einer Gruppe für wissenschaftliche Berechnungen bei der Turbinenfabrik Siemens-Schuckert-Werke AG (1953-1957) hat er zu den ersten gehört, die die Rechner der sogen. zweiten Generation angewendet haben. Diese frühen Anwendererfahrungen kamen ihm zugute, als er 1960-1965 beim Hersteller UNIVAC Remington Rand zunächst Leiter eines Rechenzentrums und später Leiter der Abteilung "Software, Operations Research und mathematisch-technische Anwendungen" wurde. Große Bedeutung für seinen wissenschaftlichen Werdegang hatte zweifellos seine langjährige Tätigkeit als Lehrbeauftragter der Wirtschafts- und Sozialwissenschaftlichen Fakultät der Universität zu Köln sowie seine Berufung (1965) zum Forschungsleiter des Betriebswirtschaftlichen Instituts für Organisation und Automation an der Universität zu Köln. In den drei Jahren seines Wirkens als Forschungsleiter hat Paul Schmitz dem BIFOA eine Reihe von wichtigen Impulsen gegeben, war er doch einer der wenigen, der den Gegenstandsbereich der damals in Entstehung begriffenen Informatik nicht nur aus dem Kontext der Hochschule, sondern auch aus eigener praktischer Tätigkeit kannte.

Im Zeitraum 1968-1970 hat Paul Schmitz als einer der Geschäftsführer des mbp - Mathematischer Beratungs- und Programmierungsdienst GmbH in Dortmund - auch die aufstrebende Branche der Software-Häuser intensiv kennengelernt. Das dabei gewonnene Wissen war für ihn besonders wertvoll, als er 1970 zum Direktor des Rechenzentrums der Universität zu Köln ernannt wurde. Dieser Berufung folgte ein Jahr später die Ernennung zum ordentlichen Professor für Informatik an der Universität zu Köln. Paul Schmitz hat mit großem Engagement und sehr erfolgreich das Universitätsrechenzentrum zu einem der großen angesehenen regionalen Rechenzentren gemacht und parallel den Lehrstuhl für Informatik im Rahmen der Wirtschafts- und Sozialwissenschaftlichen Fakultät aufgebaut.

Bereits als Forschungsleiter am BIFOA hat Paul Schmitz auf den Gebieten "Programmiersprachen und Programmierung" sowie "Rechnereinsatz zur Lösung von Modellen des Operations Research" gearbeitet. Die erste Buchveröffentlichung verdeutlicht die besondere Situation, in der sich die Angewandte Informatik zum Zeitpunkt ihrer Entstehung befand: "Die Wirksamkeit von Programmiersprachen" faßt die Ergebnisse eines BIFOA-Studienkreises zusammen, der als "Studienkreis Paul Schmitz" im Zeitraum 1968-1970 tätig war. Paul Schmitz hat diesen Studienkreis, dem neun Leiter von Rechenzentren und drei wissenschaftliche Mitarbeiter des BIFOA angehörten, geleitet. Auf diese Weise ist es ihm gelungen, wertvolle Praxiserfahrungen über den Programmiersprachen-Einsatz mit systematischen betriebswirtschaftlichen Ansätzen zu integrieren.

Mit seiner Berufung auf den Informatik-Lehrstuhl der Universität zu Köln nahm das Spektrum seiner Forschungsaktivitäten beträchtlich zu. Nach Veröffentlichung der "Einführung in die anwendungsorientierte Informatik" (zusammen mit D. Seibt) im Jahre 1975 legte Paul Schmitz im Jahre 1978 zusammen mit A. Schönlein eine fundierte Untersuchung zum Bereich "Lineare und nicht-linearisierbare Optimierungsmodelle sowie ihre ADV-gestützte Lösung" vor.

Neben diesen Problembereichen standen eine Reihe weiterer Fragen im Mittelpunkt seiner Forschungsarbeiten:

- Rechnerverbund,
- Softwaretechnologie, insbesondere Software-Qualitätssicherung,
- Datenschutz und Datensicherung,
- Eignung und Auswahl von ADV-Systemen,
- Integrationsprobleme der ADV-Anwendung.

In den Jahren nach 1980 kamen hinzu:

- die Probleme der Auswahl und Einführung von Mikrocomputer-Systemen,
- der Bereich der Bürokommunikation sowie
- das Gebiet Rechnergestütztes Lernen.

Ergebnisse der Forschungsarbeiten waren viele Informatik-Fachberichte, die in der Reihe des Lehrstuhls für Informatik erschienen sind. Hervorzuheben sind insbesondere sein Buch (mit U. Hasenkamp) zum Thema "Rechnerverbundsysteme, offene Kommunikationssysteme auf der Basis des ISO-Referenzmodells" und sein 1983 in 2. Auflage erschienes Buch (mit H. Bons und R. van Megen) zum Thema "Software-Qualitätssicherung. Testen im Software-Lebenszyklus". Beide Veröffentlichungen markierten zum Zeitpunkt ihres Erscheinens die vorderen Linien des jeweiligen Erkenntnisstandes auf diesen Gebieten der Angewandten Informatik.

Paul Schmitz war 1971-1975 Wissenschaftlicher Direktor des Rechenzentrums der Universität zu Köln und von 1975-1990 Wissenschaftlicher Direktor des Regionalen Rechenzentrums an der Universität zu Köln. In diese Zeit fällt ein starkes Wachstum dieser Einrichtung, das gleichzeitig mit enormen Veränderungen und Entwicklungen in den verschiedenen Bereichen der Rechner- und Kommunikationstechnologien konfrontiert war. Paul Schmitz hat diese Entwicklungen und die sich daraus für die Universität bietenden Chancen frühzeitig erkannt und für die Universität Köln erfolgreich umgesetzt. Zusammen mit dem damaligen Rektor Peter Mittelstaedt hat Paul Schmitz im Jahre 1975 beim Ministerium für Wissenschaft und Forschung des Landes Nordrhein-Westfalen dafür gesorgt, daß das Rechenzentrum der Universität zu Köln zu einem der großen Regionalen Rechenzentren des Landes Nordrhein-Westfalen ausgebaut wurde. Das Regionale Rechenzentrum an der Universität Köln hat die Aufgabe, viele Forschungseinrichtungen und Hochschulen der Region mit Rechenkapazität zu versorgen und netzseitig zu betreuen. Das fachliche Niveau der technischen und wissenschaftlichen Beratung für alle Anwender - sowohl für die universitäts-internen als auch für die regionalen Anwender - wurde unter seiner Leitung kontinuierlich ausgebaut und vervollständigt.

Die Arbeitsbeziehungen des Lehrstuhls für Informatik zum BIFOA sind aufgrund enger persönlicher Verbundenheit mit Erwin Grochla und Norbert Szyperski und aufgrund vielfältig genutzter Möglichkeiten zu intensiver Zusammenarbeit ab der zweiten Hälfte der siebziger Jahre immer enger geworden. Folgerichtig wurde Paul Schmitz im Jahre 1982 zum Direktor am BIFOA berufen. Er hat seine umfangreichen Erfahrungen als weithin anerkannter Fachmann auf dem Gebiet der anwendungsorientierten Informatik und seine wertvollen Kontakte zu zahlreichen Organisationen, Institutionen und Unternehmen in das BIFOA eingebracht.

Während seiner Tätigkeit als Direktor und ab 1986 als Geschäftsführender Direktor des BIFOA hat Paul Schmitz eine große Anzahl von Projekten und Fachseminaren geleitet und inhaltlich betreut. Besonderes hervorzuheben sind hier die folgenden vier Bereiche:

- Bürosysteme und Bürokommunikation
  Projektbeispiele: "Analyse, Konzeptionierung und Einführung der Bürokommunikation in einem deutschen Spitzenverband"; "Planung der Textverarbeitung und Textkommunikation in einer obersten Bundesbehörde"; "Konzept und Vorgehensweise zur Kostensenkung im Büro- und Verwaltungsbereich mittelständischer Unternehmen".
- Informationssicherheit
  Projektbeispiele: "Grundlagen der betrieblichen Informationssicherheit"; "Entwicklung einer Strategie für die Informationssicherheit".
- Software-Technologie-Konzepte
  Projektbeispiele: "Rahmenplanung für die Informationsverarbeitung in einem multimedialen Konzern"; "Integriertes Software-Technologie-Konzept für einen Computer-Hersteller".
- Wissensbasierte Systeme/Expertensysteme
  Projektbeispiele: "Entwicklung eines Expertensystems zur Tourenplanung bei einer Luftfahrtgesellschaft"; "Künstliche Intelligenz in der Flugplanung"; "BIFOA-Kooperationskreis Wissensverarbeitung".

Nach seiner Emeritierung (1990) hat Paul Schmitz das Amt des Geschäftsführenden Institutsdirektors an den jüngeren Kollegen Dietrich Seibt abgegeben. Bis heute ist er dem BIFOA eng verbunden - bis 1994 als Direktor und seither als einer der Vizepräsidenten des BIFOA-Fördervereins.

Besondere Bedeutung für den Aufbau und die Entwicklung sowohl der Angewandten Informatik als auch der Wirtschaftsinformatik hat Paul Schmitz als langjähriger Herausgeber der vom Verlag Friedrich Vieweg & Sohn verlegten Zeitschrift "Angewandte Informatik" gewonnen. Er betreute diese Zeitschrift, die in ihren frühen Jahren (1959-1971) "elektronische datenverarbeitung"' hieß, vom Jahre 1969 bis 1991. Paul Schmitz hat das Profil dieser seit vielen Jahren zur Spitzengruppe international renommierter Informatik-Zeitschriften gehörenden Zeitschrift zielstrebig geformt und den Entwicklungen in der Angewandten Informatik angepaßt. In seine Zeit als Geschäftsführender Herausgeber fielen zwei richtungsweisende Änderungen des Zeitschriftentitels, durch die die Sensibilität und der Weitblick der beiden Hauptherausgeber Paul Schmitz und Norbert Szyperski zum Ausdruck kommen. Ende der 60er Jahre zeigte es sich, daß "elektronische datenverarbeitung" ein viel zu enges Spektrum definiert, um mit der rasanten technischen Entwicklung, insbesondere aber mit den vielfältigen Anwendungspotentialen und insbesondere mit den tatsächlich realisierten Anwendungssystemen der Informationstechnologie mitzuhalten. Ende der 80er Jahre zogen Paul Schmitz und N. Szyperski die Konsequenz aus der Tatsache, daß die Beiträge zur Zeitschrift "Angewandte Informatik" immer häufiger Probleme und Lösungsansätze der Wirtschaftsinformatik zum Gegenstand hatten, während die Beiträge zu den übrigen Anwendungsbereichen - zum Teil wegen der Einrichtung spezialisierter Publikationsorgane - deutlich zurückgingen. Ab dem Jahre 1990 setzte die Zeitschrift unter dem Titel "Wirtschaftsinformatik" ihre Tätigkeit fort. Gleichzeitig gab diese Zeitschrift damit der jungen Disziplin Wirtschaftsinformatik eine publizistische Heimat. Paul Schmitz hat unverzüglich mit den relevanten, die Wirtschaftsinformatik repräsentierenden Verbänden, Gremien und Ausschüssen Kontakt aufgenommen und die Zusammenarbeit mit der Zeitschrift auf eine sichere Basis gestellt. Ebenso wichtig war es ihm, die bewährte Tradition fortzusetzen, für den Herausgeberrat nicht nur Vertreter der Wissenschaft, sondern auch profilierte Repräsentanten der Praxis zu gewinnen. Paul Schmitz und Norbert Szyperski haben ihre so erfolgreiche Tätigkeit als Haupt-Herausgeber der "Wirtschaftsinformatik" bis Ende 1991 fortgesetzt und sie dann an die beiden jüngeren Kollegen P. Mertens und U. Hasenkamp übergeben.

Auch die Zeitschrift DATENSCHUTZ und DATENSICHERUNG, die seit 1977 diesen außerordentlich wichtigen Spezialaspekt der Angewandten Informatik wissenschaftlich behandelt, ist von Paul Schmitz mit ins Leben gerufen worden. Er betreute sie als Herausgeber gemeinsam mit Karl Rihaczek und (seit 1982) mit Herbert Meister bis zum Jahre 1989.

Das vielseitige Spektrum seiner wissenschaftlichen Aktivitäten wird durch mehr als 80 Publikationen - Bücher und selbständige Schriften, Beiträge zu Sammelwerken und Zeitschriften - repräsentiert (vgl. das diesem Jahrbuch beigefügte Schriftenverzeichnis).

Von vielen Institutionen wird bei zahlreichen Gelegenheiten die Forderung erhoben, die Universität möge sich stärker zur Praxis hin öffnen. Die Realitätsnähe der universitären Forschung solle verbessert werden. Die Universitäten sollen stärkere Anstrengungen unternehmen, um ihre Erkenntnisse schneller in die Praxis zu transferieren. Paul Schmitz hat sich dem Transfer-Gedanken stets verpflichtet gefühlt - auch zu Zeiten, als dieser Ansatz noch nicht von so vielen so beredt vertreten wurde. Während seiner gesamten Laufbahn hat er enge langfristig angelegte Informationsbeziehungen zu vielen Persönlichkeiten und Unternehmen aufgebaut und beharrlich gepflegt. Aus diesen Beziehungen haben sich nicht selten erfolgreiche Kooperationsprojekte ergeben. Sein Rat wird über den Zeitpunkt seiner Emeritierung hinaus bis heute besonders gesucht und hoch geschätzt. Seine vielseitigen Berufserfahrungen als Wissenschaftler, als akademischer Lehrer, als Manager und als Berater machen ihn zu einem erfolgreichen "Transfer-Agenten", zeigen aber auch, welche hohen Ansprüche an derartige Persönlichkeiten gerichtet werden.

Hervorzuheben und gleichzeitig besonders charakteristisch für sein Wirken ist der umsichtige Aufbau und die geschickte Pflege des "Informationskreis Organisation und Datenverarbeitung", dem etwa dreißig Persönlichkeiten aus Praxis und Wissenschaft angehören, ein Forum für wertvollen Gedanken-, Ideen- und Erfahrungsaustausch. Das Forum, dessen Sprecher Paul Schmitz über 23 Jahre hinweg war, trug damals den Namen "Freundeskreis Schmitz". Der Name bringt die Hochachtung und die freundschaftlichen Bindungen der Mitglieder zum Leiter des Informationskreises zum Ausdruck.

Paul Schmitz hat über den "Informationskreis Organisation und Datenverarbeitung" hinaus viele langjährige Freunde gewonnen, die ihn insbesondere wegen seiner großen Aufgeschlossenheit für alle fachlichen und menschlichen Probleme schätzen. Alle, die ihn kennen, heben seine Beharrlichkeit und Gründlichkeit, seine Hilfsbereitschaft und Fürsorglichkeit hervor. Es entspricht seinem Wesen, spontan und unauffällig zu helfen.

Über Paul Schmitz, den Forscher, "Transfer-Agenten", den Manager und Berater ist schon berichtet worden. Nicht weniger erfolgreich war er als Hochschullehrer. Paul Schmitz besitzt ein ausgeprägtes pädagogisches Geschick, das ihm bei seinen vielfältigen Aktivitäten in der universitären Lehre und bei der Vielzahl der von ihm durchgeführten Weiterbildungsveranstaltungen außerordentlich geholfen hat. Er war beliebt bei den Studenten, weil er nicht nur viel zu sagen hatte, was Theorie und Praxis-Erfahrungen zusammenband, sondern dies auch in verständlicher Sprache und unter Verwendung eines überzeugenden didaktischen Konzepts getan hat.

Das Wahlfach Informatik war ein beliebtes Fach im Hauptstudium der wirtschaftswissenschaftlichen Studiengänge. 300 bis 400 von Paul Schmitz abzunehmende mündliche Examensprüfungen pro Jahr waren zumindest in den achtziger Jahren keine Seltenheit. Gleichzeitig war das Fach Informatik wichtiger Bestandteil der erfolgreichen Fächer-Kombination "Organisation, Planung, Informatik".

Insofern nimmt es auch nicht wunder, daß an seinem Lehrstuhl in zwanzig Jahren mehrere hundert Diplomarbeiten geschrieben worden sind. Fünfzehn Dissertationen und eine Habilitation (Ulrich Hasenkamp) wurden von ihm erfolgreich betreut.

Durch Bündelung seiner Rollen als in Lehre und Forschung tätiger Universitätsprofessor für Informatik, als Wissenschaftlicher Direktor des Regionalen Rechenzentrums an der Universität zu Köln und als Direktor, später als Geschäftsführender Direktor des BIFOA hat sich Paul Schmitz unermüdlich für die Stärkung der Angewandten Informatik, insbes. der Wirtschaftsinformatik eingesetzt. Die junge Disziplin Wirtschaftsinformatik betrachtet ihn als einen ihrer "Vorkämpfer".

BIFOA verdankt Paul Schmitz sehr viel. Er hat Erwin Grochla in der Startphase des Instituts als Forschungsleiter (1965-1968) geholfen, die ersten größeren Forschungs- und Entwicklungsprojekte im Bereich "Automatisierte Datenverarbeitung" zu akquirieren und damit das Institut zu stabilisieren. Nach dem Tode von Erwin Grochla (1986) hat Paul Schmitz die Funktion des Geschäftsführenden Direktors übernommen (1986-1990), das Institut zusammen mit Erich Frese und Dietrich Seibt in der Tradition von Erwin Grochla fortgeführt, viele neue Impulse vermittelt und neue Projekte und Aktivitäten in Gang gesetzt. In seiner Phase als Geschäftsführender Direktor des BIFOA ist es ihm gelungen, die bis dahin gewonnene inhaltliche Breite des Instituts in den Bereichen Organisation, Betriebswirtschaft und Betriebliche Informationssysteme zu halten und gleichzeitig neue Forschungsfelder aus den "neuen" Informations- und Kommunikations-Technologien hinzuzugewinnen. Auch in den neuen Gebieten konzentrierte man sich unter seiner Leitung entsprechend der Forschungstradition des BIFOA auf die Unterstützung der Anwender in betrieblichen Systemgestaltungsprozessen. Ohne sein Wirken gäbe es das BIFOA in der heute existierenden Form zweifellos nicht.

Herzlichen Dank und alles Gute für die Zukunft!

Dietrich Seibt und *Werner Mellis*

Dreißig Jahre BIFOA*

Dietrich Seibt**

* Inhaltliche Verdichtung der Rede des Geschäftsführenden Institutsdirektors anläßlich des BIFOA-Jahresforums im Juni 1994.

** Prof. Dr. Dietrich Seibt, Geschäftsführender Direktor des BIFOA.

1 Grundidee, Ausgangssituation und Tätigkeitsschwerpunkte

Am 1. April 1964 hat das BIFOA, dessen Förderverein im November 1963 von Erwin Grochla gegründet worden war, seine Arbeit aufgenommen. Ausgangspunkt für die Errichtung des Instituts war die Tatsache, daß bei der Einführung der "ADV" - der Automatisierten Datenverarbeitung - die Hardware und die mit ihr verbundenen technischen Probleme im Mittelpunkt der Bemühungen standen. Die "eigentlichen" Probleme zeigten sich in den Unternehmen aber erst während der Technik-Anwendung. Diese Probleme waren nicht primär technischer sondern betriebswirtschaftlicher und organisatorischer Natur.

Es ist das große persönliche Verdienst von Erwin Grochla, daß er als einer der ersten diese Situation erkannt und bewußt gemacht hat. Es gelang ihm, eine beträchtliche Anzahl von großen deutschen Unternehmen (zum Gründungszeitpunkt im Jahre 1963 waren es 41 Unternehmen) zu gewinnen, um einen Förderverein zu gründen, der seither das BIFOA als gemeinnützige Forschungs-, Entwicklungs- und Transfer-Einrichtung getragen hat.

Das BIFOA setzte sich damals die folgenden Ziele:

- Erforschung der allgemeinen Grundlagen der Organisation in den Unternehmen und in der Öffentlichen Verwaltung.
- Ermittlung der besonderen Anforderungen der ADV an die Organisation von Wirtschaftsunternehmen und Verwaltungen.
- Ermittlung der besonderen Anforderungen der Wirtschaftsunternehmen und Verwaltungen an die ADV.
- Untersuchung des Anwendungsstands, der Anwendungsprobleme und der Entwicklungstendenzen der ADV-Anwendung durch engen Kontakt zur Praxis.
- Entwicklung genereller ADV-Anwendungskonzeptionen für Wirtschaft und Verwaltung als Basis für die Entwicklung konkreter Einzelsysteme.
- Untersuchung spezieller Anwendungssprobleme von betriebswirtschaftlich-organisatorischer Relevanz.
- Erarbeitung eines umfassenden Transfer-Konzepts für die Aus- und Weiterbildung auf dem Gebiet der ADV.

Für die aus diesen Zielen abgeleiteten Aufgaben waren Mitte der sechziger Jahre keine regelmäßigen öffentlichen Zuwendungen verfügbar. Man konnte lediglich davon ausgehen, daß das Institut fallweise vom Bund oder vom Land Nordrhein-Westfalen bei einzelnen Projekten unterstützt werden würde. Aus diesem Grunde bemühte sich Erwin Grochla mit Erfolg um den Förderverein, der es mit seinen Förderbeiträgen möglich machte, die auch von der Praxis für notwendig und dringlich gehaltenen Forschungs-, Entwicklungs- und Transfer-Aktivitäten durchzuführen.

In den vergangenen dreißig Jahren sind viele für die Institutsarbeit relevante Veränderungen eingetreten. Gleichzeitig haben wichtige Grundpositionen und Ziele ihre Aktualität behalten. Am Beginn der Entwicklung des BIFOA stand die von Erwin Grochla maßgeblich geprägte Entscheidung, das Phänomen der "Anwendungssysteme" in den Mittelpunkt der Institutsarbeit zu stellen. **"Anwendungssysteme"** - so wie sie im BIFOA von Anfang an verstanden wurden - umfassen zum einen Hardware- und Software-Systeme, zum anderen die Menschen, die als "Anwender" bzw. als "Benutzer" der Technik-Systeme auftreten. Benutzer können Individuen und Gruppen sein. Von besonderer Bedeutung sind die organisatorischen Dimensionen der Anwendungssysteme. Betriebliche Anwendungssysteme sind Systeme, die die Menschen - Mitarbeiter und Manager - bei Erfüllung ihrer betrieblichen Aufgaben im spezifischen organisatorischen Kontext eines bestimmten Unternehmens unterstützen. Solche Systeme können nur dann erfolgreich gestaltet werden, wenn die Menschen und die Organisation als integrative Bestandteile in die Systementwicklung einbezogen werden. Der Mensch ist Subjekt und zugleich Objekt der Systemgestaltung. Im BIFOA ist man immer von der Prämisse ausgegangen, daß die Technik - wie man heute sagt: die Technologie - eine dienende und nicht die dominierende Rolle in den betrieblichen Anwendungssystemen spielt. Insofern sind nicht die Techniksysteme (in Form der ADV- oder Computer-Systeme) sondern die Anwendungssysteme als Mensch-Technik-Organisations-Systeme - als sozio-technische Systeme - das Forschungs-, Gestaltungs-, Beratungs- und Transfer-Objekt der Arbeiten des BIFOA.

Dieser ganzheitliche Ansatz erfährt vollends seine Bestätigung und Rechtfertigung, wenn man sich vor Augen führt, daß Technik-Nutzen nicht direkt und unmittelbar durch den Einsatz der Technik, sondern durch die Veränderungen der Geschäftsprozesse und Wirkungszusammenhänge entsteht, zu deren Unterstützung die Technik-Systeme implementiert und angewendet werden. Ein konkreter Nutzen ist immer ein Nutzen für bestimmte Personen, Gruppen, Organisationen und/oder für die gesamte Gesellschaft.

Von den Anfängen bis heute bestimmen vor allem drei Tätigkeitsschwerpunkte die Institutsarbeit:

- **Forschung** und Entwicklung auf dem Gebiet betrieblicher Anwendungssysteme, insbes. unter Verwendung der Strategie "**Forschung durch Entwicklung**" im Rahmen von Pilotprojekten zusammen mit Anwendern, Herstellern und Software-Häusern.
- **Transfer** des in der Forschung erarbeiteten Wissens im Rahmen von Analysen, Konzeptionen, Beratung ebenfalls zusammen mit Anwendern, Herstellern und Software-Häusern.
- **Erfahrungsaustausch zwischen Praxis und Wissenschaft** in Form von Fachseminaren, Kongressen, Trainings, Workshops etc. durch Betreuung und Betrieb einer neutralen Fortbildungs-Plattform, durch die nicht nur das BIFOA-Know-how sondern auch das Know-how von Dritten (anderer Forschungsinstitute, Anwender, Berater, Hersteller und Software-Häuser) für die Allgemeinheit bereitgestellt wird.

Wichtig für die Arbeit des BIFOA waren und sind auch heute die Diskrepanzen zwischen den Anwendungspotentialen der Technik und dem tatsächlichen Stand der Technik-Anwendung. Diese Diskrepanzen können nicht durch die Technik selbst, sondern nur durch nicht-technische Maßnahmen, d.h. durch Organisationsarbeit, durch systematische ökonomische Analysen und Entwürfe und durch Akzeptanz-bildende Maßnahmen geschlossen werden.

2 Phasen der Institutsarbeit im Rückblick

2.1 Aufbauphase (1964 - 1968)

Wesentlich war die Einführung und der erfolgreiche Einsatz eines neuen Typs praxeologischer und konsequent anwendungsorientierter Forschung mit Hilfe von **Studienkreisen**, an denen Vertreter einer großen Zahl von Unternehmen der deutschen Wirtschaft beteiligt waren und ihre praktischen Erfahrungen eingebracht haben. In dieser Aufbauphase wurde intensiv versucht, staatliche Fördermittel zu akquirieren, was aber damals nicht in zufriedenstellendem Maße gelang. In dieser Phase wurde das "**Kölner Integrationsmodell**" (KIM) entwickelt, das als integriertes betriebliches Aufgaben- und Datenmodell schon viel von dem beinhaltet hat, was Methoden-bewußte Software-Ingenieure dann viele Jahre später unter den Überschriften "Datenmodellierung" und "Funktionenmodellierung" neu erfunden haben.

Geschäftsführender und gleichzeitig alleiniger Direktor
in Phase 1: Prof. Dr. E. Grochla.

2.2 Konsolidierungsphase (1968 - 1971)

Wesentlich waren in dieser Phase insbesondere die beiden Memoranden

"ADV-Anwendungssysteme" (1968)

und

"Betriebsinformatik und Wirtschaftsinformatik
als anwendungsbezogene
Ergänzung einer allgemeinen Informatik" (1969),

mit denen das Institut sein besonderes Profil gewonnen und sich bekannt gemacht hat. In diesem Zeitraum reiften die Früchte der Forschung in fünf Studienkreisen, die in Form von Fachseminaren und Büchern der Allgemeinheit zugänglich gemacht wurden.

Im Jahre 1968 hat Erwin Grochla Norbert Szyperski als Forschungsleiter an das BIFOA geholt, der dafür sorgte, daß das BIFOA sein erstes langfristiges Forschungs- und Entwicklungsprogramm entwarf. In dieser Phase gelang es - u.a. wegen verbesserter gesamtwirtschaftlicher Lage in der Bundesrepublik - erheblich wirksamer als in den Jahren zuvor, öffentliche Mittel zur Unterstützung von BIFOA-Forschungsprojekten zu erhalten.

Geschäftsführender Direktor in Phase 2: Prof. Dr. E. Grochla. Mitdirektor ab 1970: Prof. Dr. N. Szyperski.

2.3 Phase starken Wachstums aufgrund intensiver staatlicher Förderung (1971 - 1977)

Hauptförderer war in dieser Phase der Bundesminister für Bildung und Wissenschaft, später der Bundesminister für Forschung und Technologie, im Rahmen des Zweiten und Dritten DV-Förderprogramms der Bundesregierung. Das BIFOA erhielt erhebliche Mittel für Projekte, insbes. im Forschungsbereich "Management-Informationssysteme", dessen Konzeption vom BIFOA entscheidend geprägt worden war. Von großer Bedeutung für die Institutsarbeit und für das Image des BIFOA war die Tatsache, daß in drei großen parallel abgewickelten Kooperations-Projekten zusammen mit großen Unternehmen (= ADV-Anwendern und Software-Häusern) anspruchsvolle Management-Informationssysteme entwickelt werden konnten. Dabei wurde die von Norbert Szyperski konzipierte Forschungs-Strategie "Forschung durch Entwicklung" erfolgreich praktiziert. Zum ersten Male hat in dieser Zeit ein deutsches betriebswirtschaftliches Institut Forschungs- und Entwicklungs-Projekte von einer Größenordnung durchgeführt, wie sie sonst nur im ingenieurwissenschaftlichen Bereich üblich waren und sind. Kooperationspartner waren die Unternehmen Chemische Werke Hüls AG, Thyssen Niederrhein AG, Gelsenberg AG und VEBA AG.

Geschäftsführender Direktor in Phase 3: Prof. Dr. E. Grochla. Mitdirektor: Prof. Dr. N. Szyperski.

2.4 Phase inhaltlicher und methodischer Ausweitung (1978 - 1986)

In dieser Phase wurden die Forschungs-, Entwicklungs- und Transferschwerpunkte des BIFOA inhaltlich erheblich ausgeweitet. Neue Gebiete waren beispielsweise Dokumentations-Systeme, Datenschutz und Datensicherung, Mittlere Datentechnik, Materialwirtschafts-Systeme, Bürosysteme und Bürokommunikation, PC-Anwendungen, Management von Rechenzentren, Innovations- und Gründungsforschung, Techniken des Organisierens. Parallel zur inhaltlichen Verbreiterung der Institutsarbeit vollzog sich eine Ausweitung des Spektrums der praktizierten methodischen-instrumentalen Ansätze. Neben klassische empirische Untersuchungen traten insbes. auch explorative Studien,

Marktstudien, Technology Assessments, Entwicklung von Handbüchern, Leitfäden und Diagnose-Instrumenten.

Im Zeitraum 1983 - 1986 erfolgte ein erster bewußter Einstieg in den Bereich der Telekommunikation-Anwendungssysteme mit dem Pilotprojekt "BTX-gestützte betriebliche Informationssysteme" im Auftrage des Bundespostministeriums, einem Kooperationsprojekt zusammen mit vier großen BTX-Anwendern, nämlich der BMW AG, den IDUNA Versicherungen, der REWE Zentral AG und der Stadt Düsseldorf.

Geschäftsführender Direktor in Phase 4: Prof. Dr. Dr. h.c. mult. E. Grochla.

Mitdirektor: Prof. Dr. N. Szyperski.

Mitglied der Institutsleitung ab 1978: Prof. Dr. D. Seibt.

Mitdirektor ab 1982: Prof. Dr. P. Schmitz.

2.5 Anwendungsorientierte Forschung im Bereich der neuen Informations- und Kommunikationstechnologien (1986 - 1990)

Das Hauptziel in dieser Phase bestand darin, die gewonnene inhaltliche Breite in den Bereichen Organisation, Betriebswirtschaft und Betriebliche Informationssysteme zu halten und gleichzeitig neue Forschungsfelder im Zusammenhang mit den aufkommenden "neuen" Informations- und Kommunikations-Technologien (nachfolgend abgekürzt: IKT) hinzuzugewinnen. Dies geschah mit Erfolg auf den Gebieten Bürosysteme und Bürokommunikation, Individuelle Datenverarbeitung, Expertensysteme, Computer Based Training und Informationssicherheit. Auch in den neuen Gebieten konzentrierte man sich entsprechend der Forschungstradition des BIFOA auf die Unterstützung der Anwender in betrieblichen Systemgestaltungsprozessen.

Für das Image und den Bekanntheitsgrad des BIFOA war parallel die enorme Breite der Fortbildungsinhalte wichtig, die schon in der vierten, insbes. aber in der fünften Phase im Veranstaltungsbereich mit erfolgreichen Veranstaltungen über die gesamte Bandbreite der BIFOA-Forschung und -Entwicklung erreicht worden war. Am BIFOA wurde ein besonderer Typ von Fachseminaren entwickelt. Bei diesem Fachseminartyp dominieren die Beiträge hochqualifizierter Praktiker über ihre Anwendungs-Erfahrungen. Er ist viele Jahre hinweg erfolgreich praktiziert worden. In gleicher Weise erfolgreich ist der Veranstaltungstyp "Prokjektleiter-Training", bei dem BIFOA nunmehr schon zehn Jahre mit einem der erfahrensten und in der Praxis hochangesehenen Psychologen, Herrn Gero Lomnitz, zusammenarbeitet.

Geschäftsführender Direktor in Phase 5: Prof. Dr. P. Schmitz. Mitdirektoren: Prof. Dr. E. Frese und Prof. Dr. D. Seibt.

2.6 Vertiefung der Forschung und Entwicklung im Bereich "Integrierte Informations- und Kommunikationssysteme" (ab 1991)

Wissenschaft und Praxis gehen heute davon aus, daß klassische Computertechnik-zentrierte Anwendungssysteme nur einen von mehreren Typen von Anwendungssystemen verkörpern, die zukünftig zur Unterstützung der Zielerreichung in Unternehmen eingesetzt werden. Hinzu kommt eine neue Qualität von Informations- und Kommunikations-technischen Anwendungssystemen, die auf einem Bündel von zu integrierenden Technologien aufbauen und in deren Gestaltungszentrum die Phänomene "Vernetzung", "Multimedia" und "Kooperatives Arbeiten" stehen. Die meisten Systeme dieser Art sind heute noch im Stadium von Prototypen, Demonstratoren bzw. Pilotsystemen. Viele von ihnen werden aber schon in Kürze einen Reifegrad erreichen, der es möglich macht, sie in breitem Umfang in der Praxis einzusetzen. Auf die Konsequenzen, die sich hieraus für zukünftige Forschungs- und Entwicklungsaktivitäten ergeben, wird in Abschnitt 6 eingegangen.

Betriebswirtschaftliche Probleme der Organisation und der Automation, die in Unternehmen der Wirtschaft und in Behörden/Verwaltungen auftreten, stehen auch heute im Zentrum der BIFOA-Tätigkeit. Weitere Probleme sind hinzugekommen und nehmen schon heute und erst recht in Zukunft unsere Aufmerksamkeit in Anspruch. Nur einige sollen hier beispielhaft hervorgehoben werden:

- Probleme der Informationssicherheit, d.h. nicht nur Aufbau sicherer Informationstechnik-Systeme (incl. Netze) sondern auch Entwicklung und Betrieb sicherer betrieblicher Anwendungs- und Organisationssysteme.
- Entwicklung und Erprobung von Pilotsystemen und Prototypen im Bereich der Telekommunikation und Telekooperation; Implementierung und Anwendung von betrieblichen Telekommunikations- und Telekooperations-Anwendungssystemen.
- Total Quality Management; Qualitätssicherung sowohl in Form der Qualitätssicherung von Zwischen- und End-Produkten der Systementwicklung als auch in Form der Qualitätssicherung von Entwicklungsprozessen.
- Geschäftsprozeß-Analyse, Modellierung, Reengineering und Optimierung von Geschäftsprozessen, insbes. im Kontext der

Planung und Durchsetzung neuer Unternehmensstrategien, bspw. bei der Realisierung von Lean-Management-Konzepten.

- Probleme des Informationsmanagement, angefangen bei der Verbesserung der Wirksamkeit und Wirtschaftlichkeit von Entwicklung, Betrieb, Wartung/Pflege und Weiterentwicklung der betrieblichen Anwendungssysteme bis hin zu Reorganisation des Management, insbes. des sich im Umbruch befindenden DV-Management.

Geschäftsführender Direktor in Phase 6: Prof. Dr. D. Seibt Mitdirektoren: Prof. Dr. P. Schmitz (bis 1994) und Prof. Dr. W. Mellis (ab 1994).

3 Bedeutung des BIFOA-Fördervereins

Träger des Instituts ist der Verein zur Förderung des BIFOA an der Universität zu Köln e.V. Ohne den Förderverein und seine Organe gäbe es das BIFOA nicht. Ohne den Förderverein und die von ihm für das Institut zur Verfügung gestellten Beiträge könnten beispielsweise keine öffentlich geförderten Forschungsprojekte durchgeführt werden, die regelmäßig nicht die Vollkosten decken. Das BIFOA kann auf solche nicht Vollkostendeckenden Projekte nicht verzichten, weil sich nur mit Hilfe derartiger Vorhaben der Anschluß an das Spitzenniveau der nationalen und internationalen Forschung halten läßt.

Kontinuität und Stabilität des Fördervereins werden primär durch die Persönlichkeiten garantiert, die als Präsidenten und als Mitglieder des Präsidiums dem Direktorium mit Rat und Tat zur Seite gestanden haben und in Zukunft zur Seite stehen werden.

Präsidenten des Fördervereins seit Gründung:

1964-1965	Johannes Gräf, Vorstandsmitglied Kaufhof AG, Köln
1966-1978	Dipl.-Volksw. Gottfried Nagel, Vorstandsmitglied Kaufhof AG, Köln
1979-1981	Dr. Rolf Selowsky, Vorstandsmitglied KHD, Köln; Vorstandsmitglied Volkswagen AG, Wolfsburg
seit 1982	Dr. Paul-Robert Wagner, Mitglied des Aufsichtsrats im GERLING-KONZERN, Köln (bis 1994: Vorstandsmitglied GERLING-KONZERN Versicherungs-Beteiligungs-AG, Köln)

Schatzmeister:

1964-1978	Prof. Dr. Friedrich Meller, Direktor Henkel & Cie. AG, Düsseldorf
seit 1979	Johannes E. Beutler, Vorstandsmitglied Rheinboden Hypothenbank AG, Köln

Mitglieder des BIFOA-Präsidiums seit Gründung:

1964-1965	Direktor Josef Fuchs, Stellv. Vorstandsmitglied AEG AG, Frankfurt/M.
1964-1972	Direktor Eckart Hehn, Stellv. Vorstandsmitglied Olympia Werke AG, Wilhelmshaven; Vorsitzender der Fachgemeinschaft Büromaschinen und Datentechnik im VDMA, Frankfurt/M.
1967-1971	Dr. Willy Schürmann, Bergwerksdirektor; Mitglied des Vorstands der Hibernia AG, Herne, zum damaligen Zeitpunkt keine Mitgliedsfirma, danach Tochtergesellschaft der späteren Mitgliedsfirma VEBA AG, Düsseldorf (1973)
1972-1977	Dipl.-Kfm. Otto Schäfer, Kugellagerfabriken FAG Kugelfischer Georg Schäfer, Schweinfurt
1973-1978	Jörn P. Stielow, Stielow GmbH & Co. KG, Adressiersysteme, Norderstedt; Vorsitzender der Fachgemeinschaft Büromaschinen und Datentechnik im VDMA, Frankfurt/M.
1979-1981	Dietrich E. Seedorf, Vorstandsmitglied Triumph Werke Nürnberg AG, Adlerwerke AG, Frankfurt/M; Vorsitzender der Fachgemeinschaft Büromaschinen und Datentechnik im VDMA, Frankfurt/M.
seit 1981	Dr. Rolf Selowsky, Vorstandsmitglied Volkswagen AG, Wolfsburg
1982	Hermann G. Holzapfel, Geschäftsführer IBM Deutschland GmbH, Stuttgart; Vorsitzender der Fachgemeinschaft Büromaschinen und Datentechnik im VDMA, Frankfurt/M.
1983-1985	Hermann W. Stähler, Direktor, Philips Kommunikations Industrie AG, Siegen; Vorsitzender der Fachgemeinschaft Büro-maschinen und Datentechnik im VDMA, Frankfurt/M.
seit 1986	Dr. Horst Nasko, Stellv. Vorstandsmitglied Siemens Nixdorf Informationssysteme AG, München; Vorsitzender der Fachgemeinschaft Büromaschinen und Datentechnik im VDMA, Frankfurt/M.
seit 1986	Prof. Dr. Dr. h.c. Norbert Szyperski (Mitgliedsfirma bis 31.12.1990: Mannesmann Kienzle GmbH, Villingen-Schwenningen)

seit 1991	Dr. Ing. E.h. Alfred E. Eßlinger, Vorsitzender des Aufsichtsrates der IBM Deutschland Informationssysteme GmbH, Stuttgart; Vorsitzender im Fachverband Informations-technik im VDMA und ZVEI, Frankfurt/M.

4 Veränderungen der Rahmenbedingungen

In den ersten fünfzehn Jahren seiner Existenz war BIFOA eines der wenigen und gleichzeitig das größte gemeinnützige Forschungs-Institut im Bereich "Betriebliche IKT-Anwendungssysteme". Es gab nur wenige Konkurrenten bei der Bemühung um die immer knappen öffentlichen Fördermittel für diese Art von Grundlagenforschung. Heute gibt es viele Konkurrenten, für die erheblich günstigere Rahmenbedingungen gelten. Günstigere Rahmenbedingungen haben vor allem "reinrassige" Universitätsinstitute oder staatliche Forschungs-Einrichtungen, deren Gemeinkosten vom Staat getragen werden.

In diesem Zusammenhang muß auf den enormen Ausbau der Wirtschaftsinformatik hingewiesen werden, der sich in den letzten zehn Jahren in vielen Bundesländern, insbes. auch in NRW vollzogen hat.

Als Konkurrenten für BIFOA treten auch Unternehmen auf - sowohl Beratungs- und Software-Häuser als auch große Anwender -, die in den vergangenen Jahren eine Menge Geld in den Aufbau eigener Forschungs- und Entwicklungskapazitäten investiert haben, nicht zuletzt mit der bewußten Absicht, selbst auf dem Markt der Beratungs-Dienst-leistungen als Anbieter aufzutreten.

Mittel des Bundes, die früher im Rahmen der staatlichen Förderung der Datenverarbeitungsanwendung zur Verfügung standen (vgl. die BIFOA-Förderung im Rahmen des Zweiten und Dritten DV-Rahmenprogramms der Bundesregierung), werden schon seit vielen Jahren überwiegend nach Brüssel in die Europäischen Förderprogramme transferiert und können dann nur zu den im Rahmen der EG-Forschungs-Förderung geltenden Bedingungen akquiriert werden. Dies bedeutet eine Vergabe der Mittel ausschließlich an internationale Konsortien, die bereit und in der Lage sind, 50 % der Kosten der Forschungs- und Entwicklungsprojekte selbst zu tragen. Aufgrund der Schwierigkeiten, internationale Konsortien zu bilden, ergibt sich zusätzlich ein nicht unbeträchtlicher Vorbereitungsaufwand, der von den potentiellen Konsortialpartnern zu 100 % selbst zu tragen ist. Diese Bedingungen sind schon für Unternehmen, die sich ihre eigenen F&E-Aufwendungen später über Markt-Erlöse für erfolgreiche neue Produkte und Dienstleistungen wiederholen können, nicht attraktiv. Diese Bedingungen sind aber nicht tolerabel für ein gemeinnütziges Institut, das per definitionem gar nicht aktiv am Markt tätig werden darf.

De facto hat sich die Situation der Forschungsförderung in den letzten zehn Jahren verschlechtert. Es gibt heute weder nationale noch internationale Einrichtungen der Forschungsförderung, die bereit sind, die Vollkosten von Forschungsprojekten zu übernehmen. Eigentlich können nur solche Institute eine Förderung beantragen, die lediglich die von den staatlichen Förderern übernommenen **variablen Kosten** von Forschungs- und Entwicklungsprojekten brauchen, weil die **Fixkosten** entweder direkt vom Staat oder von der jeweiligen Universität (über die vorhandenen Infrastrukturen) getragen werden. BIFOA besitzt seit Anbeginn seine eigene Infrastruktur, die auf den gemeinnützigen und gleichzeitig eigenständigen Charakter des Instituts ausgerichtet ist. Dazu gehört beispielsweise eine eigene (kleine) Verwaltung und eine eigene Spezial-Bibliothek. BIFOA muß neben sämtlichen Personalkosten auch beispielsweise sämtliche Raum- und Infrastruktur-Kosten selbst tragen, d.h. über Erlöse aus Forschungsvorhaben oder aus Veranstaltungen erwirtschaften. BIFOA erhält zur Abdeckung der Fixkosten weder Mittel von der Universität noch staatliche Zuschüsse, sondern erhält lediglich Mittel vom Förderverein, die dieser aus den Vereinsbeiträgen bereitstellt (in den letzten zehn Jahren durchschnittlich 6 % des BIFOA-Jahresumsatzes). Die für die Institutsarbeit außerordentlich wichtigen Mittel des Fördervereins bewegen sich somit in einer Größenordnung, die **nicht** ausreicht, um auf der Forschungsseite den heute üblichen Differenzbetrag von ca. 30 % zu den Vollkosten, der von den nationalen und internationalen Forschungsförderungs-Institutionen **nicht** gedeckt wird, auszugleichen. Andererseits steht fest, daß BIFOA ohne klaren Schwerpunkt in der Forschung nicht lebensfähig ist.

5 Verhältnis des Instituts zur Universität

Ein An-Institut wie das BIFOA bringt der Universität viele Vorteile. Hierzu einige Beispiele:

- Wissenschaftler des BIFOA arbeiten kostenlos in der universitären Lehre mit. Gegenwärtig geschieht dies beispielsweise im Rahmen von Lehrveranstaltungen und bei der Betreuung von Diplomarbeiten des Lehrstuhls für Wirtschaftsinformatik, insb. Informationsmanagement, den der Geschäftsführende Institutsdirektor innehat. Dies ist aber keine aktuelle Besonderheit, sondern wurde schon seit Anbeginn der Institutsarbeit von den jeweiligen BIFOA-Direktoren, die ja immer auch Ordinarien an der Universität Köln waren, in gleicher Weise bewußt praktiziert.
- Für Wissenschaftler und Studenten der Universität Köln besteht die Möglichkeit zur begrenzten Mitbenutzung von Hardware- und Software-Konfigurationen, die von BIFOA im Rahmen von Forschungsprojekten beschafft worden sind. An einer Universität ohne Informatik-Fakultät und ohne ingenieurwissenschaftliche Fakultäten ist es schwierig, den Studierenden der Wirtschaftsinformatik ein realistisches Bild vom "State of the Art" der Informations- und Kommunikationstechnologie zu vermitteln. Die ausschließlich für Zwecke der Lehre beschafften Hardware- und Software-Konfigurationen bleiben hinter den Bedürfnissen der Forschung zurück. Durch die Technik-Ausstattung des BIFOA wird dieser Zustand abgemildert.
- Vor allem Studenten und Promovenden der Wirtschaftsinformatik wird Gelegenheit gegeben, in Forschungs- und Entwicklungsprojekten des BIFOA aktiv als Hilfskräfte mitzuarbeiten. Flankierend zu den in den Projekten zu lösenden Problemen werden anwendungs- und forschungsnahe Diplomarbeits- und Dissertationsthemen vergeben. Es versteht sich von selbst, daß die beteiligten Studenten/Promovenden aufgrund der Realitätsnähe ihrer Arbeiten bei ihren Bewerbungen in der Praxis sehr gute Chancen haben. Gleichzeitig wird "bewiesen", daß an der Universität realitätsnahe und praxisrelevante Probleme erfolgreich gelöst werden können.
- In der BIFOA-Bibliothek sind in dreißig Jahren umfangreiche Literatur-Bestände, insbes. Bestände an Zeitschriften und Sammelwerken für die Bereiche Datenverarbeitung, Informa-

tik, Wirtschaftsinformatik, Informations- und Kommunikationstechnologie aufgebaut worden. Bestände dieser Art sind in der Universität an keiner anderen Stelle vorhanden. Diese Bestände sind als Präsenzbibliothek allen Mitgliedern der Universität, insbes. auch Studenten zur Benutzung verfügbar.

- In der Forschung tätige Wirtschaftsinformatik-Institute sind aufgrund der für Forschungsprojekte notwendigerweise zu beschaffenden Technik-Infrastrukturen nicht mit wirtschaftswissenschaftlichen sondern nur mit Informatik- oder mit ingenieurwissenschaftlichen Forschungseinrichtungen vergleichbar. Eine gewisse Mindestgröße ist Voraussetzung sowohl für erfolgreiche Drittmittel-Akquisition als auch für den Aufbau von Vertrauen in der Wirtschafts- und Verwaltungspraxis, um die Basis für Kooperationsprojekte zu schaffen. Beides strahlt positiv auf das Image der Universität zurück.

6 Zukunftsperspektiven für das Institut

Die bereits geschilderten Schwierigkeiten, mit denen das Institut aufgrund veränderter Rahmenbedingungen konfrontiert ist, lassen sich überwinden, wenn in beträchtlichem Umfang Veränderungen bei den konkret verfolgten Forschungszielen und gleichzeitig Kontinuität bezüglich der praktizierten Forschungsparadigmen und bezüglich der Transfer-Orientierung realisiert wird.

(1) Forschungsziele, die von BIFOA zukünftig schwerpunktartig verfolgt werden:

- Entwicklung und Anwendung integrierter multimedialer Telekooperationssysteme in Unternehmen und Verwaltungen.
- Entwicklung und Erprobung von Methoden und Werkzeugen, durch die die organisatorische Implementierung informations- und kommunikationstechnischer Systeme unterstützt wird.
- Total Quality Management mit Schwerpunkten im Bereich der Software-Qualität.
- Reengineering von Geschäftsprozessen und Einführung von Lean-Konzepten.
- Wirksame und wirtschaftliche Organisationsgestaltung unter Nutzung der jeweils aktuell verfügbaren Informations- und Kommunikationstechnologischen Lösungen.

Wirksam und wirtschaftlich organisieren kann heute nur derjenige, der im "Vollbesitz" von Technik-Know-how ist. Organisieren ist nicht mehr das klassische, auf seine eigenen Dimensionen bezogene Entwickeln von Organisationsregelungen, sondern das Entwickeln eines Konglomerats/Netzwerks bestehend aus Mensch-Technik-Systemen und organisatorischen Regelungen. Alle Komponenten müssen zu einem wirksamen und wirtschaftlichen Ganzen integriert werden. Der klassische "Sachmittel-Ansatz", der lange Zeit von der Organisationslehre auch auf computergestützte Informationssysteme angewendet wurde, ist auf diesen Typ von Systemen nicht anwendbar. Mehr und mehr setzt sich die Erkenntnis durch, daß Techniken/Technologien aus sich heraus weder Sinn stiften (beispielsweise den Aufbau von Zielsystemen für Organisationen leisten) noch Funktionseinheiten zu einem wirksamen Ganzen integrieren können. Organisation bzw. das Organisieren kann zwar auch originär keinen Sinn stiften, der große Nutzen der Organisation besteht jedoch in ihrer Integrationskraft. Konsequenz für BIFOA: Bei allen Arten von F&E-Projekten ist den organisatorischen Dimensionen im Sinne von Querschnitts-Dimensionen hohe Aufmerksamkeit zu schenken. Alle Kooperations- und Projektpartner sind für diese Dimensionen zu sensibilisieren. Der für die nächsten zehn Jahre vorhergesagte Übergang zur Informationsgesellschaft wird nur dann erfolgreich sein, wenn nicht nur die mit der Integration der Technologien (= Netztechnologien, Multimedia-Technologien, Telekooperations-Technologien) verbundenen Probleme, sondern auch die menschlichen, organisatorischen und gesellschaftlichen Probleme einer Lösung näher gebracht werden.

(2) Methodische Forschungsansätze, die sich bewährt haben und von BIFOA auch zukünftig verfolgt werden:

- Partizipation an Pilotprojekten der Praxis (Moderatoren- und Evaluatoren-Ansatz).
- Klassische empirische Forschung, z.B. zur Vorbereitung von oder flankierend zu Pilotprojekten.
- Entwicklung von verschiedenartigen Modellen (Beschreibungs-, Erklärungs- und Simulations- Modelle), die als Gestaltungswerkzeuge dienen und die Viel-Dimensionalität der Gestaltungsaufgaben transparent und beherrschbar machen.
- Entwicklung von Gestaltungs-Empfehlungen (z.B. Vorgehens- und Management-Empfehlungen für die Gestaltung von Integrierten betrieblichen Anwendungssystemen).

(3) Transfer-Aktivitäten:

- Fortsetzung des Know-how-Transfers mit Hilfe verschiedenartigere Transfer-Veranstaltungen auf denjenigen Gebieten, auf denen die Praxis anwendungsorientiertes Know-how braucht.
- Fortsetzung der Projektleiter-Trainings.
- Erfahrungsaustausch in Form von Workshops (sowohl beriebsinterne Workshops als auch Workshops für Teilnehmer verschiedener Unternehmen).

(4) Mitwirkung bei der Entwicklung neuartiger Dienstleistungen:

Insbesondere zur Generierung neuer Beschäftigungschancen wird in den nächsten zehn Jahren eine Vielzahl neuartiger Dienstleistungen entwickelt werden müssen. Dies gilt für alle schon heute existierenden Dienstleistungs-intensiven Branchen. Neue heute noch nicht existierende Märkte und Branchen werden dazukommen. Dabei wird der Einsatz der Informations- und Kommunikationstechnologien voraussichtlich eine große Rolle Spielen.

Für ein Institut wie das BIFOA ergeben sich gute Chancen, an der Forschung und Entwicklung neuartiger Dienstleistungen aktiv mitzuwirken:

- Das Institut besitzt spezialisiertes Methoden- und Werkzeug-Know-how für Analyse, Modellierung und Entwurf integrierter (d.h. nicht nur technischer) Systeme.
- Obwohl das Institut keine eigene Technik-Forschung und -Entwicklung betreibt, kennt es die neueste Technik aus vielen Projekten, in denen diese Technik zur Anwendung kommt.Das Institut besitzt ausgezeichnete Kontakte zu einer Vielzahl von Technik-Anwendern - Unternehmen, Behörden, Organisationen - in vielen Branchen, die über Vierjahrzehnte hinweg in Kooperations-Projekten entstanden sind.
- Als gemeinnütziges Institut besitzt BIFOA gute Kontakte zu nationalen und internationalen, öffentlichen und privaten Institutionen, die Mittel für F&E-Projekte zur Verfügung stellen.
- Das Institut hat seine Kooperations-Fähigkeit durch eine große Anzahl von erfolgreichen Kooperationsprojekten (sowohl Projekte mit Pilotcharakter als auch Projekte, in denen ausgereifte aber anspruchsvolle Organisations- und Technik-Lösungen individuell implementiert wurden) "bewiesen". In einer Zeit, in der selbst größte international operierende Unternehmen und Organisationen auf Kooperation angewiesen sind, kann das Kooperations-Know-how des BIFOA für viele Arten von Partnern von großem Nutzen sein.

Zusammenfassend ist festzustellen, daß die Strategie "Forschung durch Entwicklung" aus Sicht der vor uns liegenden Forschungsaufgaben nichts von ihrer Relevanz eingebüßt hat. Das entscheidende Merkmal dieser Forschungsstrategie besteht darin, daß sie die einseitige Dominanz bestimmter einzelner Forschungsansätze verhindert und das flexible Kombinieren bzw. das problemgerechte Wechseln zwischen mehreren Forschungsansätzen, die jeweils bestimmte Stärken und Schwächen haben, begünstigt. Diese Forschungsstrategie ist besonders relevant für eine Forschung, die nicht nur wissenschaftliche Probleme sondern auch Praxisprobleme lösen will.

Von besonderer Bedeutung wird es sein, die **Gemeinnützigkeit des BIFOA** auch in Zukunft zu erhalten. Nur so kann sichergestellt werden, daß alle Ergebnisse prinzipiell für alle Interessenten zugänglich werden bzw. zugänglich bleiben. Unbefriedigend beantwortet ist dabei vorläufig die Frage, ob und wie es gelingen kann, die bestehende Deckungs-Lücke bei den Forschungskosten zu schließen. In engster Abstimmung mit dem Präsidium des Fördervereins wird sich BIFOA um eine langfristig praktikable Lösung dieses Problems bemühen.

7 Literatur

BIFOA (Hrsg.): Memorandum. Anwendungssysteme für die Automatisierte Datenverarbeitung - Die Lücke in Forschung und Ausbildung in der Bundesrepublik Deutschland. Köln 1968.

BIFOA (Hrsg.): Zweites Memorandum. Betriebsinformatik und Wirtschaftsinformatik als notwendige anwendungsbezogene Ergänzung einer Allgemeinen Informatik. Köln 1969.

Bundesministerium für Bildung und Wissenschaft (Hrsg.): Vorschlag für ein MIS-Forschungsprogramm von BIFOA - Betriebswirtschaftliches Institut für Organisation und Automation an der Universität zu Köln. Forschungsbericht DV 71-01. Leopoldshafen 1971.

Grochla, E.: Automation und Organisation. Die technische Entwicklung und ihre betriebswirtschaftlich-organisatorischen Konsequenzen. Wiesbaden 1966.

Grochla, E.; Szyperski, N.; Seibt, D.: Ausbildung und Fortbildung in der Automatisierten Datenverarbeitung. Eine Gesamtkonzeption. München - Wien 1970.

Grochla, E.: Beiträge des BIFOA zur Organisation und Betriebsinformatik in Forschung und Lehre - Zehn Jahre Betriebswirtschaftliches Institut für Organisation und Automation an der Universität zu Köln (BIFOA). In: Angewandte Informatik, 16. Jg. 1974, S. 140-147.

Grochla, E. und Mitarbeiter: Integrierte Gesamtmodelle der Datenverarbeitung. Entwicklung und Anwendung des Kölner Integrationsmodells (KIM). München - Wien 1974.

Schmitz, P.: Zum Standpunkt einer anwendungsorientierten Informatik. In: Angewandte Informatik, 15. Jg. 1973, S. 3-6.

Schmitz, P.; Seibt, D.; Strunz, H.: Informatiker, Wirtschaftsinformatiker und Ingenieure der Fachrichtung Informatik aus der Sicht der DV-Anwender-Erhebung zu Aufgaben, Ausbildungskonzeption und Bedarf. In: Wirtschaftsinformatiki, 32. Jg. 1990, S. 20-32.

Seibt, D.: Gestaltungs- und Forschungsprobleme beim Aufbau computergestützter Teilsysteme für die Steuerung einer Unternehmung (dargestellt am Beispiel des Projektes ISAS) In: Angewandte Informatik, 16. Jg. 1974, S. 184-190.

Seibt, D.: Erfahrungen mit der Strategie "Forschung durch Entwicklung" in Pilotprojekten des Bereichs "Rechnergestützte betriebliche Informationssysteme. In: Organisation, Planung, Informationssysteme, hrsg. von E. Frese, P. Schmitz, N. Szyperski (Festschrift für E. Grochla), Stuttgart 1981, S. 301-335.

Seibt, D.: Ausgewählte Probleme und Aufgaben der Wirtschaftsinformatik. In: Wirtschaftsinformatik 32. Jg. 1990, S. 7-19.

Studienkreis Präsident Schröder: Das Rechnungswesen bei automatisierter Datenverarbeitung. Ergebnisse eines Studienkreises des BIFOA. Wiesbaden 1971.

Studienkreis Friedrich Meller: Die Gliederung der Datenverarbeitungsstelle und ihre Einordnung in die Organisation der Unternehmung. Ergebnisse eines Studienkreises des BIFOA. Wiesbaden 1972.

Studienkreis Hans Pärli: Istaufnahme und automatisierte Datenverarbeitung. Ergebnisse eines Studienkreises des BIFOA. Wiesbaden 1972.

Studienkreis Paul Schmitz: Die Wirksamkeit von Programmiersprachen. Ergebnisse eines Studienkreises des BIFOA. Wiesbaden 1972.

Studienkreis Friedrich Meller: Grundlagen und organisatorische Möglichkeiten der Datenerfassung. Ergebnisse eines Studienkreises des BIFOA. Wiesbaden 1972.

Szyperski, N.: Unternehmungs-Informatik. Grundlegende Überlegungen zu einer Informationstechnologie für Unternehmungen. BIFOA-Arbeitsbericht 68/2, Köln 1968.

Szyperski, N.,: Zur wissenschaftsprogrammatischen und forschungsstrategischen Orientierung der Betriebswirtschaftslehre. In: Zeitschrift für betriebswirtschaftliche Forschung, 23. Jg. 1971, S. 261-282.

Szyperski, N.: Forschungsstrategien in der Angewandten Informatik - Konzepte und Erfahrungen. In: Angewandte Informatik, 16. Jg. 1974, S. 148-153.

Szyperski, N.; Seibt, D.; Harmann, A.; Hauer, K.-H.: Entwicklung eines computergestützten Informationssystems zur administrativen Steuerung einer Unternehmung (ISAS). Ergebnisse und Erfahrungen. Forschungsbericht DV 76-05, hrsg. vom Bundesministerium für Foschung und Technologie Leopoldshafen 1976.

Telekommunikation und Netzwerke als Dienstleistung für Wirtschaft und Verwaltung*

Dieter H. Vogel**

* Gastvortrag anläßlich des BIFOA-Jahresforums im Juni 1994.

** Dr. Dieter H. Vogel, Vorsitzender des Vorstands der Thyssen Handelsunion AG; Stellvertretender Vorstandsvorsitzender der Thyssen AG, Düsseldorf.

1 Telekommunikationsdienste, Information-Superhighway, Multimedia - Die digitale Revolution hat schon begonnen!

Telekommunikationsdienste, Information-Superhighways, Multimedia: Begriffe, die ohne Frage in Mode sind. Nur in Mode? Oder verbirgt sich dahinter wirklich die digitale Revolution, die unser berufliches und privates Leben verändern wird?
Meine Antwort ist ein überzeugtes "ja".

Eigentlich bedarf es keiner visionären Fähigkeiten, um dem Kommunikationsmarkt eine große Zukunft vorherzusagen. Die notwendigen technogischen Durchbrüche sind erfolgt.

Es ist Stand der Technik, riesige Informationsmengen mit hoher Geschwindigkeit zu niedrigen Kosten zu transportieren und zu verarbeiten, gleichgültig, ob es sich dabei um Bildinformationen, um Sprache, um Musik, um Zahlen handelt.

Was bedeutet das für die Wirtschaft?

In einer Zeit sprunghafter Veränderungen des Wettbewerbsumfeldes, der Märkte und der Produkte, ist Information bereits ein wichtiger Produktionsfaktor geworden. Flexibilität und schnelle Reaktionsfähigkeit werden morgen noch deutlicher den Erfolg oder den Mißerfolg eines Unternehmens bestimmen.

Die konjunkturelle und insbesondere die strukturelle Lage ist gegenwärtig nicht rosig. Den Industrieländern, allen voran Deutschland, hängen die sozialen Errungenschaften wie Mühlsteine um den Hals. Deutschland ist so zu einem Hochkostenland mit ausgeprägter Wachstumsschwäche geworden, das Schwierigkeiten hat, sich der Dynamik anderer Teile dieser Welt anzugleichen. Die erschreckende Höhe der Arbeitslosigkeit ist das sichtbarste Zeichen der Unfähigkeit, die aktuellen Probleme zu bewältigen.

Darüber hinaus bestimmen säkulare Trends die Entwicklung: Globalisierung des Wettbewerbs, demographische Veränderungen, regionale Bevölkerungsexplosionen, Energieknappheit, Umweltbewußtsein. Als Konsequenz bieten sich die folgenden Ziele an:

- aggressive Produktinnovationen,
- kontinuierliche Optimierung der Standorte,
- laufende Anpassung des Portfolios,
- Kooperationen und Allianzen,
- vertikale Arbeitsteilung mit Dritten und
- konsequenter Ausbau von Systemangeboten und Dienstleistungen.

2 Zukünftige Bedeutung der Telekommunikationsindustrie

Die Bewältigung solcher Entwicklungen bedarf ganz ohne Zweifel der umfassenden Verfügbarkeit von Daten zu günstigen Preisen. Information-Highways und die zugehörigen Dienste können insofern geradezu als Voraussetzung für die Wiedererlangung der Wettbewerbsfähigkeit, des Wachstums der Volkswirtschaft und einer Vollbeschäftigung angesehen werden.

Dabei ist schon die unmittelbare Beschäftigungswirkung der Telekommunikationsindustrie beachtlich. Der Anteil des Telekommunikationssektors am Bruttosozialprodukt wird von etwa 2 % Mitte der 80er-Jahre auf rund 7 % im Jahr 2000 ansteigen. Ende des Jahrzehnts werden in der Europäischen Union rund 10 Millionen Arbeitsplätze unter Einschluß der indirekten Wirkungen der Telekommunikation zuzurechnen sein.

Die Dienste repräsentierten 1993 mit rd. 400 Mrd. $ 80 % des Weltmarktes für Telekommunikation, der sich zu diesem Zeitpunkt auf rd. 500 Mrd. $ belief. Eine gewaltige Zahl.

Zwei Dinge sind daraus ableitbar.

Zum einen:

Wir haben es hier mit einem Markt zu tun, der zur Zeit nahezu die Größenordnung des Automobilmarktes besitzt. Vergleichen wir die Wachstumsraten, wissen wir, daß sich die Relation schnell weiter zugunsten der Telekommunikation verschieben wird.

Zum zweiten:

Auch in dieser Schlüsseltechnologie ist es nicht die Hardware, die den Markt prägt. Es sind die Dienstleistungen, die schon jetzt den Löwenanteil der Wertschöpfung liefern. Und es bedarf keines besonderen Weitblicks, im Bereich der Dienste auch den Motor der weiteren Entwicklung zu sehen.

Es hat eine Weile gedauert, bis die Politik den "Geist aus der Flasche" ließ. Weit verbreitete Technikfeindlichkeit und Besitzstandsdenken der Monopole bildeten lange Zeit eine Allianz gegen den Fortschritt. So fand die Deregulierung der Telefonmonopole in den meisten europäischen Staaten später statt als anderswo auf der Welt. Die Deregulierung in den Vereinigten Staaten vor einer Dekade hatte dort intensiven Wettbewerb zugunsten des Verbrauchers, innovative Dienste in vielen Bereichen auch außerhalb der Telefonie und viele Milliarden US-Dollars an Investitionen zur Stimulierung der gesamten Volkswirtschaft zur Folge.

Auf diese Weise konnte sich in den Vereinigten Staaten auch frühzeitig ein günstiges psychologisches Umfeld für Telekommunikation, Computer und zugehörige Dienstleistungen entwikkeln. Die Amerikaner und die digitale Welt sind längst Freunde geworden. Die Computer-Technologie hat sich ausgehend vom kommerziellen Einsatz im Büro massiv auf den Privatbereich ausgebreitet. Jeder dritte US-Haushalt besitzt einen eigenen Personal-Computer. Damit ist eine breite Basis für einen Massenmarkt interaktiver Dienste vorhanden. Mit dem "National Information Infrastructure Programme" hat die US-Regierung im Jahre 1993 eine umfangreiche Initiative zum Ausbau der Vernetzung des Landes ergriffen. Die klare, unzweideutige Führung durch die Politik schafft das notwendige Vertrauen für die großen Investitionen, die von den interessierten Unternehmen erwartet werden. Industriepolitik, wie sie sein sollte.

Europa kommt wieder einmal spät. Wenngleich ich weiß, wie schwer das Aufbrechen eines staatlichen Monopols ist und wieviele es zu überzeugen gilt, die selbst einen Straßenkehrer als staatlichen Hoheitsträger ansehen. Wir müssen uns beeilen. Die Erosion der Fernmeldemonopole geht zu langsam. Europas Fragmentierung erschwert seine Wettbewerbsposition ohnehin. Ein zögerliches Vorgehen im Informationsmarkt würde die Lage schnell weiter verschlechtern.

Aber die Probleme und Widerstände in Deutschland und Europa sind noch groß. Die Europäische Union ist ein Flickwerk nicht kompatibler Netzwerke mit hohen Kosten und Dienstleistungen niedriger Qualität.

Die europäischen Postmonopole bieten einen Durchschnitts-Tarif, der rund das 6-fache des amerikanischen Werts beträgt. Nur das bereits deregulierte Großbritannien weist erträgliche Gebührensätze auf. Deutschland zählt zu den teuren Ländern und hat folglich beträchtlichen Aufholbedarf.

Monopole sind leistungsfeindlich und teuer. Sie machen ihre Mitarbeiter träge. Ihr Service ist schlecht. Das gilt generell und schließt selbstverständlich die Telekommunikation ein. So betrug noch 1990 die durchschnittliche Wartezeit für einen Hauptanschluß in Deutschland-West 42 Tage, in USA, Japan oder Großbritannien weniger als ein Zehntel dieser Zeit. Der Digitalisierungsgrad der Vermittlungsstellen lag in Deutschland 1993 bei nur 30 %. Großbritannien, Frankreich und USA wiesen mehr als die doppelte Quote aus. Auch bei Ausfällen und Entstörungszeiten erreichen wir nicht den internationalen Standard.

Hohe Preise und schlechte Netzqualität haben auch den Marktumfang der Mietleitungen in Deutschland eingeschränkt. Die Vergleichsrate mit den USA zeigt hierzulande weniger als den halben Wert pro 1000 Einwohner. Dies hat dazu beigetragen, daß Deutschland insgesamt zu den Entwicklungsländern der Datenverarbeitung gehört.

Die niedrige Zahl von nur 500.000 Local Area Networks unterstreicht dies. Die USA erreichen hier bereits 8.000.000 LANs.

Immerhin, es ist ja doch einiges passiert. Schon heute müssen sich die Fernmeldemonopole gegenüber dem privaten Wettbewerb behaupten. Im Mobilfunk, in Satelliten- und Funkrufdiensten und in den sog. Corporate Networks weht bereits der frische Wind der Marktwirtschaft. Wenn spätestens 1998 das Sprach-Vermittlungs-Monopol fällt, und - wie wir hoffen - auch das sog. Netzmonopol, dann kann in Deutschland und Europa die Reise in die Telekommunikationszukunft richtig beginnen. Vielleicht gerade noch rechtzeitig.

Der Phantasie über das Potential der Informationsmärkte sind keine Grenzen gesetzt. Durch die enormen Fortschritte in der Digitalisierung und Datenkompression können alle Arten von Informationen schnell, sicher und billig transportiert werden. Ob solche Informationen Sprache darstellen, Computerdaten, Telefax-Schreiben oder bewegte Fernsehbilder, spielt dabei keine Rolle. Die Konvergenz der beteiligten Industrien Datenverarbeitung, Medien und Telekommunikation liegt daher auf der Hand.

3 Wo stehen wir heute ?

Viele Unternehmen haben die Chancen der Netzwerk-Technologien erkannt und nutzen sie - trotz der noch vorhandenen Schwächen - mit hoher Konsequenz.

Beispiele sind:

- Real time Teleprocessing von Daten als weitgehende Standardaktivität;
- "Electronic mail", der firmeninterne Schriftverkehr via Datennetz;
- die Video-Konferenztechnik zwischen verschiedenen Standorten;
- die Ausführung finanzieller Transaktionen oder Commodity-Geschäfte am Bildschirm;
- die Verbindung der eigenen Datenverarbeitungsanlage mit derjenigen von Kunden oder Lieferanten;
- der systematische Zugriff auf externe Datenbanken.

Die Neigung zur Nutzung solcher Anwendungen ist unterschiedlich ausgeprägt. Sie hängt ab von der Modernität und Aufgeschlossenheit eines Unternehmens und - fast bin ich geneigt zu sagen - vom Lebensalter des Top-Managements. Man muß einfach überzeugt sein,

- daß ein direkter Datenaustausch mit einem Kunden als Wettbewerbsvorteil zu verkaufen ist und das physische Verschicken von Aufträgen und Rechnungen nicht zeitgemäß sein kann,
- daß Lean Manufacturing Just-in-time-Logistik erfordert, die nur mit direktem Datenverkehr zwischen Hersteller und Distributeur denkbar ist,
- daß simultanes Konstruieren von Komponenten für die Automobilindustrie ohne den wechselseitigen Zugang zur Datenbasis nur schwer vorstellbar ist.

Mit der Verfügbarkeit eines grenzüberschreitenden, standardisierten, leicht zugänglichen und preisgünstigen Netzwerks werden solche Anwendungen zur Selbstverständlichkeit. Wer sie dann nicht beherrscht, kann im Wettbewerb nicht mehr bestehen. Frühes Training ist daher angezeigt.

Die Medien stehen am sichtbarsten vor einer Revolution. Nicht etwa, weil den beteiligten Unternehmen ein neues Produkt eingefallen wäre. Weit gefehlt. Die Medien bleiben, was sie sind: vor allem Unterhalter und oberster Kritiker der Nation, gelegentlich auch Kulturvermittler. Die neue Multimedia-Welt entsteht aus geschickter Nutzung der technischen Möglichkeiten. Moderne Netze, allen voran Glasfaserkabel, übertragen Informationen mit so hoher Geschwindigkeit und zu so günstigen Preisen, daß sich eine Fülle vor kurzem noch undenkbarer Anwendungen auftut.

Pay-TV hat in Deutschland bereits Einzug gehalten. Der Sender "Premiere" ist spezialisiert auf kinofrische Filme und aktuelle Sportereignisse. Den Zugang ermöglicht ein Decoder am Fernsehgerät.

"Video-near-Demand", als Vorstufe des interaktiven Fernsehens, ist bereits im Test. Der Zuschauer wählt aus einer Vielzahl von ununterbrochen gesendeten Filmen denjenigen aus, den er sehen will, und zahlt dafür einen entsprechenden Preis (Pay per View). Bald wird der Weg zur Videothek dann ganz entfallen. Filme auf Abruf (Video on Demand) kommen - über eine Tastatur ausgewählt - direkt auf den Bildschirm.

Der Abruf wird sich natürlich nicht nur auf Unterhaltungsfilme beschränken. Auch Zeitschriften, Zeitungen, Lexika und Trainingsprogramme werden auf diese Weise individuell verfügbar sein. Es kommt noch schlimmer: Die klassischen Medien bekommen im Kampf um die Gunst des Terminal-Bedieners Konkurrenz.

Teleshopping heißt ein solches Stichwort, das in USA schon Wirklichkeit ist. Versandhäuser bieten über eigene Fernsehkanäle an. Es wird nicht mehr lange dauern, bis auch die Bestellung anstelle des heute noch üblichen Telefons direkt über Dateneingabe erfolgt. Daß bald auch Reisen in der gleichen Technik gebucht werden, ist klar. Die Vermietung und der Verkauf von Immobilien bieten sich ebenso an wie die Präsentation neuer Automobile oder der Gebrauchtwagenbazar.

Unstrittig müssen die technische Verfügbarkeit, ein günstiger Preis und die Bereitschaft der Konsumenten zusammenwirken, um solchen und anderen Anwendungen zum Durchbruch zu verhelfen. Dies wird u.a. beim Electronic Banking für Jedermann in nicht allzu ferner Zukunft der Fall sein. Die Übertragung von Labor- und Patientendaten im Gesundheitsbereich, das Sicherheits- und Bewachungswesen oder die Meßdatenübermittlung für Haustechnik sind weitere Beispiele eines schier grenzenlosen

Anwendungsspektrums, das heute schon rudimentär vorhanden ist, um in Kürze als breiter Strom auf uns zuzukommen.

Wirtschaft und öffentliche Verwaltung sind gefordert, sich nicht nur intensiv mit den jeweils relevanten neuen Diensten zu befassen, sondern sie auch unverzüglich anzuwenden; wer dies nicht tut, wird schnell große Wettbewerbsnachteile erleiden. Abwarten wäre gefährlich. Der Vorsprung anderer in der unternehmerischen Nutzung von Netzen könnte bald uneinholbar sein. Dies gilt für die Anwenderseite, dies gilt umso mehr für Unternehmen, die auch das Betreiben solcher Netze als Unternehmensziel haben. Der Kampf um die richtige Positionierung im Informationsmarkt hat begonnen. Leider nicht unter Waffengleichheit mit den Monopolen.

4 Thyssens Einstieg in die Telekommunikationsindustrie

Thyssen vollzog den direkten Einstieg in die Telekommunikation im Jahre 1992. Im Unternehmensbereich Handel und Dienstleistungen war dazu ein entsprechender Nährboden vorhanden. Ein umfangreiches Netzwerk verband etwa 100 Niederlassungen und Verkaufsstellen in Deutschland. Die internationalen Büros in 50 Ländern waren längst über Electronic Mail verknüpft. In der Unternehmenszentrale wurde ein funktionsfähiges Local Area Network betrieben, das alle Sparten des Hauses einbezog.

Die Satellitenkommunikation erschien uns als erster Schritt in die aktive Marktteilnahme besonders geeignet. Dafür sprachen der eigene Bedarf, das relativ geringe Investitionsvolumen und die schnelle Verfügbarkeit dieses Dienstes.

Spaceline Communication Services GmbH nahm Mitte 1992 die Arbeit auf und hat seither nahezu 1000 Terminals installiert. Spaceline wird derzeit sowohl in Richtung West- als auch in Richtung Osteuropa ausgebaut. Der im Osten vorhandene Mangel an terrestrischen Leitungen macht dort das System besonders attraktiv. Spaceline stellt nicht nur eine Alternative für die Datenübermittlung dar, sondern bietet auch neue, interessante Dienstleistungen für die Wirtschaft.

Ein Beispiel ist Business TV, eine Art Privatfernsehen für Unternehmen. Es dient der innerbetrieblichen Kommunikation oder auch der Übermittlung von Kundeninformationen. Anwendungen können sein: Übertragungen von Produkt-Präsentationen, Schulungen oder Werbung bei Autohändlern, Einzelhandelsketten oder Banken. Der Nutzen liegt insbesondere in der schnellen, gleichzeitigen Erreichbarkeit der Zielgruppen an unterschiedlichen Orten.

Den Fingerübungen mit Satellitendiensten folgte die Bewerbung um die Mobilfunklizenz für das sog. E-Netz im Herbst 1992. Wir bewarben uns im E-Plus-Konsortium zusammen mit Veba, BellSouth und Vodafone und gewannen. Der Mobilfunk ist der z. Zt. wohl interessanteste Teilmarkt der Telekommunikation. Bei einem jährlichen Wachstum von 20 % - 30 % wird erwartet, daß die Teilnehmerzahl in der europäischen Union von derzeit 16 auf 40 Millionen im Jahr 2000 ansteigen wird.

Die Erfahrung des Hauses Thyssen im Projektmanagement großer Infrastruktur-Komplexe zahlt sich aus. Der Netzaufbau verläuft sehr schnell. Nur 12 Monate nach Lizenzvergabe sind 1300 Antennenstandorte installiert. Plangemäß wurde das E-Plus-Netz Ende Mai in Berlin eröffnet. Die Verkaufszahlen entsprechen der Erwartung. Ende des Jahres werden alle großen Ballungsräume in Deutschland angeschlossen sein, Ende 1995 dann auch alle wesentlichen Verbindungsstrecken.

Der Mobilfunkmarkt wird sich auch in Deutschland schnell zum Massenmarkt entwickeln. Bis zum Jahr 2000 sind mindestens 10 Mio. Teilnehmer prognostiziert. Raum genug also für 3 Netzanbieter, die sich insbesondere durch ihre Marketingkonzepte differenzieren werden.

Weitere Lizenzbewerbungen im Ausland stehen an. Aktuell beteiligen wir uns an der Ausschreibung in Frankreich im Konsortium um Lyonnaise des Eaux. In dieser Gruppe, UltraCom, ist mit Thyssen, BellSouth und Partcom die Mehrheit der E-Plus-Anteilseigner vertreten. Frankreich zählt heute zu den Nachzüglern der mobilen Sprachkommunikation. 7 Millionen Teilnehmer werden für das Jahr 2000 erwartet. Wir hoffen, dabei zu sein, wenn der Kampf um dieses Potential beginnt.

Eine weitere wichtige Teilliberalisierung im Bereich Telekommunikation in Europa und damit in Deutschland vollzog sich mit der Corporate Network Regelung, die es Firmen seit Anfang 1993 erlaubt, nicht nur Daten, sondern auch Sprache über Firmennetze zu übertragen, unter der Voraussetzung, daß die betroffenen Firmen miteinander in einer sogenannten schuld- oder gesellschaftsrechtlichen Dauerbeziehung stehen. Bisher wurden in Deutschland rund 100 solcher Einzelgenehmigungen durch das Bundesministerium für Post und Telekommunikation erteilt.

Der deutsche Corporate Voice Markt wird auf 15 Mrd. DM geschätzt. Er dürfte bis zum Jahr 2000 auf 21 Mrd. DM ansteigen und dann rd. 40 % des Gesamtmarktes für Sprache darstellen. Thyssen wird auch in diesem Segment eine Rolle spielen. Ausgangspunkt ist ein Volumen an Sprach- und Datenkommunikation von nahezu 100 Millionen DM im Konzern und ein privates Fernsprechnetz mit fast 30.000 Teilnehmern.

Die Corporate Network-Gesellschaft befindet sich in der Gründung. Die notwendigen Allianzen für ein flächendeckendes Angebot, zunächst in Deutschland, werden verhandelt. Den Netzteilnehmern können schon heute nicht unbeträchtliche Gebühreneinsparungen angeboten werden. Ich bekenne, daß der eigentliche Sinn aber in der rechtzeitigen Positionierung für die Zeit nach der Aufhebung des Netzmonopols liegt.

5 Zusammenfassung

Die rasante Technologie-Entwicklung ermöglicht uns heute den Auf- und Ausbau umfassender, weltweiter Netzwerke. "Information-Highways" werden sich als eine wichtige Wachstumslokomotive erweisen. Voraussetzung dafür ist, daß die Politik bereit und in der Lage ist, entsprechende ordnungspolitische Rahmenbedingungen zu setzen. Dazu gehört die zügige Freigabe der Monopole und die Ermutigung für private Unternehmen, in fairem Wettbewerb zu den privatisierten Postunternehmen massiv in die Telekommunikationsmärkte zu investieren.

Thyssen wird in diesem Markt überall dort präsent sein, wo die vorhandenen Stärken des Hauses in Verbindung mit der konkreten Einschätzung des jeweiligen Teilmarktes zu einer interessanten Renditeposition führen. Dafür stehen auch hohe Investitionsmittel bereit. Finanzielle Abenteuer aber sind nicht unsere Sache. Deshalb mögen den Krieg der Milliarden ruhig andere führen.

Wir sind überzeugt, daß auch und gerade der Informations-Markt kreativen Ideen, der schnellen und flexiblen Reaktion und einer unternehmerischen Haltung, die mehr auf den Kunden als auf die Technik fokussiert ist, gute Chancen einräumt. Dies ist das Umfeld, in dem wir uns gut positioniert sehen.

A. Kommunikation

Anwendungspotentiale und sozio-ökonomische Implikationen von Multimedia-Kommunikationssystemen am Arbeitsplatz*

Henrik K.-F. Meier, Lothar Schmitt**

* Die Autoren bedanken sich bei Frau Dr. Karin Anstötz, Universität zu Köln, die als Leiterin des Projektes MIMIS an der englischen Vorlage zu diesem Aufsatz mitgearbeitet hat.

** Dipl-Kfm. Henrik K.-F. Meier, wiss. Mitarbeiter am BIFOA.
Dipl.-Psych. Lothar Schmitt, wiss. Mitarbeiter am BIFOA.

1 Einführung

Die nachfolgend erläuterten empirischen Studien basieren auf Interviews mit Vertretern von insgesamt 22 Organisationen aus sieben europäischen Ländern. Die Organisationen sind als marktführende Unternehmen und Non-Profit-Organisationen einzustufen. Teilgenommen haben Organisationen der Branchen Luft- und Raumfahrtindustrie, Automobilindustrie, Elektronik, Einzelhandel, Chemische Industrie, Dienstleistungen. Die neun Non-Profit- Organisationen sind Gewerkschaften und Arbeitgeberverbände.

Insgesamt wurden 29 Personen befragt. Sie wurden ausgewählt und befragt in ihrer Eigenschaft als Experten auf dem Gebiet der Informations- und Kommunikationstechnologien und nicht als Endbenutzer im Sinne von Einzelpersonen, die Systeme an ihrem Arbeitsplatz benutzen. Die Gesprächspartner äußerten ihre Beurteilungen und Meinungen anonym und nahmen zu folgenden strategischen Fragen Stellung:

- Effektivität gegenwärtig benutzter Medien,
- Investitionsstrategien und künftige Investitionspläne,
- Anwendungspotentiale moderner, insbesondere multimedialer Informations- und Kommunikationstechnologien (I&K-Technologien),
- Akzeptanzrisiken,
- sozio-ökonomische Implikationen und
- organisatorische Auswirkungen.

Zum Zwecke einer kompakten Präsentation wurden die Ergebnisse der empirischen Studien in zwei Teile gegliedert. In Kapitel 2 werden die Ist-Situation sowie die zukünftigen Investionsstrategien in bezug auf I&K-Technologien untersucht. Daran schließt sich dann die Analyse von Anwendungspotentialen und Barrieren bezüglich multimedialer Kommunikationssysteme (MKS) an. In Kapitel 3 werden Akzeptanz und sozio-ökonomische Auswirkungen dieser Informationstechnologien diskutiert.

Als eines der wichtigsten Ergebnisse der Studien kann der Einblick in Kosten/Nutzen-Erwartungen der beteiligten Organisationen hervorgehoben werden.

Die Autoren danken der Kommission der Europäischen Union für die Förderung des Projektes.[1]

Besonderer Dank gilt allen Gesprächspartnern und ihren Organisationen für ihre Bereitschaft, an unseren Interviews aktiv teilzunehmen.

1 Vgl. BIFOA: R 2025/BIF/WP5/ 801/1. BIFOA: R2025 MIMIS: Results of Empirical Investigations on MIMIS-Viability. Unveröffentlichtes Deliverable, 1993. BIFOA: R 2025/BIF/WP5/ 802/1. BIFOA: R2025 MIMIS, Evaluation of Market Potentials and Market Entry Barriers for MIMIS. Unveröffentlichtes Deliverable, 1994.

2 Anwendungspotential von Multimedia-Kommunikationssystemen

Die Ergebnisse dieses Kapitels konzentrieren sich auf die Anwendungspotentiale von Multimedia-Kommunikationssystemen. Sie sind aus explorativen Interviews mit Experten aus verschiedenen europäischen Ländern abgeleitet. Nachfolgende Abbildung 1 zeigt diese Länder und die Anzahl der durchgeführten Interviews.

Abb. 1: Zuordnung der Interviews nach Ländern

Frankreich	1
Deutschland	3
Luxemburg	1
Niederlande	3
Schweiz	2
Großbritannien	3

Abbildung 2 zeigt die prozentualen Anteile der Befragten der fünf beteiligten Branchen. Sechs Organisationen benutzen schon Videokonferenzsysteme, zwei weitere planen die Installation von Multimedia Desktop Konferenzsystemen. Alle Organisationen haben bereits Erfahrungen mit der Einführung moderner I&K-Technologien, insbesondere mit E-Mail oder EDI, gemacht.

Abb. 2:
Anteile der beteiligten Branchen

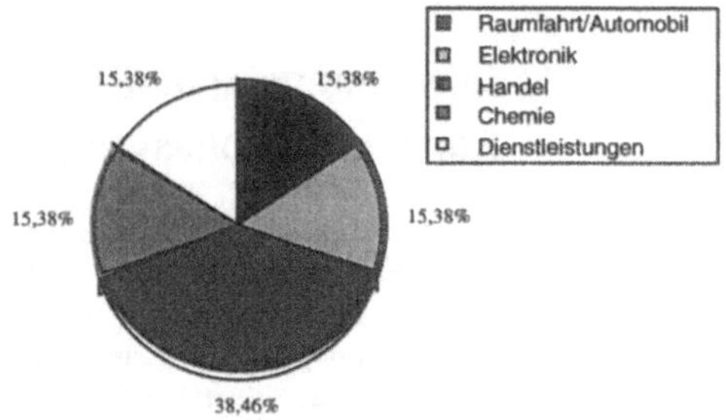

2.1 Anwendungen vorhandener Telekommunikationssysteme

Benutzer oder "Anwenderunternehmen" von Informationstechnologien hängen von vorhandener Anwenderaussstattung und bestehenden Netzwerken ab. Schon heute werden Telekommunikationssysteme auf unterschiedlichen Ebenen und mit unterschiedlicher Intensität genutzt.

2.1.1 Telekommunikation innerhalb und außerhalb der Unternehmensgrenzen

- **Unternehmensweite Kommunikation auf nationaler Ebene**

Die Unternehmenszentrale, die verschiedenen Produktionsstätten und Forschungs- und Entwicklungseinrichtungen sind über Netze miteinander verbunden. Die Kommunikationssysteme dienen der Koordination von Produktentwicklung und Produktion. Dabei werden hauptsächlich produktbezogene Informationen übermittelt.

- **Unternehmensweite Kommunikation auf internationaler Ebene**

Die Unternehmenszentrale baut Kommunikationsstrukturen zu Filialen und Vertriebsstätten im Ausland auf. Diese Strukturen dienen vor allem der Information über Verkaufsaktivitäten und deren Koordination in nationalen und internationalen Märkten.
Darüber hinaus kann das System bei der Kontrolle ausländischer Produktionsstätten hilfreich sein. Im Vordergrund steht hier vor allem die Überprüfung verkaufs- und marketingbezogener Daten. Aber auch produktbezogene Daten können übermittelt werden.

- **Kommunikation mit externen Geschäftspartnern auf nationaler und internationaler Ebene**

Dies ist der letzte Schritt des Ausbaus von Kommunikationssystemen, weil hierfür Unternehmensgrenzen überschritten werden müssen. Die Entscheidungsträger müssen sich auf ein kompatibles System einigen. Dieser Prozeß kann durch internationale Standards erleichtert werden.

Aus Sicht der meisten Befragten ist es wichtig, eine Infrastruktur zu schaffen, die die sehr engen Verbindungen zwischen Unternehmen, deren Hauptlieferanten und Dienstleistern, wie z.B. Werbeagenturen, widerspiegelt. Dabei werden sowohl verkaufs- als auch produktbezogene Daten übermittelt.

2.1.2 Kommunikationsvolumen

Das Volumen der Kommunikation variiert sehr stark. Es besteht eine enge Beziehung zwischen der Größe einer Unternehmenseinheit und dem Kommunikationsvolumen. Je größer die Filiale, desto stärker ist die Nachfrage nach Kommunikation. Spezifische Ereignisse, wie z.B. die Errichtung einer Produktionsstätte im Ausland oder die Eröffnung einer neuen Filiale, können vorübergehend zu einem höheren Kommunikationsvolumen führen. Für Produkte, die nur in bestimmten Regionen vertrieben werden, kann sich eine Kommunikationsnachfrage entwickeln, die in einzelnen Gebieten stark schwankt.

2.2 Beurteilung von Kommunikationssystemen, die gegenwärtig in Unternehmen benutzt werden

2.2.1 Bewertung konventioneller Medien (Telefon, Faxgerät, persönliches Gespräch)

Abb. 3: Bewertung konventioneller Medien

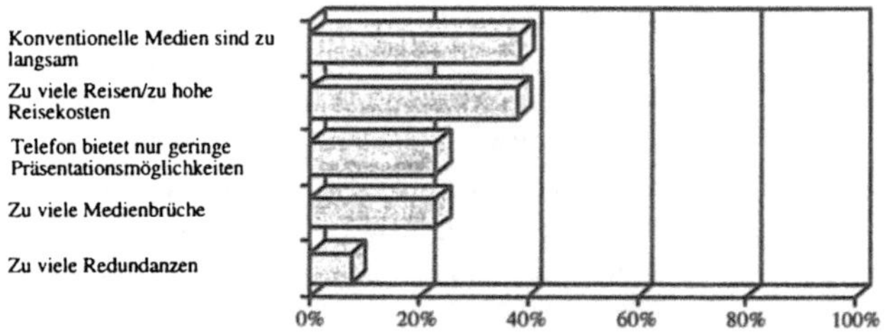

Abbildung 3 zeigt jene Kritikpunkte an konventionellen Medien, die von den Gesprächspartnern am häufigsten genannt wurden. Zu den "konventionellen Medien" zählen Telefon, Faxgerät und persönliche Gespräche. Obwohl persönliche Gespräche kein Medium im physikalischen Sinn sind, müssen sie als eine wichtige alternative Form der Kommunikation berücksichtigt werden.

Eines der Hauptprobleme der heutigen Kommunikationssysteme ist die Geschwindigkeit. Etwa 40% der befragten Manager bezeichnen konventionelle Kommunikationssysteme als zu langsam. Faxgeräte stehen oft zu weit weg vom Arbeitsplatz und es existieren zahlreiche Medienbrüche. Digitale Dokumente müssen zunächst in Papierform gebracht werden, damit sie verschickt werden können. Der Empfänger muß sie wieder digitalisieren, um sie weiterverarbeiten zu können. Besonders bei externer Kommunikation kann der hohe Anteil an Dokumenten in Papierform zu Verwechslungen, Mißverständnissen und fehlender Transparenz führen.

2.2.2 Bewertung neuer Medien

Abb. 4: Bewertung neuer Medien

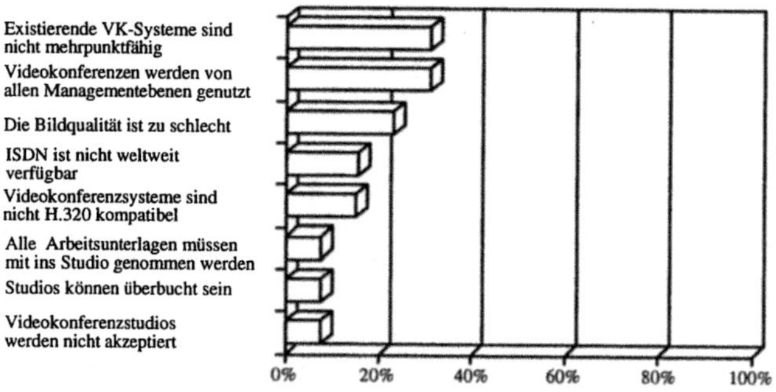

In die in Abbildung 4 gezeigten Aussagen sind Videokonferenzen, multimediale Kommunikation, E-Mail, EDI und andere Datenübertragungssysteme mit einbezogen.

Die derzeitige Form der Videokonferenzen weist Schwachstellen auf. Videokonferenzsysteme scheinen dennoch ein wichtiges Kommunikationsmittel zu sein. Die Kritik konzentriert sich auf die fehlende Möglichkeit, Mehrpunktkonferenzen aufzubauen.

Videokonferenzen werden nicht nur dem Topmanagement vorbehalten, sondern bei ca. 30 % der Befragten für alle Managementebenen zur Verfügung gestellt. Die Anwender kommen aus allen Managementebenen und nutzen Videokonferenzeinrichtungen auch für Routinegespräche.

Etwa 25% aller Gesprächspartner (d.h. ca. 60% der Unternehmen, die bereits Videokonferenzen benutzen) kritisieren die mangelhafte Bildqualität von Schmalband-ISDN, besonders die

Auflösung von Bewegtbildern. Andere meinen, daß Ton- und Festbildqualität wichtiger sind, als die Qualität von Bewegtbildern.

In Unternehmen, die bereits mit Videokonferenzen arbeiten, gibt es folgende Akzeptanzprobleme:

Videokonferenzräume sind oft sehr weit entfernt vom Arbeitsplatz, in räumlicher und psychologischer Hinsicht. Die Studios befinden sich oft auf der Vorstandsetage oder in der Nähe der Geschäftsführung. Dies schafft Hemmungen seitens der Mitarbeiter, die Studios zu nutzen.

Des weiteren müssen Dokumente sowie alle für ein Gespräch benötigten Unterlagen zum Studio getragen werden. Manchmal kommt es zu Behinderungen durch Überbuchungen der Videokonferenzräume, Kommunikation kann nicht immer dann stattfinden, wenn es notwendig wäre.

2.3 Investitionsstrategien für zukünftige Kommunikationssysteme

Abb. 5: Investitionsstrategien für zukünftige Kommunikationssysteme

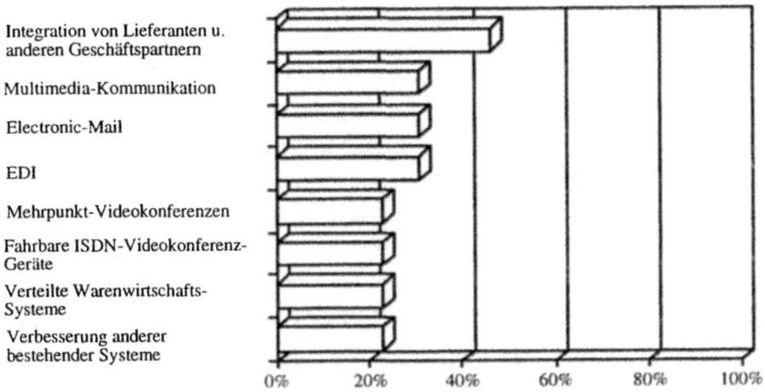

2.3.1 Nicht-Video Kommunikationssysteme

Das Hauptziel beim Aufbau neuer Kommunikationsstrukturen (ca. 45% aller Befragten) ist neben der Integration interner Kommunikationspartner zunehmend auch die Integration externer Kommunikationspartner in neue Kommunikationssysteme eines Unternehmens. Die Integration von Lieferanten, Kunden und anderen Dienstleistungsunternehmen wie Werbeagenturen, Versicherungsunternehmen und Banken soll Geschäftsabläufe beschleunigen. Um dieses Ziel zu erreichen, werden unterschiedliche Schritte unternommen, je nach Entwicklungsstand des entsprechenden Unternehmens.

Unternehmen, die noch ausschließlich konventionelle Medien benutzen, zielen auf ein unternehmensweites internationales Datennetz mit EDI und E-Mail ab.

Im filialisierten Einzelhandel legen Unternehmen den Schwerpunkt auf den Aufbau eines umfassenden Warenwirtschaftssystem, das den Unternehmenssitz mit jeder Filiale verbindet und jede Warenbewegung artikelgenau registriert. In einigen Fällen wird die Integration von Artikelabbildungen in Betracht gezogen, um die Fehlerquote z.B. bei Nachbestellungen zu verringern.

2.3.2 Video- und Multimedia-Kommunikationssysteme

Unternehmen, die bereits Erfahrungen in der Videokommunikation besitzen, konzentrieren ihre Aktivitäten auf Schmalband-ISDN, das heute auf dem Markt verfügbar ist. Breitbandtechnologien sind bis jetzt eher unbekannt, außer in Deutschland, wo ein nationales Breitbandnetz (VBN) seit 1989 existiert.

Die bisherigen Investitionspläne zielen auf mobile Videokommunikationssysteme (Rollabouts), an die auch ein PC angeschlossen werden kann. Hier wird ein erster Schritt vom Videokonferenzstudio zum Desktop-Conferencing am Arbeitsplatz gemacht und es werden neue Medien integriert. Wenn solche Systeme gekauft werden, müssen sie dem ITU-TS (früher CCITT) H.320-Standard entsprechen. Besonders zur Unterstützung langfristiger Investitionsstrategien muß die Kompatibilität zu internationalen Standards von den Herstellern berücksichtigt werden. Darüber hinaus werden Punkt-zu-Punkt-Verbindungen verwendet, in der Erwartung, sie später zu Mehrpunkt-Verbindungen auszubauen.

2.4 Einschätzung der Anwendungspotentiale künftiger Multimedia-Kommunikationssysteme (MKS) in den Unternehmen

2.4.1 Quantitative Effekte durch MKS

Es ist auffällig, daß von ca. 85% (vgl. Abbildung 6) der Befragten die Reduzierung von Reisekosten als das wichtigste Nutzenpotential eines MKS bewertet wird. Zeitersparnis im allgemeinen und Beschleunigung der Kommunikation im besonderen werden als das zweitwichtigste Nutzenpotential betrachtet.

Außerdem spielt die Vermeidung von Redundanzen oder Medienbrüchen eine wichtige Rolle, da auf diesem Gebiet sowohl Zeit als auch organisatorische Kosten reduziert werden können.

Von einigen Unternehmen wird eine Reduzierung der Reisekosten um 25-30% angestrebt. Dazu zählen auch sogenannte "unproduktive" oder "indirekte" Reisekosten, beispielsweise Warten im Verkehrsstau oder auf öffentliche Verkehrsmittel sowie Vorbereitungs- und Rüstzeiten.

Abb. 6:
Quantitative Effekte durch MKS

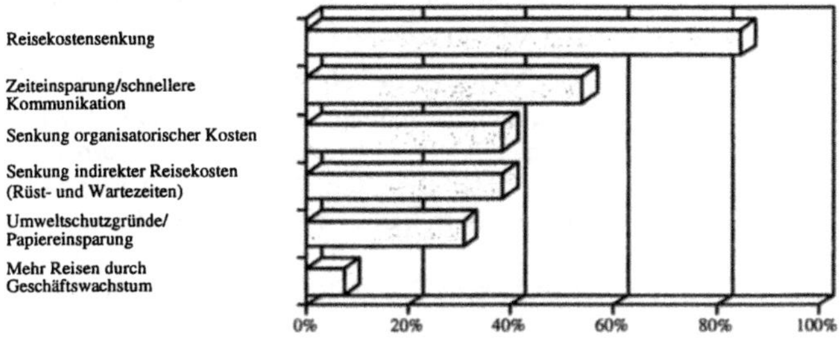

2.4.2 Qualitative Verbesserung von Arbeit und Kommunikation durch MKS

Abbildung 7 zeigt, daß die Anwendung von Multimedia-Kommunikation nach Angaben der Befragten direkte und indirekte qualitative Effekte auf die Kommunikation hat.

Abb. 7:
Qualitative Verbesserung von Arbeit und Kommunikation durch MKS

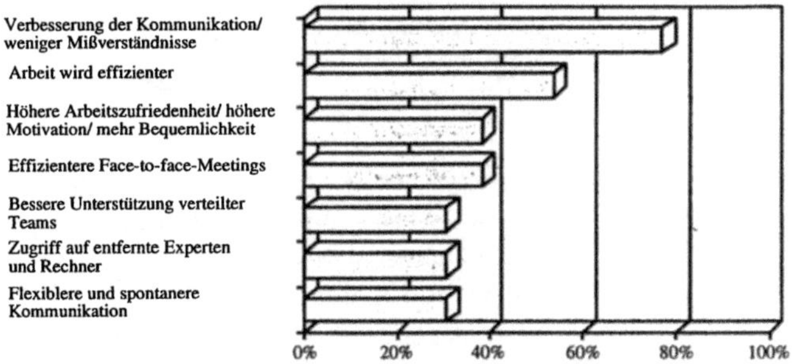

Eine direkte Qualitätsverbesserung kann in der Möglichkeit gesehen werden, Bild- und Videoübertragung zusätzlich zur Sprachübermittlung zur besseren Präsentation von Angeboten und Produkten zu benutzen. Das Betrachten zusätzlicher Unterlagen und verbesserte Möglichkeiten für Erklärungen durch gemeinsames Betrachten und Bearbeiten erhöhen die Wirkung einer Präsentation. Ein einschränkender Faktor ist, daß in vielen Fällen die Produkte, z.B. Textilien, für eine Qualitätsbeurteilung "angefaßt" werden müssen.

Durch eine qualitative Verbesserung der Kommunikation wird die Unzufriedenheit, die aus ineffektiver und mißverständlicher Kommunikation resultiert, verringert, und die Arbeitsmoral steigt.

Die Benutzung von MKS hat einen indirekten Effekt auf nachfolgende Face-to-face-Konferenzen und persönliche Gespräche: deren Effizienz wird erhöht, indem alle Routinearbeiten und weniger wichtige Fragen im Vorfeld abgewickelt werden.

Des weiteren besteht die Möglichkeit zur Verbesserung der Kommunikationsqualität durch Nutzung lokal gespeicherter Dokumente, Daten von anderen Computern und durch die Einbeziehung von Experten. Selbst die Arbeit von weniger erfahrenen Mitarbeitern kann so qualitativ verbessert werden.

2.4.3 Strategische Effekte und Wettbewerbsvorteile durch MKS

Abb. 8: Strategische Effekte und Wettbewerbsvorteile

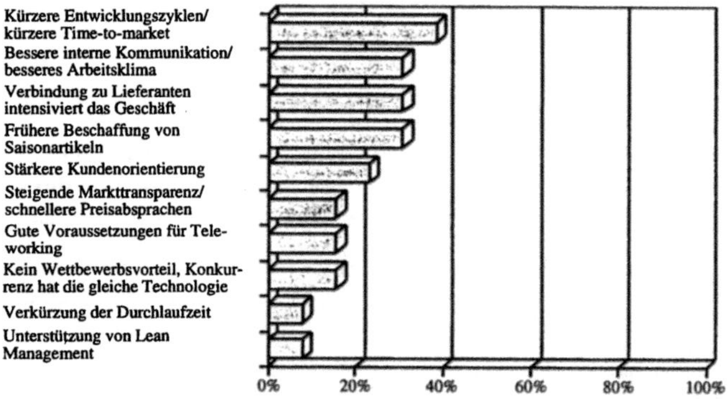

Das Thema "strategische Effekte" zielt auf die Frage, wie Wettbewerbsvorteile durch die Unterstützung von MKS erzielt werden können. Abbildung 8 zeigt, daß die Meinung, strategische Effekte durch MKS zu erzielen, nicht sehr verbreitet ist.

Der wichtigste Faktor ist hier "Time-to-market", d.h. die Zeitspanne von der Produktidee bis zur Markteinführung. Besonders im Hinblick auf immer kürzer werdende Produktlebenszyklen und steigende Entwicklungskosten müssen alle Möglichkeiten zur Verkürzung der "Time-to-market" ausgeschöpft werden.

Speziell im Automobilsektor wurden in den letzten Jahren die Entwicklungszeiten von 5 auf 3 Jahre reduziert. Neben der Unterstützung der Kommunikation innerhalb eines Unternehmens spielt die Kommunikation mit Lieferanten (Zulieferern) eine immer wichtigere Rolle, da diese stark in Entwicklungs- und Produktionsprozesse (z.B. Just-in-time-Lieferung) involviert sind.

Auf dem Gebiet des Einzelhandels mit Produkten, die kritisch im Hinblick auf Saisonzeiten sind und die frühzeitig eingekauft werden müssen, hat man mit Hilfe von MKS den Vorteil, früher als Wettbewerber einkaufen zu können. Weiterhin ist die Beschleunigung von Prozessen im Einzelhandel, der an der Entwicklung von Markenprodukten (Handelsmarken) beteiligt ist, denkbar.

Ein anderer strategischer Ansatz zur Erzielung von Wettbewerbsvorteilen ist die Verbesserung des Kundenservice. Beispielsweise kann der Kundendienst im Automobilbereich qualitativ verbessert und mittels einer Ferndiagnose schneller durchgeführt werden.

2.5 Marktbarrieren und Kaufhemmnisse

Da für die Beschaffung von Investitionsgütern ein multipersoneller Entscheidungsprozeß üblich ist, beeinflussen verschiedene Gruppen innerhalb eines Buying Centers den Kaufprozeß. Im folgenden wird das Verhalten der beiden Gruppen Entscheider/Käufer und Benutzer untersucht. Die Entscheider als Unternehmensvertreter richten ihr Augenmerk besonders auf quantitative Faktoren wie Preis und Kosten/Nutzen-Relation, wohingegen sich die Benutzer eher auf qualitative Systemfaktoren konzentrieren.

2.5.1 Entscheider-/käuferbezogene Faktoren

Abb. 9: Technische Probleme

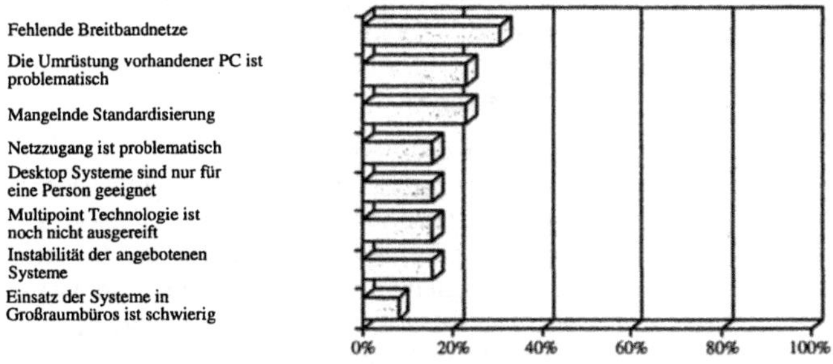

In Abbildung 9 sind gegenwärtige technische Probleme, die Entscheider/Käufer am Kauf von MKS hindern, dargestellt. Am wichtigsten ist das derzeitige Fehlen eines Breitbandnetzes. Zwar gibt es in Deutschland ein selbstwahlfähiges STM-Netz (VBN), doch in Europa gibt es derzeit kein allgemein vergügbares internationales Breitbandnetz.

Wie aus Abbildung 10 zu entnehmen ist, sind hohe Preise für Software und Hardware sowie Netz-Services die am weitesten verbreiteten Gründe für Vorbehalte hinsichtlich des Einsatzes von MKS. Ein System für ca. 30.000 DM (1993) wäre nach Meinung der Befragten akzeptabel. Ein weiterer Kostenfaktor ist die Installation von Netzwerkzugängen in allen Räumen, in denen Multimedia-Kommunikation angewendet werden soll. Diese Faktoren werden zum Zeitpunkt der Befragung als besonders wichtig empfunden, da sich die Wirtschaft in einer rezessiven Phase befindet.

Abb. 10: Ökonomische Probleme

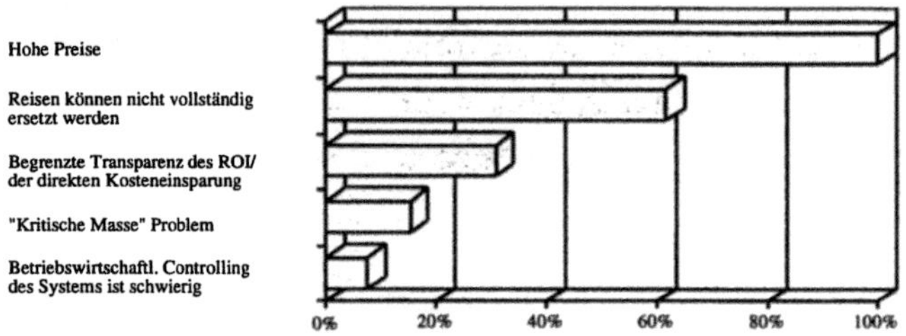

Desweiteren hindert die Meinung, daß Reisen nicht vollständig ersetzbar seien, Unternehmen am Kauf solcher Systeme: "Why should we buy a very expensive system, while a number of trips is necessary anyway?"

2.5.2 Anwenderbezogene Faktoren

Eine der am häufigsten genannten Barrieren ist die Tatsache, daß Multimedia-Kommunikation persönliche Gespräche nicht ersetzen kann (vgl. Abbildung 11), so daß ein großer Teil der persönlichen Atmosphäre verlorengeht.

Etwa 60% der Befragten erwarten allgemeine Akzeptanzbarrieren gegenüber neuen I&K-Technologien, deren Stärken vom Alter und der Position der jeweiligen Person abhängen. Die Bereitschaft, moderne I&K-Technologien zu akzeptieren, nimmt mit zunehmendem Alter ab. Je höher die Position eines Managers, desto größer ist die Wahrscheinlichkeit, daß die Benutzung von neuen I&K-Technologien an andere Personen delegiert wird, z. B. an Assistenten oder Sekretärinnen.

Abb. 11:
Anwenderbezogene Faktoren

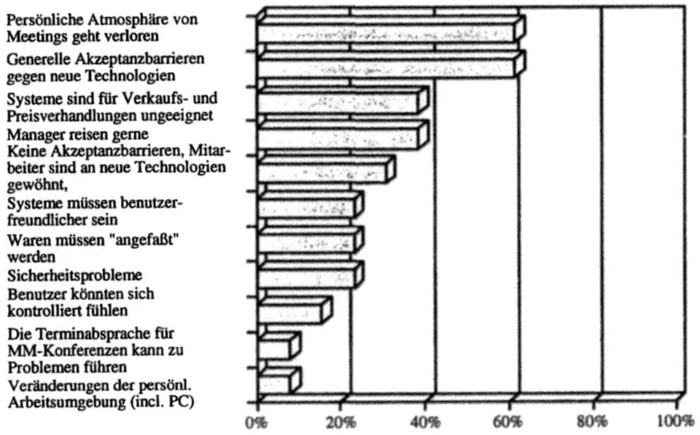

Ein Teil der Unternehmen sieht nur geringe Akzeptanzbarrieren, da sie zu Branchen gehören, deren Geschäftsaktivitäten stark durch High-Tech-Produkte charakterisiert sind. Das bedeutet, daß übliche Vorbehalte bezüglich neuer I&K-Technologien schwächer ausgeprägt sind. Zu diesen Branchen zählen insbesondere: Luft- und Raumfahrttechnik, Elektronik, Handel und Chemie. Ein weiterer Grund ist die ausgeprägte Reisefreudigkeit von Managern, weshalb mit starken Protesten für den Fall gerechnet werden muß, daß eine größere Anzahl von Reisen durch Multimedia-Konferenzen ersetzt werden sollen.

Skepsis hinsichtlich der Vertraulichkeit und die fehlende persönliche Atmosphäre sind, nach Meinung der Befragten, Gründe dafür, daß solche Systeme nur selten für Verkaufsgespräche oder Preisverhandlungen eingesetzt werden.

Multimedia-Konferenzen können genauso leicht aufgezeichnet werden wie konventionelle Telefongespräche. Anwender sehen das Risiko, kontrolliert zu werden, was auch in Sicherheitsproblemen resultieren könnte.

3 Sozio-ökonomische Implikationen von Multimedia-Kommunikationssystemen

Im Rahmen unserer Studie zur Einführung moderner I&K-Technologien am Arbeitsplatz, insbesondere Multimedia-Kommunikationssystemen (MKS), wurden 23 Interviews mit Vertretern von 22 Organisationen aus sieben europäischen Ländern durchgeführt. Insgesamt nahmen 29 Gesprächspartner an unseren Interviews teil. Abbildung 12 zeigt, in welchen Ländern die Interviews stattfanden; Abbildung 13 enthält eine Branchenzuordnung der Organisationen.

Abb. 12: Zuordnung der Interviews nach Ländern

Belgien	1
Frankreich	1
Deutschland	10
Luxemburg	1
Niederlande	4
Schweiz	2
Großbritannien	4

Abb. 13: Anteile der beteiligten Branchen

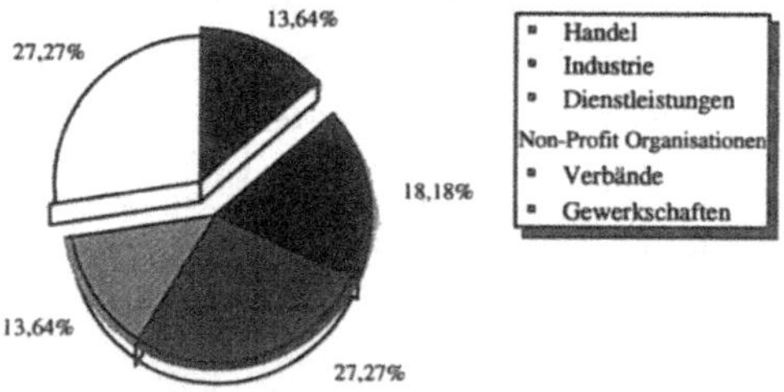

Sechs Organisationen benutzen schon Videokonferenzsysteme, zwei weitere planen den Einsatz von Multimedia Desktop Konferenzsystemen. Alle Organisationen hatten zum Zeitpunkt der Untersuchung Erfahrungen mit der Einführung moderner I&K-Technologien, insbesondere E-Mail und/oder EDI. Bezüglich Verantwortungsbereich und Funktion sind die 29 Gesprächspartner den nachfolgenden Kategorien zuzuordnen.

Abb. 14:
Zuordnung der Interviewten zu Arbeitgeber- und Arbeitnehmerseite

Arbeitgeberseite		Arbeitnehmerseite	
Vertreter der Unternehmensleitung	Vertreter von Arbeitgeberverbänden	Betriebsräte	Gewerkschaftsvertreter
15	4	3	7

3.1 Mit dem Einsatz moderner I&K-Technologien verfolgte Ziele

Unabhängig von spezifischer I&K-Technologie sind die von den Gesprächspartnern genannten Gründe für die Implementierung ähnlich. Aspekte der Beschleunigung bzw. Verbesserung von Kommunikationsprozessen werden von allen Gesprächspartnern der Arbeitgeberseite und, mit zwei Ausnahmen, von allen Gesprächspartnern der Arbeitnehmerseite angeführt. Die am häufigsten genannten Gründe dieser Kategorie sind die "Beschleunigung des Informationsaustauschs" und eine "breitere Verfügbarkeit von Informationen". Die Abbildungen 15 und 16 zeigen die Kategorien, denen die einzelnen Aussagen zugeordnet werden können. Die Werte entsprechen dem Prozentsatz der Gesprächspartner, die zumindest eine Aussage pro Kategorie machen.

Abb. 15:
Gründe für den Einsatz moderner I&K-Technologien (Arbeitgeberseite)

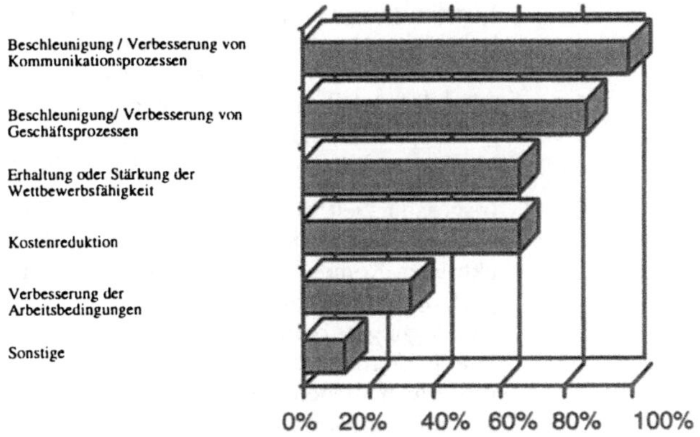

Abb. 16:
Gründe für den Einsatz moderner I&K-Technologien (Arbeitnehmerseite)

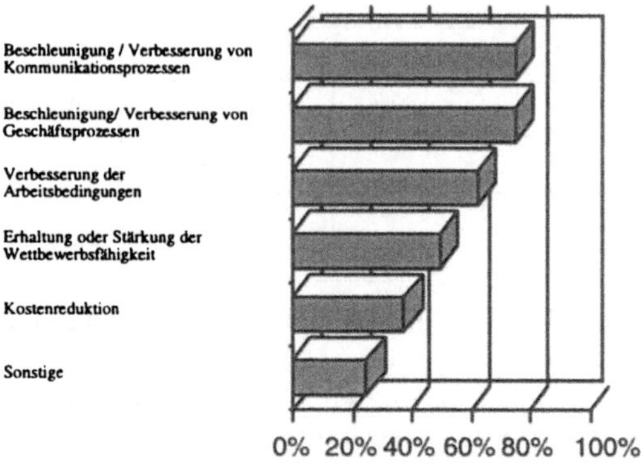

Mit einer Beschleunigung/Verbesserung von Kommunikationsabläufen ist auch eine "Beschleunigung oder Verbesserung von Geschäftsabläufen" intendiert. Zwei Hauptziele werden von den Organisationen mit dem Einsatz moderner I&K-Technologien, insbesondere MKS, verfolgt. Das erste ist die Verbesserung von Produktivität und Effektivität und/oder die Beschleunigung der Produktentwicklung und der Produkteinführungszeiten. Ein zweites Ziel ist die Verbesserung der Produktqualität, die Fehlerreduzierung und eine Verbesserung des Kundenservice bzw. der Kundenorientierung. Dadurch soll die Wettbewerbsfähigkeit erhalten bzw. sollen Wettbewerbsvorteile erzielt werden. Zehn von 15 Vertretern der Arbeitgeberseite und vier von acht Vertretern der Arbeitnehmerseite geben an, daß die Erhaltung der Wettbewerbsfähigkeit bzw. das Erzielen von Wettbewerbsvorteilen mit dem Einsatz moderner I&K-Technologien intendiert wird.

Insgesamt zielt der Einsatz moderner I&K-Technologien, insbesondere von MKS, auf eine Überwindung der Schwachstellen aktueller Kommunikationsbedingungen und eine kostengünstigere und schnellere Abwicklung von Geschäftsprozessen. Solche Überlegungen beruhen allerdings auf der Annahme flächendeckender Verfügbarkeit von MKS, von der in Anbetracht der hierfür erforderlichen Netzwerkkapazitäten und der notwendigen Investitionen in die Arbeitsplatzausstattung in naher Zukunft nicht ausgegangen werden kann. Daher müssen Organisationen Ziele, die mit dem Einsatz von MKS verfolgt werden, vor dem Hintergrund selektiver Verfügbarkeit derartiger Technologie definieren und gegebenenfalls für einzelne Geschäftsprozesse formulieren.

Soziale Aspekte werden nur von einem Gesprächspartner (Vertreter der Arbeitgeberseite) als relevant für die Implementierung moderner I&K-Technologien thematisiert. Offenbar ist mit Multimedia-Kommunikationssystemen eine Erhöhung der Sachlichkeit von Kommunikation intendiert. Informale Kommunikation oder die Stimulierung sozialer Kontakte wird offensichtlich nicht als Ziel verfolgt.

3.2 Nutzen für Organisationen

Die Analyse der Interviewprotokolle zeigt sechs Nutzenkategorien, die in den Abbildungen 17 bzw. 18[1] wiedergegeben sind.

Abb. 17: Erwarteter Nutzen (Arbeitgeberseite)

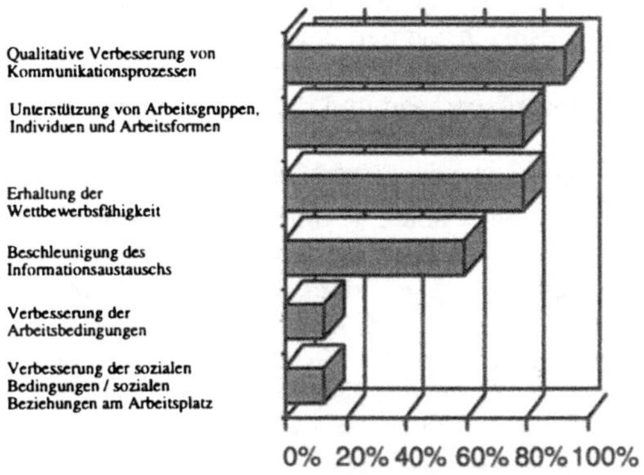

Abb. 18: Erwarteter Nutzen (Arbeitnehmerseite)

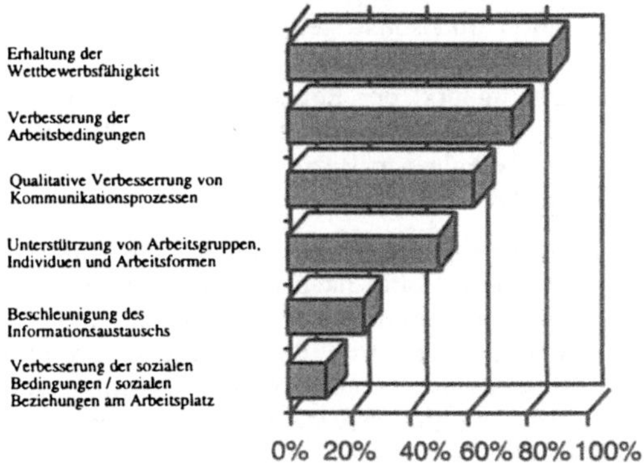

1 Inwiefern solche Systeme in der Lage sind, die geäußerten Erwartungen zu erfüllen, hängt jedoch weitgehend vom Systemumfeld und von der organisatorischen Integration von MKS ab.

3.2.1 Verbesserung von Kommunikationsabläufen

Von nahezu allen befragten Vertretern der Arbeitgeberseite und von ca. 60% der Arbeitnehmervertreter wird mit dem Einsatz von MKS eine qualitative Verbesserung von Kommunikationsabläufen erwartet. Mehrere Aspekte einer qualitativen Verbesserung von Austauschprozessen werden genannt. Hervorgehoben werden die Vermeidung von Medienbrüchen sowie die Reduzierung von Fehlern und Mißverständnissen. Neben einer qualitativen Verbesserung von Austauschbeziehungen und einer allgemeinen Beschleunigung von Kommunikationsabläufen erwarten die Gesprächspartner eine deutliche Verbesserung hinsichtlich der Unterstützung von Arbeitsgruppen, der Zusammenarbeit von Einzelpersonen und derzeitiger Arbeitsweisen.

3.2.2 Steigerung des Geschäftserfolgs

Für eine Reihe von Arbeitgebervertretern spielt die Erwartung einer Verbesserung der Koordination und Zusammenarbeit von Arbeitsgruppen eine bedeutende Rolle, während dies nur von einem der acht Arbeitnehmervertreter thematisiert wird. MKS werden von den Gesprächspartnern der Arbeitgeber- und Arbeitnehmerseite als eine Technologie beurteilt, die eine Optimierung von Organisationsstrukturen und kostengünstigere Arbeitsweisen ermöglicht.

Eine Stimulierung der Geschäfte aufgrund zunehmender Kooperation und somit steigende Einnahmen einerseits und eine Kostenreduzierung über Möglichkeiten zur Personalbestandsreduzierung und der Einsparung von Reisekosten andererseits sind die Hauptnutzenkategorien in den Augen der Arbeitgebervertreter. Lediglich in Bezug auf die Reduzierung von Reiseaktivitäten wird diese Ansicht von Vertretern der Arbeitnehmerseite geteilt.

Personengruppen, die durch den Einsatz von MKS besonders profitieren, sind nach Aussage unserer Gesprächspartner Experten und Führungskräfte. Hervorgehoben wird eine verbesserte Verfügbarkeit oder Erreichbarkeit von Experten und eine Beschleunigung von Entscheidungssprozessen bzw. eine Verkürzung von Entscheidungsprozeßdauern.

3.2.3 Verbesserung von Arbeitsbedingungen

Während für die oben genannten Nutzenkategorien seitens der Arbeitgebervertreter eine wesentlich differenziertere Vorstellung entwickelt und eindeutig mehr Nutzenaspekte genannt werden als von befragten Arbeitnehmervertretern, zeigt sich ein umgekehrtes Bild für die Nutzenkategorie "Verbesserung der Arbeitsbedingungen". Diese Nutzenkategorie wird maßgeblich in Aussagen von Arbeitnehmervertretern thematisiert. MKS haben möglicherweise indirekte Auswirkungen auf Arbeitsgewohnheiten und Arbeitsinhalte durch Veränderungen der Kommunikationsbeziehungen und Kooperationsformen. Inwiefern dies ein „job enrichment“ oder „job enlargement“ impliziert, kann von einer Systemanalyse nicht festgestellt bzw. vorhergesagt werden. Es kann lediglich festgehalten werden, daß die Probanden glauben, daß ein solches Potential vorhanden ist.

Die Kategorie "Verbesserung sozialer Kontakte - soziale Beziehungen am Arbeitsplatz" wird weniger häufig genannt und scheint von geringer Bedeutung für Arbeitgeber- und Arbeitnehmervertreter. Für Arbeitnehmervertreter, die Nutzenaspekte dieser Kategorie anführen, kann allerdings gesagt werden, daß Aspekte der sozialen Integration am Arbeitsplatz die entscheidenden Argumente für den Einsatz von MKS liefern.

3.3 Mit dem Einsatz moderner I&K-Technologien verbundene Risiken

Ca. 20% der Arbeitgebervertreter erwarten keine Risiken mit dem Einsatz von MKS. Befragt nach Risiken oder negativen, nicht intendierten Auswirkungen, kann die Mehrzahl der Antworten der übrigen Gesprächspartner den folgenden drei Kategorien zugeordnet werden:

- Medienspezifische Einflüsse auf Kommunikationsabläufe,
- Verringerung der Produktivität,
- Meidung oder ungenügende Anwendung des Systems.

Die prozentuale Verteilung der Aussagen auf die einzelnen Antwortkategorien für Arbeitgeber- und Arbeitnehmervertreter ist in den Abbildungen 19 bzw. 20 wiedergegeben.

3.3.1 Medienspezifische/Medienbedingte Einflüsse auf Kommunikationsabläufe

Ein Risikofaktor im Zusammenhang mit der Substitution konventioneller Kommunikationsformen (insbesondere persönliche Kontakte, persönliche Gespräche) wird in der Tatsache gesehen, daß MKS-gestützte Konferenzen möglicherweise nicht in der Lage sind, wichtige Elemente der Kommunikation zu transportieren. Auswirkungen auf die Ergebnisse von Kommunikationsabläufen werden erwartet, da medienvermittelte Kommunikation keine Möglichkeit bietet, zentrale funktionale Kommunikationseinheiten abzubilden oder zu vermitteln.

Arbeitgebervertreter erwarten einen Rückgang des Informationsaustauschs durch medienvermittelte Kommunikation und sehen darin eine mögliche Beeinträchtigung des Geschäftserfolges. "Business is people" ist eine von Arbeitgebervertretern immer wieder zitierte Formel, die eine Substitution von Geschäftsreisen des Managements durch MKS als Risiko erscheinen läßt.

Abb. 19: Nicht intendierte Auswirkungen (Arbeitgeberseite)

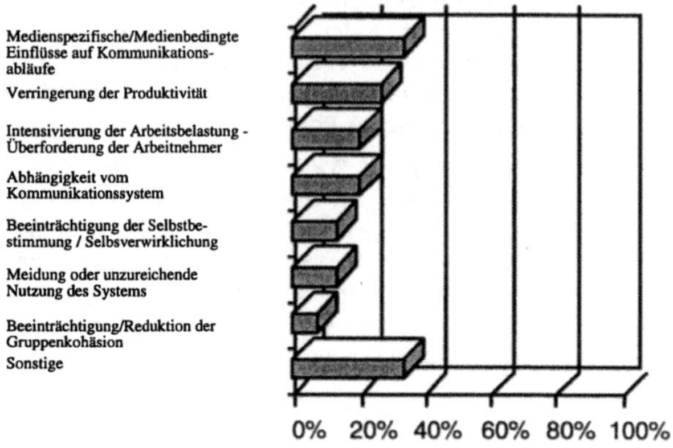

Abb. 20: Nicht intendierte Auswirkungen (Arbeitnehmerseite)

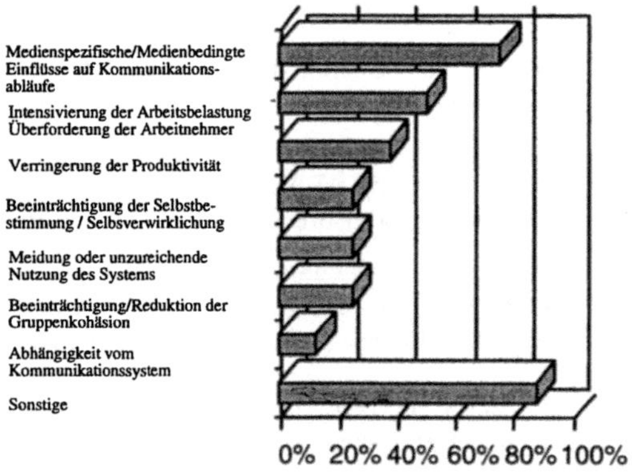

3.3.2 Produktivitätsrückgang

Ein nicht intendiertes Resultat der Einführung von MKS kann ein Produktivitätsrückgang sein. Ein negativer mittel- oder langfristiger Einfluß auf die Produktivität wird von Arbeitgebervertretern erwartet, wenn die Einführung von MKS einen Rückgang der Gruppenkohäsion und der sozialen Integration von Mitarbeitern hervorruft.

Arbeitnehmervertreter erwarten Produktivitätsrückgänge für den Fall, daß das Management die Nutzung der neu eingeführten Technologie zu erzwingen versucht. Je stärker die Systembenutzung forciert wird, um so höher ist die Wahrscheinlichkeit, daß das System nicht akzeptiert wird.

Eine mit der - durch MKS - erhöhten Verfügbarkeit verbundene Befürchtung ist, daß immer mehr Personen in einen einzelnen Geschäftsprozeß involviert werden. Dies führt zu einer zunehmenden Zahl von Zwischenschritten innerhalb eines Geschäftsprozesses.

Entscheidungsprozesse hängen zu einem gewissen Grad vom kommunikativen Rahmen ab. Ein wesentlicher Faktor dieses Rahmens ist die Qualität der interpersonellen Wahrnehmung der Teilnehmer. Im Vergleich zum persönlichen Gespräch reduziert die MKS-gestützte Kommunikation interpersonelle Aspekte der Kommunikation. Dies beeinflußt möglicherweise die getroffenen Entscheidungen, obwohl durch empirische Untersuchungen über die Auswirkungen medienvermittelter Kommunikation ein eindeutiger Effekt des Mediums auf den Prozeß nicht nachgewiesen werden konnte. Die Antworten der Gesprächspartner spiegeln die Befürchtung wider, daß die Benutzung von MKS statt konventioneller persönlicher Gespräche zu einer Verhärtung der Positionen und einem Mangel an Konsensbereitschaft führt. Diese Befürchtung wird begründet mit einem fehlenden gemeinsamen Rahmen in medienvermittelter Kommunikation oder mit fehlender sozialer Präsenz der Kommunikationspartner. Regulierende Elemente konventioneller Konferenzen, wie gemeinsame Pausen, Sitzordnung usw. finden zumindest bei derzeit verfügbaren Systemen keine Entsprechung.

3.3.3 Ungenügende Anwendung

Werden MKS in einem Unternehmen implementiert, so werden die erforderlichen Mittel durch die Unterstützung der zu bearbeitenden Geschäftsabläufe gerechtfertigt. Ausbleibende oder ungenügende Anwendungen, die bewirken, daß sich Investitionen nicht auszahlen, sind die ungünstigsten Fälle. Obwohl nur einige der Gesprächspartner glauben, daß sich erwartete Vorteile von MKS nicht materialisieren, befürchten jeweils zwei Vertreter von Arbeitgeber- und Arbeitnehmerseite ausbleibende oder ungenügende Nutzung.

Eine weitere Befürchtung besteht darin, daß für den Fall, daß Nutzenkategorien nicht genügend transparent gemacht werden, die Anwendung von MKS abgelehnt wird.

3.4 Akzeptanzrisikofaktoren

Zu Akzeptanzrisikofaktoren geben Arbeitgeber- und Arbeitnehmervertreter 221 Aussagen zu Protokoll, die 12 Kategorien

(s. Abbildung 21 und 22) zuzuordnen sind. Die wichtigsten Kategorien scheinen die folgenden zu sein:

- Möglichkeit zur Kontrolle, Überwachung und Leistungsbeurteilung,
- Änderungen in Bezug auf Arbeitsweisen, Organisationsstrukturen, Funktionen, Rollen usw.,
- Ansichten, Erwartungen, Erfahrungen usw. von potentiellen Benutzern,
- Fehlende Integration des Kommunikationssystems in Geschäftsabläufe,
- HCI-Design - Audio- und Videoqualität.

Abb. 21: Akzeptanzrisikofaktoren (Arbeitgeberseite)

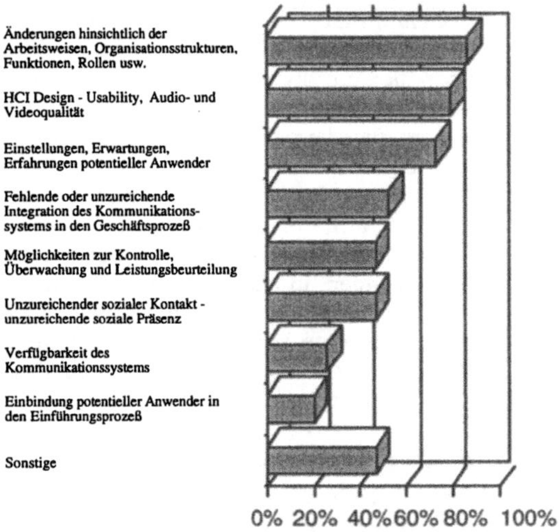

3.4.1 Möglichkeit zur Kontrolle, Überwachung und Leistungsbeurteilung

Vorbehalte seitens der Arbeitgeber- und Arbeitnehmervertreter werden mit dem Kontrollpotential von MKS assoziiert. In diesem Zusammenhang wird der "transparente Mitarbeiter" thematisiert. Obgleich es keine Vorbehalte für eine ICT-Anwendung im eigenen Unternehmen gibt, ist das Problembewußtsein seitens der Betriebsräte ausgeprägt. Als ein Instrument zur Regelung oder zum Schutz werden Betriebsvereinbarungen genannt. Dieser Regelbedarf entsteht, weil mit MKS Systeme an den Arbeitsplatz gebracht werden, die eine Mitarbeiterkontrolle ermöglichen.

Abb. 22: Akzeptanzrisikofaktoren (Arbeitnehmerseite)

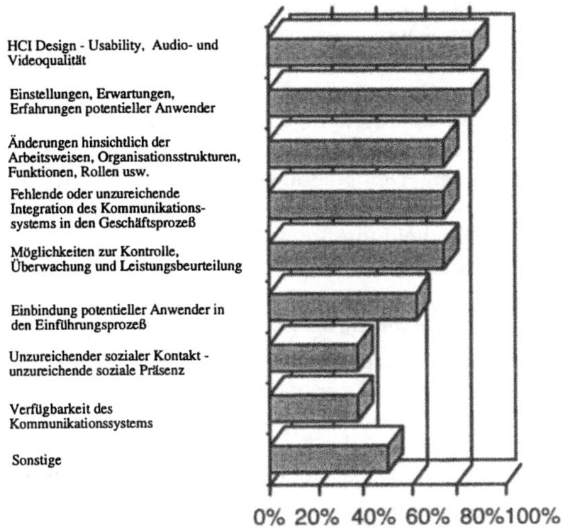

3.4.2 Arbeitsumfang und Arbeitsanforderungen

Die Einführung moderner I&K-Technologien wird zu Veränderungen von Arbeitsumfang, Arbeitsverteilung und Arbeitsanforderungen führen. Dies birgt Akzeptanzrisikofaktoren. Die Aussage gibt den allgemeinen Tenor wieder, der in den Antworten aller Gesprächspartner feststellbar ist. Daher sollte Veränderungen von Arbeitsumfang, Arbeitsverteilung und Arbeitsanforderungen besondere Aufmerksamkeit gewidmet werden. Falls während der Vorbereitungsphase mögliche Veränderungen und damit veränderte Anforderungen unberücksichtigt bleiben, resultiert dies möglicherweise in negativen Auswirkungen auf Arbeitsabläufe. Einerseits erfordern moderne I&K-Technologien eine Änderung des Kommunikationsverhaltens. Andererseits ändert sich traditionelles Kommunikationsverhalten nur sehr langsam. Parallel zu einer Verschiebung im Kommunikationsverhalten werden die betroffenen Personen von ihrer Kommunikationsexpertise abgeschnitten.

3.4.3 Entscheidungsfindungsdruck

Die Probanden glauben, daß durch den MKS-Einsatz Entscheidungen forciert werden und daß dies ein wesentlicher Akzeptanzrisikofaktor für MKS sei. Die Hauptfaktoren, die einen Entscheidungsfindungsdruck auslösen, sind: permanenter Zugriff auf verfügbare Dokumente, erhöhte Verfügbarkeit von Entscheidungsträgern, beiderseitige Verfügbarkeit von für den Entscheidungsprozeß wichtigen Dokumenten, inhaltliche Zentralisierung der Kommunikation und die registrierte Empfangszeit elektronisch übermittelter Informationen. Insgesamt führt dies zu einer Situation, in der der Konferenzteilnehmer nicht die Möglichkeit hat, Entscheidungen aufzuschieben, beispielsweise um untergeordnete Stellen zu konsultieren, ohne dabei das Gesicht zu verlieren. Der potentielle Anwender ist der Möglichkeit enthoben, konkreten Fragen auszuweichen. Zur postulierten Erhöhung des Entscheidungsfindungsdrucks muß die "Einschränkung von Autonomie und Aktionsradius des einzelnen" hinzugefügt werden.

3.4.4 Einschränkung der Reiseaktivitäten

Akzeptanzprobleme aufgrund einer Einschränkung der Reiseaktivitäten sind besonders dann zu erwarten, wenn das Reisen an sich einen besonderen Wert für die entsprechende Person hat. Haben Geschäftsreisen eine Bonusfunktion, die keine Entsprechung in MKS findet, wird dies erhebliche Auswirkungen auf die Akzeptanz haben. Mögliche Auswirkungen sind um so größer, je stärker die Anwendung des Systems forciert wird und je eindeutiger die Verpflichtung zur Systembenutzung auf eine ausgewählte Benutzergruppe beschränkt ist.

3.4.5 Nutzenpotentiale von MKS und Erfahrungen mit IKT

Nach Aussagen von Arbeitgeber- und Arbeitnehmervertretern wird dem Transparent-Machen von Nutzenpotentialen erste Priorität im Akzeptanzaufbauprozeß eingeräumt. Werden bestimmte Nutzenpotentiale anerkannt, sind Vorbehalte unwahrscheinlicher. Eine Reihe der Gesprächspartner hebt hervor, daß eine Darstellung des Kosten-/Nutzenverhältnis auf Organisationsebene und auf speziellen Handlungsebenen verfügbar sein sollte. Dem einzelnen Benutzer sollte gezeigt werden, welcher Nutzen bei Anwendung der neuen Technologie für die Organisation als Ganzes und für den einzelnen entstehen kann.

Akzeptanzrisikofaktoren, die aus Erfahrungen mit technischen Systemen resultieren, sind vielfältig. Ihnen kann in gewissem Maß durch Mitarbeiterschulung und internes Marketing begegnet werden. Ein entscheidender Faktor ist hier die Integration in die bestehende Infrastruktur. Dies bietet dem Benutzer die Möglichkeit, bereits vorhandenes Wissen in einen neuen Anwendungskontext zu transferieren. Neben individuellen Präferenzen und Persönlichkeitsmerkmalen hat auch das Maß, in dem Führungskräfte Rollenbeispiele für die Systembenutzung liefern und das Maß, in dem das System die Arbeit des potentiellen Benutzers unterstützt, wesentliche Auswirkungen auf die Akzeptanz.

3.4.6 Qualität und Zuverlässigkeit von MKS

Ein weiterer wesentlicher Faktor für die Akzeptanz von MKS wird in der Qualität und Übertragungsleistung solcher Systeme gesehen. Besonders wenn Führungskräfte von den Vorteilen von MKS überzeugt werden sollen, muß die technisch realisierte Qualität von Bildschirm-Seiten bzw. Video-Bildern zumindest den Qualitätsstandards konventioneller TV-Bilder entsprechen. Bezüglich der Videofunktionalität fordern unsere Gesprächspartner eine klares Bild des Gegenübers, Erkennbarkeit der Mimik, unbeeinflußte und vollständige Übertragung nonverbaler Signale und die Möglichkeit zum Augenkontakt.

Die Tatsache, daß viele Führungskräfte zögern, Konferenzsysteme zu benutzen, beruht auf der erfahrenen mangelnden Videoqualität solcher Systeme. Eine noch stärkere Wirkung auf die Akzeptanz hat allerdings eine eingeschränkte Tonqualität. Die Erfahrung von für die Systemeinführung verantwortlichen Personen zeigt, daß der erste Eindruck potentieller Anwender nachhaltige Wirkungen hat. Wenn installierte Systeme während der Pilotphasen Stabilitätsdefekte oder mangelnde Bild- und Tonqualität aufweisen, ist es schwer, später Akzeptanz für Systeme von verbesserter Qualität aufzubauen. Besonders vom Management wird ein System gefordert, das zu 99,9% fehlerfrei arbeitet, andernfalls wird es abgelehnt.

Weiterhin wird verlangt, daß die Kommunikationssituation natürlich sei, d.h. die Situation in einer Videokonferenz sollte soweit wie möglich der Situation in konventionellen Konferenzen entsprechen. Die Technik muß in den Hintergrund treten und sollte den Kommunikationsprozeß nicht beeinflussen. Mangelnde Ähnlichkeit mit konventionellen Konferenzen vermindert die Akzeptanz für multimediale Kommunikation.

3.4.7 Soziale Präsenz

Die fehlende Möglichkeit zu sozialem Austausch, der fehlende soziale Rahmen, der Mangel eines gemeinsamen Kontexts, fehlende Nähe zu Kommunikationspartnern und eine Reduzierung des persönlichen Charakters von Kommunikation werden als wesentliche Akzeptanzrisikofaktoren gesehen. Sowohl Arbeitgeber- als auch Arbeitnehmervertreter argumentierten, daß eine zunehmende Substitution persönlicher Kontakte zu einer Verringerung der Akzeptanz von Multimedia-Kommunikation führt.

3.4.8 Implementierungsprozeß - Einbindung potentieller Benutzer

In Bezug auf Implementierungsstrategien von MKS ist eine ideale Situation dann gegeben, wenn die Strategien zur Systemeinführung auf Forderungen der beteiligten späteren Anwender aufbauen. Dies erfordert eine kontinuierliche Überprüfung der Arbeitsanforderungen und umfassende Informationen über technische und organisatorische Problemlösungsstrategien. Da traditionelle Handlungsweisen in den meisten Fällen als ausreichend betrachtet werden, und Expertise auf bestehenden Handlungsweisen basiert, sind traditionelle Umgebungen extrem änderungsresistent.

In nahezu allen befragten Organisationen werden potentielle Systemanwender von Anfang an involviert. In etwa 50% der befragten Organisationen sind die Mitarbeiter bereits vor der Pilotphase an der Auswahl konkurrierender Systeme beteiligt. In einigen Fällen sind wichtige Anwender in die Entwicklung des Systems eingebunden. Von großer Bedeutung scheint, daß Mitarbeiter nach ihrer Zufriedenheit und nach Verbesserungsvorschlägen befragt werden. Negative Auswirkungen auf die Akzeptanz sind dann zu erwarten, wenn die Ergebnisse der Befragung keine sichtbaren Konsequenzen für die Systementwicklung oder das Systemdesign haben. Verbesserungsvorschläge sollten entweder in direkter und transparenter Weise in die Praxis umgesetzt werden; falls sie abgelehnt werden, sollten den Anwendern die Gründe dafür genannt werden.

In Informationsveranstaltungen und Demonstrationen vor Pilotanwendung sollten die potentiellen Anwender umfassend informiert werden und schon erste Erfahrungen mit der einzuführenden Technologie sammeln können. Dadurch soll zu einem gewissen Grad verhindert werden, daß künftige Benutzer sich von Entwicklungen überrannt fühlen. Eine umfassende Informationspolitik veranlaßt potentielle Anwender zum Nachdenken über die Nutzenpotentiale des Systems in Bezug auf ihren eigenen Arbeitsplatz. Von Arbeitnehmer- und Arbeitgebervertretern wird internes Marketing auf breiter Basis als ein wesentliches Element vor und während der Pilotanwendungen gesehen.

3.5 Soziale Implikationen durch Implementierung moderner I&K-Technologien

Fünf von 15 Vertretern der Arbeitgeberseite und einer von acht Vertretern der Arbeitnehmerseite erklären, daß die Implementierung von MKS am Arbeitsplatz keine negativen sozialen Folgen hat bzw. haben wird. Ein Gesprächspartner der Arbeitgeberseite meint, daß multimediale Kommunikation soziale Kontakte auf lange Sicht verbessert. Die von den anderen Experten erhaltenen Aussagen reflektieren potentielle soziale Implikationen, die sich den in Abbildung 23 und 24 dargestellten Kategorien zuordnen lassen.

Abb. 23:
Erwartete soziale Implikationen (Arbeitgeberseite)

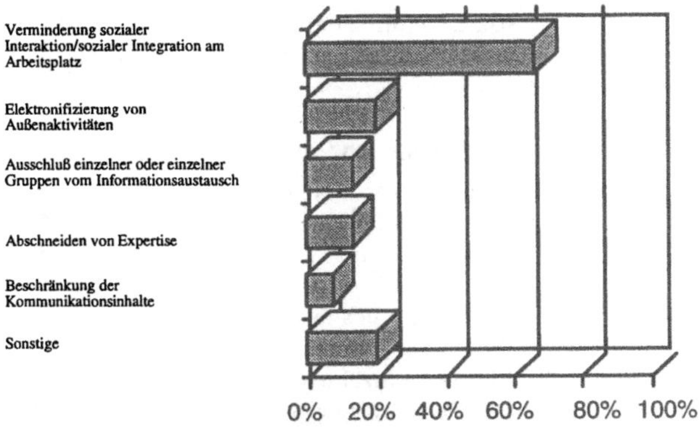

Abb. 24:
Erwartete soziale Implikationen (Arbeitnehmerseite)

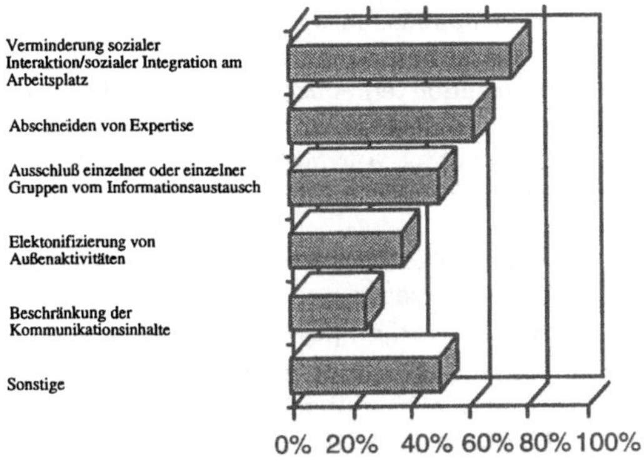

3.5.1 Verminderung sozialer Interaktionen oder Reduzierung sozialer Integration am Arbeitsplatz

Zehn Repräsentanten der Arbeitgeberseite und 7 Repräsentanten der Arbeitnehmerseite machen 49 Aussagen, die der Kategorie "Verminderung sozialer Interaktion oder Reduzierung sozialer Integration am Arbeitsplatz" zuzuordnen sind. Mit einer breiten Anwendung von MKS befürchten diese Experten eine Reduzierung der sozialen Präsenz und die fehlende Erfahrung der Gruppeneinheit. Die räumliche Trennung von Kooperationspartnern kann zu Einschränkungen der sozialen Kontakte und des sozialen Austausches führen. Als Langzeitauswirkungen dieser Beeinträchtigung sozialer Beziehungen werden die Reduzierung von Kooperation, eine Verringerung der Gruppenkohäsion, Isolation, die Reduzierung sozialer Kompetenz, das Herausstellen einzelner Interessen und eine Schwächung der Corporate Identity angeführt. Darin sehen besonders Arbeitgebervertreter eine mögliche Beeinträchtigung des Geschäftserfolges.

3.5.2 Elektronifizierung von Außenaktivitäten

Eine Gefahr der Elektronifizierung von Außenaktivitäten aufgrund einer breiten Anwendung von MKS wurde von Arbeitgeber- und Arbeitnehmervertretern thematisiert. Wenn Aktivitäten zunehmend durch Telekommunikationssysteme realisiert werden, führt dies zu einer Reduzierung von Aktivitäten und der direkten, persönlichen Kontakte. Eine solche Entwicklung könnte für den einzelnen und für die Gesellschaft problematisch hinsichtlich einer Reduzierung der sozialen Integration und sozialen Kompetenz sein. Es wird erwartet, daß sich die Methoden der Verhandlungsführung, die Steuerung der Kommunikation, die Benutzung von Arbeitswerkzeugen usw. in multimedialer Kommunikation erheblich von denen konventioneller Kommunikation unterscheiden. Experten prognostizieren bei einer breiten Anwendung von MKS Veränderungen des Kommunikationsverhaltens und erlernter Kommunikationsmuster.

3.5.3 Ausschluß einzelner oder einzelner Gruppen vom Informationsaustausch

Der Ausschluß einzelner oder einzelner Gruppen vom Informationsaustausch wurde als ein weiterer sozialer Risikofaktor identifiziert. Alter, Funktion und Status wurden als unterscheidende Elemente genannt, die wesentlich für eine selbstbestimmte Nutzung bzw. forcierte Implementierung neuer Technologien sind. Sowohl der selbstgewählte Verzicht auf neue Technologien als auch ein vom Management diktierter Ausschluß von der Nutzung neuer I&K-Technologien hat möglicherweise weitreichende Konsequenzen. Soziale Implikationen sind besonders dann zu erwarten, wenn der Ausschluß bestimmter Individuen oder Gruppen durch eine Implementierung von MKS vorangetrieben wird.

Die Wahrscheinlichkeit, mit der eine breite Anwendung von MKS zu solchen Effekten führen wird, hängt in großem Maße vom Design des Systems und seiner Integration in die Organisation ab. Je besser MKS den Anforderungen von potentiellen Benutzern entspricht und Raum für individuelle Arbeitsweisen vorsieht, um so höher ist die Wahrscheinlichkeit, daß Führungskräfte ihre Expertise in die neue Kommunikationssituation einbringen können. Je höher die Qualität multimedialer Telekooperation, desto näher kommt sie an die Qualität konventioneller Kommunikation und desto adäquater kann die vorhandene Expertise in die multimediale Telekooperation integriert werden.

4 Zusammenfassung

Die in sieben europäischen Ländern durchgeführten empirischen Studien zeigen eine Reihe interessanter Ergebnisse, die für strategische Entscheidungen über eine Markteinführung multimedialer Kommunikationssysteme nützlich sein können.

Die wichtigsten Schlußfolgerungen der empirischen Studie sind in Form von Messages dargestellt. Dabei sind die Messages zum einen als Anforderungen der Nachfrage- bzw. Anwenderseite zu verstehen. Zum anderen artikulieren sie Erkenntnisse und Erfahrungen aus Systemgestaltungsprozessen, an denen die Anwender beteiligt waren.

Message 1: "Die Benutzung konventioneller Medien ist nicht länger ausreichend."

Die Leistung konventioneller Medien in der vorhandenen Infrastruktur kann nicht länger mit den Herausforderungen globaler Märkte, steigendem Wettbewerbsdruck und zunehmender Marktkonzentration Schritt halten. Auf der Grundlage der durchgeführten Untersuchungen zeigt sich, daß die Benutzung konventioneller Medien für die geschäftliche Kommunikation eine wachsende Diskrepanz zwischen dem Wunsch, auf internationaler Ebene wettbewerbsfähig zu sein und den tatsächlich vorherrschenden operativen Handlungsweisen erzeugt. Der Grund ist, daß operatives Handeln, d.h. das Umsetzen strategischer Entscheidungen, durch unzureichende Kommunikationsunterstützung in seiner Geschwindigkeit erheblich beeinträchtigt wird. Es wird deutlich, daß die Benutzung konventioneller Medien als hilfreich aber nicht mehr ausreichend für die heutige und zukünftige Aufgabenbewältigung betrachtet wird. Deshalb wird die Notwendigkeit zu Investitionen in verbesserte, die Bürokommunikation unterstützende Lösungen gesehen. Verbesserte Kommunikation bedeutet: Beschleunigung von Geschäftsabläufen durch schnellere interpersonelle Interaktionen.

Message 2: "Sowohl Systemqualität als auch eine erfolgreiche organisatorische Implementierung sind erforderlich."

Eine Grundvorraussetzung für die breite Akzeptanz von MKS ist, daß diese Systeme in der Lage sind, Qualtitätsanforderungen von potentiellen Benutzern zu entsprechen, d.h. neben einer optimalen Bild- und Tonqualität müssen MKS bezüglich ihrer Handhabung auf konkrete Aktivitätsprofile zugeschnitten sein und einen extrem hohen Zuverlässigkeitsgrad bieten.

Möglichkeiten für eine aktive Beeinflussung der Akzeptanz sind aus Unternehmenssicht während der Phase der Pilotsystemeinführung gegeben. Sowohl die Integration und Beteiligung potentieller Benutzer an der operativen Systemeinführung, eine interne Marketing-Konzeption, das Kosten/Nutzenverhältnis für den einzelnen Benutzer als auch eine adäquate Mitarbeiterschulung sind wesentliche Elemente einer Systemeinführung. Die Ergebnisse der Untersuchungen scheinen zu implizieren, daß eine weitere Aufklärung zu den Fragen "praxisnahe Lösungen" und "Kosten/Nutzenverhältnis" conditio sine qua non ist, um potentielle Benutzer zu erreichen.

Die Gesprächspartner sind, was Versprechen im Zusammenhang mit modernen I&K-Technologien angeht, eher skeptisch. Sie bevorzugen eine realistische Betrachtung der Anwendungsmöglichkeiten und fordern mehr Kostentransparenz für Investitionen in technologische und organisatorische Änderungen.

Die Chancen für die Einführung moderner I&K-Technologien sind als gut zu beurteilen, wenn die zukünftigen Käufer überzeugt werden können, daß die Nutzenerwartungen solcher Systeme auf beweisbaren Tatsachen basieren.

Message 3: **"Betriebsvereinbarungen können helfen, verdecktes Konfliktpotential zu orten oder/und es gar nicht erst entstehen zu lassen."**

Wenn die organisatorische Implementierung moderner I&K-Technologien durch Betriebsvereinbarungen unterstützt wird, nehmen die Chancen für eine sozial verträgliche Anwendung der neuen Technologien zu.

Ein Verzicht auf Maßnahmen für eine sozialverträgliche Einführung - bis jetzt eines der am häufigsten festgestellten Phänomene - hat ein enormes Konfliktpotential in der Auseinandersetzung der Sozialpartner. Dieses Konfliktpotential bleibt in Zeiten einer rezessiven Wirtschaft verborgen.

Als ein weiteres wesentliches Resultat wird deutlich, daß ein Teil der Entscheidungsträger und Investitionsplaner Aspekten der Sozialverträglichkeit moderner I&K-Technologien keinen Schwerpunkt einräumen, im Gegensatz zur Arbeitnehmerseite, die ihre Position aber als eher schwach bezeichnet.

5 Literatur

Alcatel ISR, BIFOA, CSELT, PTT Research Telefonica I+D: Socio-Economic Viability Results. R2025/BIF/WP5/DS/I/ 027/b1. Deliverable für die Europäische Union, 1994 (unveröffentlicht).

Anstötz, K., ATM: Success or Failure - Economic remarks on the introduction of broadband technology. In: International Journal of Digital and Analog Communication Systems, Vol. 6, No. 3, July-Sept. 1993, S. 161-165.

Anstötz, K.; Meier H.; Schmitt, L.: Application Potential and Socio-Economic Implications of Multimedia Communication Systems at the Workplace. BIFOA, Köln 1994.

Anstötz, K.; Meier, H.: The Market for Multimedia Communication Systems - Suppliers, Systems and Application Potentials. BIFOA, Köln 1994.

Anstötz, K.; Seibt, D.: Verteilte Multimedia-Systeme zur Unterstützung von Führungs- und Koordinationsaufgaben. Ergebnisse empirischer Untersuchungen. In: Tagungsband Wirtschaftsinformatik '93, hrsg. von K. Kurbel. Münster 1993, S. 392-404.

Backhaus, K.: Investitionsgütermarketing. 3. Aufl., München 1992.

BIFOA: R 2025/BIF/WP5/ 801/1. BIFOA: R2025 MIMIS. Results of Empirical Investigations on MIMIS-Viability. Unveröffentlichtes Deliverable, 1993.

BIFOA: R 2025/BIF/WP5/ 802/1. BIFOA: R2025 MIMIS, Evaluation of Market Potentials and Market Entry Barriers for MIMIS. Unveröffentlichtes Deliverable, 1994.

Meier, H.; Seibt, D.: Multimediale Desktop-Telekooperation. In: Office Management, Heft 7/8, 1994, S. 32-34.

CCCP- Methodik für Analyse und Reengineering von zeit- und erfolgskritischen Kommunikations- und Kooperationsprozessen

Dietrich Seibt, Peter Konrad*

* Prof. Dr. Dietrich Seibt, Geschäftsführender Direktor des BIFOA.
Dipl.-Kfm. Peter Konrad, wiss. Mitarbeiter am BIFOA.

1 Zweck und Besonderheiten der CCCP-Methodik

Die CCCP-Methodik ist eine Analyse- und Reengineering-Methodik, mit deren Hilfe herausgearbeitet werden kann, welche Potentiale zur Nutzensteigerung und zur Kostenreduzierung bei bestimmten Veränderungen ausgewählter betrieblicher Geschäftsprozesse realisiert werden können. Die Abkürzung CCCP steht für

"Critical Communication and Cooperation Processes".

Die Methodik konzentriert sich auf erfolgs- und zeitkritische Geschäftsprozesse, bei denen herausgefunden werden soll, ob und in welchem Maße sie durch Einsatz von modernen Telekommunikations-/Telekooperationslösungen beschleunigt und in ihrer Wirksamkeit/Wirtschaftlichkeit verbessert werden können. Die Grundzüge der Methodik wurden in dem von der Europäischen Kommission im Zeitraum 1992-1994 geförderten Projekt MIMIS (Multipoint Interactive Multimedia Interpersonal System) entwickelt.[1]

Zunächst wird die Ist-Situation eines erfolgs-/zeitkritischen Geschäftsprozesses hinsichtlich des vorhandenen Mengen- und Zeiten-Gerüstes sowie der daraus abzuleitenden Nutzen- und Kosten-Ausprägungen erhoben und analysiert. Anschließend werden die Möglichkeiten für den Einsatz von modernen Telekom/Telekoop-Systemen im jeweils untersuchten Geschäftsprozeß abgegrenzt. In einem weiteren Schritt werden in einer Art "Simulation" die voraussichtlichen Konsequenzen des Einsatzes ausgewählter Telekommunikations-/Telekooperations-Alternativen

- auf das Mengen-/Zeitengerüst,
- auf die Nutzen-/Kostenausprägungen

"durchgespielt". Aus der Gegenüberstellung von Nutzen/Kosten der "simulierten" Alternativen mit Nutzen/Kosten der Ist-Lösung für den analysierten Geschäftsprozeß können Empfehlungen für das Reengineering des Geschäftsprozesses durch Implementie-

1 Anstötz, R.; Gierling, U., Koch, A.; Pulst, E.; Seibt, D.: Report on Economic Benefits. Report on Results in MIMIS-Multipoint Interactive Multimedia Interpersonal System. Interner Projektbericht 1993.

rung und Einsatz der wirksamsten/wirtschaftlichsten Telekommunikations-/Telekooperations-Lösung abgeleitet werden.

Die CCCP-Methodik weist folgende Besonderheiten auf:

A Die Methodik unterstützt das Identifizieren und Analysieren erfolgs- und zeitkritischer Geschäftsprozesse

- **Erfolgskritisch**

  ist ein Geschäftsprozeß, wenn sein Ergebnis sich erkennbar auf den Erfolg des Unternehmens bzw. der Organisation insgesamt oder auf den Erfolg eines Bereichs auswirkt.

- **Zeitkritisch**

  ist ein Geschäftsprozeß, der innerhalb einer bestimmten Zeitspanne oder bis zu einem bestimmten Termin abgewickelt werden muß, damit das Ergebnis des Geschäftsprozesses sich positiv auf den Erfolg des Unternehmens bzw. der Organisation oder eines Bereiches auswirken kann. Wenn der Geschäftsprozeß nicht innerhalb der kritischen Zeitgrenzen stattfindet, kann der Unternehmens-/Organisationserfolg u. U. sogar negativ beeinflußt werden.

Die beiden Eigenschaften "erfolgskritisch" und "zeitkritisch" hängen eng miteinander zusammen. Aus diesem Grunde werden diese beiden Eigenschaften hier auch durch "und" verbunden. In vielen Fällen kommen bestimmte **Geschäfte** mit Kunden/Partnern - und damit auch **entsprechende Geschäftserfolge** - nur dann zustande, wenn der oder die diesen Geschäften zugrunde liegenden Geschäftsprozesse innerhalb einer bestimmten Zeitspanne oder "rechtzeitig" - beispielsweise rechtzeitig **vor** der Konkurrenz - abgewickelt werden.

Die im Mittelpunkt der CCCP-Methodik stehenden erfolgs- und zeitkritischen Geschäftsprozesse sind "**kundenbestimmt**", d.h. sie werden durch externe oder interne Kunden ausgelöst.[1] Geplante Ergebnisse, Start- und Endetermine von Geschäftsprozessen sind mit Kunden bzw. Auftraggebern abzustimmen. In vielen Fällen werden die Ergebnisse von den Kunden/Auftraggebern "abgenommen". Dies wirkt sich in erheblichem Maße auf die Geschäftsprozesse, insbesondere auf die zwischen den Kunden und den für die Geschäftsprozeß-Durchführung Verantwortlichen stattfindenden Kommunikations- und Kooperationsprozesse aus.

---

1 Vgl. hierzu die einschlägige Literatur über Business Reengineering und Business Process Reengineering.

B Die Methodik konzentriert sich auf die zeitkritischen Kommunikations- und Kooperationsprozesse innerhalb eines ausgewählten erfolgs- und zeitkritischen Geschäftsprozesses.
Zeitkritische Kommunikations- und Kooperations-Prozesse lassen sich mit Hilfe folgender Attribute beschreiben:

- **Sie sind keine Routine-Prozesse**

  Sie treten auf in Geschäftsprozessen, die nicht standardisiert werden können oder bewußt nicht standardisiert werden sollen. Dies gilt beispielsweise für Geschäftsprozesse, von denen zum Zeitpunkt ihres Auftretens angenommen wird, daß sie sich nicht wiederholen werden. Dies gilt aber auch für Geschäftsprozesse, die aufgrund von wechselnden internen oder externen Randbedingungen unterschiedlich ablaufen, d.h. unterschiedliche Mengen-/Zeiten-Gerüste aufweisen. Zu Beginn des Geschäftsprozesses existieren konkrete Aussagen meist nur zu den Ergebnissen, die erreicht werden sollen und zu den Stellen/Partnern, die zu beteiligen sind. Menge, Arten und Reihenfolge der Kommunikations-/Kooperationsvorgänge können anfangs lediglich geschätzt werden, müssen im Verlauf des Geschäftsprozesses weiter detailliert und präzisiert werden.

- **Sie sind interaktionsintensiv**

  Essentiell für die wirksame Durchführung des Geschäftsprozesses sind intensives wechselseitiges Kommunizieren und Kooperieren (Beispiele: Man informiert sich wechselseitig, indem man sich Nachrichten, Dokumente etc. sendet; man führt gemeinsame Sitzungen durch). In Gruppen werden Dokumente gemeinsam erarbeitet. Man benutzt die gleichen Informationsbanken. Die am Geschäftsprozeß Beteiligten arbeiten nach gemeinsamen Ablauf-/Zeitplänen und unterwerfen sich einheitlichen Abstimmregeln.

- **Sie sind abteilungs-/bereichsübergreifend**

  An zeitkritischen Kommunikations- und Kooperationsprozessen sind häufig viele interne Stellen - Abteilungen, Funktionsbereiche etc. - beteiligt. Diese Prozesse verlaufen bereichs-/abteilungsübergreifend, d.h. sie halten sich nicht an existierende Bereichsgrenzen und Hierarchien. Die in klassischen hierarchischen Organisationen üblichen top-down- und bottom-up-verlaufenden Kommunikationsprozesse sind ungeeignet, weil sie zu langsam sind.

Sie übergreifen die Grenzen der eigenen Organisation

Entsprechend der Definition eines Geschäftsprozesses, der beim Kunden anfängt und beim Kunden endet, sind insbesondere die Kommunikations- und Kooperationsvorgänge mit Kunden und Partnern sowohl in die Analysen als auch in das Reengineering von Geschäftsprozessen einzubeziehen.

C **Die Methode ist nicht geeignet, um eine flächendeckende Analyse für die gesamte Organisation durchzuführen bzw. eine flächendeckende Ausstattung mit Telekommunikationslösungen zu erreichen.** Vielmehr konzentriert sich die Analyse auf Personen, Gruppen und Stellen, die an den zeit-/erfolgskritischen Kommunikations- und Kooperationsprozessen beteiligt sind.

D **Wesentlich für den Erfolg der CCCP-Methodik ist die Mitwirkung der Prozeßbeteiligten.** Nur diese haben die notwendigen Kenntnisse über die Besonderheiten kritischer Geschäftsprozesse und der mit ihnen verbundenen "kritischen" Kommunikations- und Kooperationsprozesse. Die Qualität der Ergebnisse wird von der Kreativität der für die Anwendung der Methodik Verantwortlichen, insbesondere der für die Schätzungen von Zeiten und Mengen sowie für den Entwurf von Technik-Konfigurationen zuständigen Fachleute, geprägt.

E **Die Methodik benutzt ein Phasen-Konzept, das fallorientiert und flexibel mit den vorhandenen Werkzeugen verknüpft eingesetzt werden kann.** Dieses Phasen-Konzept wird nachfolgend beschrieben.

2 Phasen der Anwendung der CCCP-Methodik

Prinzipiell werden fünf Phasen unterschieden:

- Identifikation des Geschäftsprozesses,
- Ist-Analyse der Prozeßstrukturen,
- Abgrenzung von Alternativen zur Prozeßunterstützung,
- Entwurf der Alternativen,
- Evaluation der Alternativen.

Normalerweise werden diese Phasen auch in der obigen Reihenfolge durchlaufen. Die Effizienz der Methodik ist aber in hohem Maße von Rückkopplungsprozessen abhängig, die immer wieder nicht nur zwischen "benachbarten" Phasen, sondern grundsätzlich über alle Phasen hinweg eingeschoben werden müssen, wenn aufgrund schrittweise verstärkter Detaillierung der Analysen und Entwürfe Revisionen vorgenommen werden. Die Methodik lebt von der wirksamen Rückkopplung. Bewußt geplante und von allen Beteiligten ernsthaft wahrgenommene Meilensteine zum Ende einer Phase helfen, daß diese Rückkopplungslogik ergebnisorientiert bleibt und nicht zur "Verschleppung" mißbraucht wird. Abbildung 1 zeigt die Phasen im Überblick.

2.1 Phase 1: Identifikation des Geschäftsprozesses

Im Dialog mit Fachleuten des Unternehmens wird aus den Geschäftsprozessen des Unternehmens ein erfolgs- und zeitkritischer Geschäftsprozeß selektiert und in seinen Grundstrukturen grob beschrieben. In dieser Phase ist insbesondere zu klären, welchen Beitrag dieser Geschäftsprozeß zu den Wertschöpfungszielen und zu den übrigen Zielen der Unternehmung (heute bzw. zukünftig) leistet.[1]

[1] Aus pragmatischen Gründen wird versucht, die Untersuchungen in den folgenden Phasen auf **einen** erfolgs- und zeitkritischen Geschäftsprozeß zu konzentrieren. Definition und Abgrenzung von Geschäftsprozessen hängen wesentlich von den Gegebenheiten der untersuchten Organisation ab.

Abb. 1:
Phasen der
CCCP-Methodik

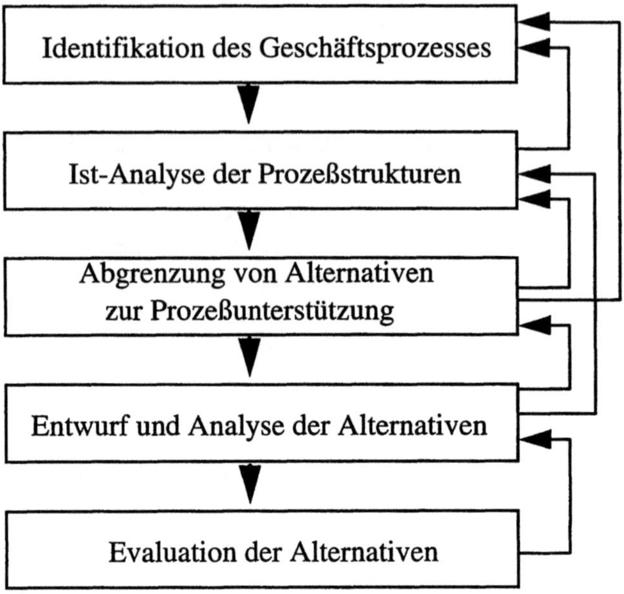

2.2 Phase 2: Ist-Analyse der Prozeßstrukturen

- **Istaufnahme I (Beteiligtenanalyse)**

Nach der Identifizierung und Abgrenzung des Geschäftsprozesses werden die beteiligten Personen und Stellen erhoben. Die von den Beteiligten erfüllten Teilaufgaben werden beschrieben. Die Informationsverarbeitungs-, Kommunikations- und Kooperationsaktivitäten zwischen den Beteiligten werden nach Art, Häufigkeit, Dauer und Verteilung strukturiert erfaßt.

- **Istaufnahme II (Interaktionsanalyse)**

In der Interaktionsanalyse werden die Erkenntnisse aus der Beteiligtenanalyse vertieft, indem insbesondere die Interaktionsaktivitäten detailliert analysiert und - soweit möglich - typisiert werden. Dabei werden die für den Geschäftsprozeß erfolgs- und zeitkritischen Interaktionsfolgen identifiziert. Je nach voraussichtlicher Bedeutung dieser Interaktionsfolgen für die Dauer und für die Ergebnisse des Geschäftsprozesses kann die Untersuchungstiefe variiert werden.

- **Erhebung des Mengen- und Zeitengerüsts**

Für die in der Beteiligten- und Interaktionsanalyse festgestellten Interaktionen und Interaktionsfolgen wird das in der Realität angetroffene Mengen- und Zeitengerüst festgehalten. Durch die Integration der unterschiedlichen Sichten können Inkonsistenzen aufgedeckt bzw. noch fehlende Informationen erkannt werden.

- **Rückkopplung und Abstimmung**
Mit dieser Aktivität werden die bisherigen Ergebnisse den Prozeßbeteiligten präsentiert sowie fehlende und inkonsistente Ergebnisse interaktiv geklärt. Die revidierte Fassung des Mengen- und Zeitengerüsts bildet die Basis für alle weiteren Aktivitäten.

- **Kostenanalyse I**
In der Kostenanalyse I werden die Kosten der bisher praktizierten Kommunikations- und Kooperationsprozesse berechnet, die bei Nutzung der vorhandenen Techniksysteme entstehen. Dies erfolgt durch Multiplikation der erhobenen Mengen und Zeiten mit aktuellen Preisen bzw. Kalkulationssätzen (Zusammenarbeit mit dem Rechnungswesen, Schätzwerte).

- **Nutzenanalyse I**
Die Nutzenanalyse dient zur Ermittlung aller Arten von meßbaren quantitativen und qualitativen Outputgrößen sowie der mit dem Geschäftsprozeß verbundenen Chancen und Risiken. Soweit möglich wird eine Verdichtung zu einem monetären Gesamtnutzen vorgenommen. Entscheidend ist dabei vor allem die Beantwortung der Frage, ob durch eine Beschleunigung der mit dem Geschäftsprozeß verbundenen Kommunikations- und Kooperationsprozesse der Erfolg des Geschäftsprozesses bzw. die Eintrittswahrscheinlichkeit des Erfolgs vergrößert werden kann. Für die Ist-Analyse werden abschließend die ermittelten Kosten dem Nutzen gegenübergestellt und für die Präsentation geeignet aufbereitet.

2.3 Phase 3: Abgrenzung von Alternativen zur Prozeßunterstützung

In dieser Phase werden auf der Basis der vorhandenen Interaktionsnetze sowie des Mengen- und Zeitengerüsts alternative Szenarien zur Technik-Unterstützung der Kommunikations- und Kooperationsprozesse entwickelt. Geeignete Ansatzpunkte bilden in der Regel diejenigen kritischen Kommunikations- und Kooperationsvorgänge und -aktivitäten, die ein hohes positives Veränderungspotential hinsichtlich Zeit, Kosten bzw. Qualität aufweisen. Die Variierung einzelner Aktionsparameter bezieht sich insbesondere auf die Einbeziehung von modernen Telekommunikations- und Telekooperationssystemen, kann aber auch die Änderung organisatorischer Parameter oder eine Kombination aus beiden Möglichkeiten berücksichtigen. Dabei kann es einerseits das Ziel sein, nach dem Minimalprinzip den Input zu minimieren, oder nach dem Maximalprinzip den Output zu steigern. Wichtig ist in diesem Zusammenhang, die alternativen Szenarien im Hinblick auf ihre Durchführbarkeit einzuschätzen und die technischen, organisatorischen, personellen, rechtlichen und sozialen Implikationen (z. B. Verfügbarkeit der benötigten Hard- und Softwaresysteme, Netze, Auswirkungen auf die Ablauforganisation, Vorgaben aus der Unternehmensstrategie, Gepflogenheiten der Branche) zu evaluieren bzw. zu priorisieren.

2.4 Phase 4: Entwurf und Analyse der Alternativen

- **Schätzung der Änderungen im Mengen- und Zeitengerüst**, die bei Einsatz der alternativen Technik-Unterstützungssysteme voraussichtlich eintreten können. Die durch die Alternativen induzierten Änderungen im Mengen- und Zeitengerüst müssen herausgearbeitet werden.

- **Kostenanalyse II**
Die mit den Technikalternativen verbundenen veränderten Mengen- und Zeitengerüste sind mit den Kalkulationssätzen zu multiplizieren, die in Phase II ermittelt wurden. Veränderungen in den Kalkulationssätzen bzw. Preisen (z. B. aufgrund einer veränderten Nutzungshäufigkeit) bzw. die Kostensätze für neue Kostenarten (z. B. weil ein vorher nicht genutzter Kommunikationsdienst eingesetzt werden soll) sind in dieser Teilphase zu erfassen. Zusammen mit den in der Phase II ermittelten Mengen- und Zeitengerüsten können die Kosten der Alternativen berechnet werden.

- **Nutzenanalyse II**
Analog zur Nutzenanalyse I sind die quantitativen und qualitativen Nutzenbestandteile der Technik-Alternativen zu beschreiben und zu bewerten.

2.5 Phase 5: Evaluation der Alternativen

Die geschätzten Kosten und Nutzen der entworfenen Alternativen werden den Kosten und Nutzen der Ist-Lösung gegenübergestellt und hinsichtlich ihrer Kostensenkungs- und Erfolgssteigerungspotentiale eingestuft. Aus der Verdichtung der bisherigen Ergebnisse können Empfehlungen für den Einsatz von Telekommunikations- und Telekooperationssystemen zur Unterstützung des ausgewählten erfolgs- und zeitkritischen Geschäftsprozesses abgeleitet werden. In dieser Phase wird besonderer Wert auf eine geeignete visuelle Aufbereitung der Ergebnisse gelegt, weil diese Ergebnisse dem Management vorgelegt werden. Das Management muß entscheiden, ob die aus Kosten-/Nutzen-Sicht bestgeeignete Alternative tatsächlich implementiert werden soll.

Abbildung 2 verdeutlicht die Zusammenhänge der Aktivitäten im Phasenablauf.

Abb. 2:
Aktivitäten im
Phasenablauf

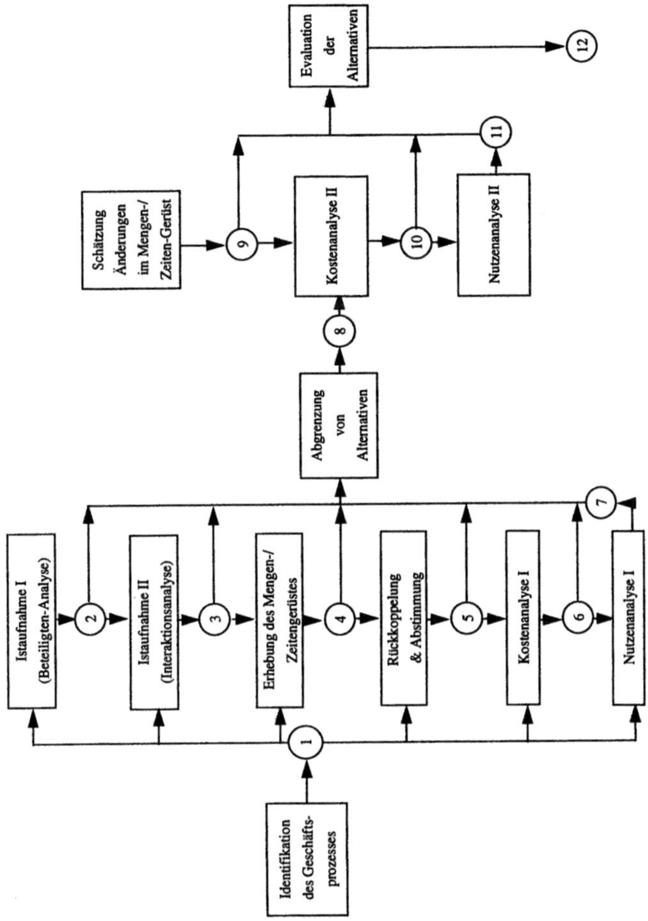

Abbildung 3 informiert über die Ergebnisse der Aktivitäten in den einzelnen Phasen.

Abb. 3:
Outputs der Aktivitäten in den CCCP-Phasen 1-5; überwiegend identisch mit den Inputs für die nachfolgende Phase.

lfd.Nr.	Ouput-Arten
1	ausgewählte kritsche Geschäftsprozesse, Begründung der Auswahlentscheidung, allgemeine Informationen über die Geschäftsprozesse (Skizzen der Kommunikationszusammenhänge) und das Umfeld (Organisationsziele etc.)
2	Beteiligte und deren Aufgaben (Ist-Situation), Überblick über die Beteiligtenstruktur
3	Interaktionsnetzwerke zu den Aktivitäten (Art, Häufigkeit, Zeiten, Mengen, Beteiligte) sowie den Interdependenzen zwischen den Aktivitäten für die Ist-Situation
4	Mengen- und Zeitengerüst (Ist-Situation) mit Angaben zu Merkmalen und Besonderheiten des Geschäftsprozesses, den Merkmalen des Unternehmens, den Aktivitäten, (insbes. den kritischen Kommunikations- und Kooperationsprozessen) sowie einer Visualisierung
5	überarbeitete/abgestimmte Interaktionsnetzwerke und Mengen- und Zeitengerüst (Ist-Situation)
6	Kostenstruktur mit Kalkulationssätzen/Preisen und Mengen/Zeiten (Ist-Situation)
7	Nutzenkomponenten des Geschäftsprozesses in der Ist-Situation (Wert des kritischen Geschäftsprozesses, Beitrag zu den kunden- und wettbewerbsorientierten Zielen, Chancen und Risiken), Kosten-Nutzen Differenzen
8	Interaktionsnetzwerke (Skizze der Soll-Situation), Angaben zu den bei Einsatz von Telekooperationssystemen zu verändernden Interaktionen, Mengen und Zeiten
9	Mengen- und Zeitengerüst für die Alternativen (Soll-Situation)
10	Kostenstruktur mit Kalkulationssätzen/Preisen und Mengen/Zeiten (Soll-Situation)
11	Nutzenkomponenten des Geschäftsprozesses in der Soll-Situation (Wert des kritischen Geschäftsprozesses, Beitrag zu den kunden- und wettbewerbsorientierten Zielen, Chancen und Risiken), Kosten-Nutzen Differenzen
12	Kostensenkungs- bzw. Erfolgssteigerungspotential (z. B. Reduzierung der Durchlaufzeit, höhere Preise, Qualität) der spezifizierten Alternativen gegenüber der Ist-Situation

3 Werkzeuge der CCCP-Methodik

Zur Identifizierung, Abgrenzung und Beschreibung eines erfolgs- und zeitkritischen Geschäftsprozesses dienen **Erhebungs-/Erfassungs-Module** für Interviews, Fragebögen, Beobachtungen und Selbstaufschreibungen. Diese können flexibel zur Erfassung und umfassenden Beschreibung der Geschäftsprozesse und insbesondere der kritischen Kommunikations- und Kooperationsprozesse genutzt werden. Hinzu kommen Empfehlungen für die Protokollierung von Teilprozessen, Aktivitäten, Zeiten und Mengen.

Als Interaktionsmedium und zur Visualisierung der Kommunikations- und Interaktionsnetze sowie zum Durchspielen von alternativen Szenarien hat sich eine **weiße Magnet-Tafel (White Board)** in Verbindung mit flexiblen Darstellungsmitteln (Symbolen auf Haft-Karten) als besonders geeignet erwiesen. Zur Dokumentation können die Ergebnisse fotografiert und anschließend computergestützt visualisiert und aufbereitet werden.

Ein **computergestütztes Darstellungswerkzeug** dient zur Aufbereitung, Integration und weiteren Detaillierung der Interaktionsbeziehungen zwischen den Prozeßbeteiligten. Mit Hilfe dieses Werkzeugs besteht die Möglichkeit, die unterschiedlichen Sichten der Beteiligten zusammenzubringen, Inkonsistenzen zu erkennen und mögliche Anpassungsalternativen zu identifizieren und zu diskutieren.

Gantt-Diagramme und Netzpläne werden zur Darstellung und Analyse der zeitlichen Abhängigkeiten zwischen den Teilphasen und Aktivitäten, insbesondere den kritischen Interaktionsfolgen eingesetzt. Mit Hilfe dieser Techniken können die Auswirkungen von Veränderungen hinsichtlich der Zeitdauer und der Verteilung von Aktivitäten flexibel simuliert und evaluiert werden.

Das **Kosten- und Erfolgs-Ermittlungsschema** wird nach der Erhebung des Mengen- und Zeitengerüsts zur Ermittlung und Auswertung der Kosten- und Erfolgskomponenten eingesetzt. Im Kosten- und Erfolgs-Ermittlungsschema können u. a. für jede Aktivität einzelne Kostenarten, z. B. Personalkosten, Reisekosten, Kommunikationsmittelkosten und Technikkosten differenziert werden.

Abbildung 4 verdeutlicht im Überblick, welche Werkzeuge in welchen Phasen der CCCP-Methodik eingesetzt werden.

Abb. 4: Werkzeuge der CCCP-Methodik, zugeordnet zu Phasen

Werkzeuge / Phasen	Erhebungs-/ Erfassungs-Module	White Board	Computer-gestütztes Darstellungs-werkzeug	Gantt- Diagramme und Netzpläne	Kosten- und Erfolgs-Ermittlungsschema
1. Identifikation des Geschäftsprozesses	X	X			
2. Ist-Analyse der Prozeßstrukturen	X	X	X	X	X
3. Abgrenzung von Alternativen zur Prozeßunter-stützung	X	X	X	X	X
4. Entwurf und Analyse der Alternativen			X	X	X
5. Evaluation der Alternativen				X	X

Die Werkzeuge werden von Fachleuten eingesetzt, die die CCCP-Methodik gut kennen. Wie bereits mehrfach betont, werden die an den Kommunikations- und Kooperationsprozessen Beteiligten immer wieder befragt. Zwischenergebnisse werden rückgekoppelt. Durch diese interaktiven Erhebungen ergeben sich für die Prozeßbeteiligten insgesamt nur geringe zeitliche Belastungen.

4 Outputs der Anwendung der CCCP-Methodik

Nach Abschluß der Untersuchung stehen folgende Ergebnisse zur Verfügung:

- **Interaktionsnetzwerke** für die Ist-Lösung sowie für die entworfenen (simulierten) Alternativen. Mit Hilfe der Interaktionsnetzwerke kann aufgezeigt werden, welche Personen/Gruppen durch welche Arten von Interaktionen miteinander in Verbindung stehen. Dabei werden beispielsweise die folgenden Interaktionsarten unterschieden:

– Kommunizieren in Face-to-Face-Meetings (bei körperlicher Anwesenheit der Beteiligten),

– Kommunizieren über Telefon,

– Kommunizieren mit Hilfe von Briefen (durch Nutzung von Post-Diensten, Hauspost etc.),

– Kommunizieren über Telefax,

– Kommunizieren über Email,

– Daten-Kommunikation (File Transfer etc.),

– Kommunizieren in elektronisch unterstützten Audio- oder Video-Konferenzen,

– Kombinationen dieser Interaktionsarten.

In den Interaktionsnetzen werden die verschiedenen/kombinierten Interaktionsarten durch Verwendung verschiedener/kombinierter Symbole kenntlich gemacht.

- **Strukturierte Protokolle** der durchgeführten Interviews mit den für den erfolgs- und zeitkritischen Geschäftsprozeß spezifischen Merkmalen des untersuchten Unternehmens sowie des Umfelds, z. B. Angaben zur Organisationsstruktur, zum Produkt- und Dienstleistungsangebot, zur Kundenstruktur, Anzahl und Art der Austauschbeziehungen zwischen den Standorten, Aussagen zu den Geschäftszielen und -strategien, geplante Organisationsstrukturentwicklungen. Ein Schwerpunkt liegt in der Darstellung der unternehmensspezifischen Kundenorientierung.

- **Mengen- und Zeitengerüst.** Das Mengen- und Zeitengerüst enthält eine knappe Darstellung der mengen- und zeitenmäßigen Merkmale des Geschäftsprozesses. Abgebildet werden im einzelnen die kritischen Kommunikations- und Kooperationsprozesse, die Prozeßbeteiligten, Prozeßbeginn und Prozeßende bzw. maximale und minimale Dauern (Bruttodurchlaufzeiten inklusive Liege- und Rüstzeiten), die Häufigkeit des Auftretens des Geschäftsprozesses sowie die am Markt erzielbaren Erfolge.

Insbesondere werden die Kommunikations- und Kooperationsaktivitäten eines Teilprozesses (in unterschiedlicher Detaillierung möglich) mit allen für die Interaktionen relevanten Kriterien erfaßt, z.B.

- Interaktionsarten,
- Zweck der Interaktionen,
- Beteiligte,
- Dauern,
- Häufigkeiten,
- Starttermine bzw. -ereignisse,
- Endtermine bzw. -Ereignisse,
- Abhängigkeiten zu anderen Interaktionen.

Der zeitliche Ablauf des erfolgs- und zeitkritischen Geschäftsprozesses wird mit Hilfe von Gantt-Diagrammen bzw. Netzplänen visualisiert. Unter Verwendung von Tabellen erfolgt eine wechselseitige Zuordnung von Prozeßbeteiligten, Aktivitäten, Arbeitszeiten, Entfernungen und Transportmittel bei Reisen, Art und Dauer der Inanspruchnahme der Kommunikationsmittel. Außerdem werden tabellarische Übersichten über Gesamtdauer der Aktivitäten und Aufgliederung nach Nettoarbeitszeiten sowie Warte-, Liege- und Rüstzeiten erstellt. Für die Nettoarbeitszeit wird - soweit möglich - eine Aufgliederung in interaktionsfreie Zeit (z. B. Schreibarbeit) und Arbeitszeit mit Interaktion (mit bzw. ohne Kommunikationsmittel) vorgenommen.

• **Kostenstruktur.** Die Kostenstruktur enthält die Basisinformationen zu den Kostenarten (Kalkulationssätze, Preise) sowie die Kosten für jede Interaktion, die sich durch Multiplikation der vorher ermittelten Mengen mit den Kostensätzen ergeben. Je nach Anwendungsfall sind unterschiedliche Aggregationen und Auswertungen möglich, z. B. eine Auswertung der Personalkosten, Reisekosten, Kommunikationskosten und Technikkosten für einen Teilprozeß. Die Interaktionskosten werden nach Interaktionsarten (vgl. oben) aufbereitet und grafisch dargestellt.

• **Nutzenstruktur.** In der Nutzenstruktur werden - sowohl für die Ist-Situation als auch für die Alternativen - die mit dem Geschäftsprozeß verbundenen Chancen und Risiken für die Organisation beschrieben. Dabei wird neben der Darlegung des "klassischen" Nutzens (quantitative und qualitative Aspekte, z. B. Produkt bzw. Dienstleitungsumsatz, Beitrag zu den kunden- und wettbewerbsorientierten Zielen der Organisation) besonderer Wert auf die Analyse und Evaluation der Bedeutung des Zeitfaktors gelegt. Dies geschieht unter der - in der heutigen betrieblichen Praxis immer häufiger auftretenden - Annahme, daß die Einhaltung einer durch den Kunden bzw. den Markt vorgegebenen Zeitdauer die entscheidende Voraussetzung für die Durchführung des "Geschäfts" und damit für den Geschäftserfolg ist. Je schneller die Organisation den Geschäftsprozeß durchführt, desto höher ist die Wahrscheinlichkeit, den konkreten Auftrag bzw. weitere Aufträge zu erhalten. Dem Faktor Zeit kommt somit in vielen Situationen die gleiche, wenn nicht eine höhere Bedeutung zu, wie den Faktoren Preis oder Qualität.

- **Kosten-Nutzen-Differenzen.** Die ermittelten Informationen zu Kosten und Nutzen werden verdichtet, strukturiert und gegenübergestellt. Dabei wird insbesondere darauf geachtet, wesentliche Ergebnisse prägnant und für nicht an der Durchführung des Verfahrens beteiligte Personen verständlich darzustellen.

- **Kostensenkungspotentiale** der simulierten Alternativen spezifizieren Möglichkeiten zur Input-Rationalisierung (Minimalprinzip), die sich meist aus der Reduzierung der den Kosten (z. B. Reisekosten, Telekommunikationsgebühren) zugrunde liegenden Mengen und Zeiten für Teilprozesse bzw. Aktivitäten (z. B. Reisezeiten) ergeben.

- **Erfolgssteigerungspotentiale.** Analog spezifizieren Erfolgssteigerungspotentiale für die simulierten Alternativen die mögliche Steigerung des Outputs. Diese resultieren entweder aus der Möglichkeit, durch Prozeßbeschleunigung mehr Produkte oder Dienste am Markt abzusetzen oder durch Reagieren auf besondere Geschwindigkeitsanforderungen bestimmter Kunden höhere Preise (und Gewinne) durchzusetzen.

Abbildung 5 zeigt, welche Teilergebnisse in welchen Phasen erarbeitet bzw. im Rahmen von Rückkoppelungsmaßnahmen mit den Prozeß-Beteiligten revidiert/modifiziert werden. Alle Ergebnisse, mit Ausnahme der Kostensenkungs- und der Erfolgssteigerungspotentiale, werden jeweils für die Ist-Lösung und für die Alternativen erzeugt.

Abb. 5:
Zuordnung der Ergebnisse zu den Phasen

Phasen → / Ergebnisse ↓	Identifikation des Geschäftsproz.	Ist-Analyse der Prozeßstrukturen	Abgrenzung von Alternativen	Entwurf und Analyse d. Alternativen	Evaluation der Alternativen
Interaktionsnetzwerke		x	x	x	x
Strukturierte Protokolle	x	x	x	x	
Mengen- und Zeitengerüst		x	x	x	x
Kostenstruktur		x		x	x
Nutzenstruktur		x		x	x
Kosten-Nutzen Differenzen		x		x	x
Kostensenkungspotential					x
Erfolgssteigerungspotential					x

5 Fallbeispiel: Entwicklung eines Unternehmensgründungs- und Distributionskonzepts

5.1 Ausgangssituation

Nachfolgend wird die Anwendung der CCCP-Methodik in einem konkreten Praxisfall beschrieben. Die Fallbeschreibung basiert auf Arbeiten, die am BIFOA im Rahmen des RACE II[1] Projekts MIMIS[2] durchgeführt und in einer Diplomarbeit[3] zusammengefaßt wurden.

Die CCCP-Methodik wurde in einer bedeutenden, international tätigen Anwaltssozietät eingesetzt, die überwiegend für Großunternehmen tätig ist. Das Dienstleistungsangebot der Kanzlei umfaßt u. a. (Unternehmens-)Vertragsrecht und Vertragsgestaltung (z. B. bei Fusionen, Akquisitionen, Joint Ventures), Gerichts- und Schiedsgerichtverfahren sowie internationales Steuerrecht. Aufgrund der in der Regel komplexen Aufgabenstellungen, der räumlichen Verteilung der Büros der Kanzlei und des internationalen Kundenkreises sind die Geschäftsbeziehungen durch eine hohe Kommunikations- und Kooperationsintensität gekennzeichnet.

Die kunden- und wettbewerbsorientierten Ziele der Anwaltskanzlei sind überwiegend qualitativer Natur. Für die Klienten sind Dienstleistungen zu erbringen, die diese subjektiv als einmalig empfinden. Dies soll durch die Ausrichtung auf die speziellen Bedürfnisse des Klienten, eine hohe Erreichbarkeit der Führungskräfte der Kanzlei und Flexibilität bei der Durchführung von Klientenaufträgen verwirklicht werden. Die Erreichung dieser Ziele ist für die Anwaltskanzlei erfolgskritisch.

---

1 Race II ist die Abkürzung für das zweite von der Europäischen Kommission-durchführte Programm für den Bereich "Research and Technology Development in Advanced Communications Technologies in Europe (Laufzeit: 1991-1994).

2 Mulipoint Interactive Multimedia Interpersonal System.

3 Gierling, Ute: Die Quantifizierbarkeit kundenorientierter Erfolgspotentiale beim Einsatz von Telekooperations-Systemen. Darstellung und kritische Betrachtung der Erfassungsproblematik (anhand von Fallbeispielen). Diplomarbeit, Köln 1994.

5.2 Beschreibung des Geschäftsprozesses

Der in der Untersuchung betrachtete erfolgs- und zeitkritische Geschäftsprozeß kann folgendermaßen skizziert werden:

Ein Softwarehersteller mit Sitz in den USA möchte in Deutschland ein Tochter-Unternehmen in der Rechtsform einer GmbH gründen, die für den Vertrieb und die Betreuung der Softwareprodukte in Deutschland verantwortlich sein soll. Zur Verwirklichung dieser Ziele betraut der Softwarehersteller die Anwaltskanzlei mit folgenden Aufgaben:

- Erarbeitung des Unternehmenskonzepts und des GmbH-Vertrags für die zu errichtende Firma.
- Beratung in allen zu beachtenden Rechts- und Steuerfragen.
- Kündigung und Abwicklung der geschäftlichen Beziehungen zwischen dem Softwarehersteller und dem bisherigen deutschen Distributor.

Folgende interne **Stellen/Personen** in unterschiedlichen Büros der Anwaltskanzlei sind am Geschäftsprozeß beteiligt:

- Anwalt (Köln, Gesamtverantwortung für den Geschäftsprozeß, sehr hohes Interaktionsaufkommen),
- Associate (Köln, Bearbeitung ausgewählter Teilaufgaben),
- Sekretärin (Köln),
- Partner (London, Federführung für den Bereich Steuern),
- Sekretärin (London),
- Associate (Berlin, Bearbeitung von speziellen Fragestellungen aus dem Bereich Steuern).

Daneben sind weitere, nicht zur Anwaltskanzlei gehörende Personen bzw. Organisationen (externe Partner) am Geschäftsprozeß beteiligt:

- Geschäftsführung und Mitarbeiter des Softwareherstellers,
- amerikanisches Anwaltsbüro,
- bisheriger deutscher Distributor,
- die zuständigen Gerichte.

Kennzeichen des Geschäftsprozesses:

- Erfolgskritisch:
  - erheblicher Beitrag zum Honorarumsatz der Kanzlei,
  - Verlauf des Geschäftsprozesses, insbesondere seine Abwicklungsdauer entscheiden darüber, ob der Geschäftserfolg eintritt (gilt für Anwaltskanzlei genauso wie für den Geschäftserfolg des Klienten),
  - qualitativ hochwertiges Ergebnis ist Voraussetzung für lukrative Folgeaufträge.
- Zeitkritisch:
  - konkrete Klientenerwartung bezüglich der zeitlichen Durchführung des Auftrags: Alle mit der Unternehmensgründung zusammenhängenden Aktivitäten müssen innerhalb von 9 Monaten abgewickelt werden,
  - Einhaltung von (extern) terminierten Fristen (Kündigungsfristen, Gerichtstermine),
  - sofortige Anpassung an/Reaktion auf (geänderte) Klientenwünsche notwendig,
  - terminliche Überschneidungen mit anderen Geschäftsprozessen.

In diesem Zusammenhang besteht ein besonders wichtiges Teilziel darin, die zeitlichen Belastungen der auf internationale Geschäfte dieser Art spezialisierten hochqualifizierten Anwälte so gering wie möglich zu halten. Nur so kann sichergestellt werden, daß der Anwalt für alle Geschäftsprozesse, in die er involviert ist, sowie für die hinter diesen Geschäftsprozessen stehenden Klienten auch tatsächlich verfügbar bleibt.

- Kundenorientiert:
  - kundenbezogene, individuelle Problemlösung,
  - Aufbau und Pflege einer persönlichen und intensiven Beziehung zum Kunden,
  - hohe Erreichbarkeit der Führungskräfte,
  - ständiger Kontakt, häufiger Informationsaustausch,
  - direkte Einbeziehung und Abstimmung mit dem Kunden.

- Interaktionsintensiv:
  - intensive Zusammenarbeit und Abstimmung zwischen Anwalt (Köln) und Partner (London), Klienten (USA) und Distributor (Deutschland),
  - Zusammenarbeit, Absprachen und Aufträge zwischen Anwalt (Köln), Partner (London) und beteiligten Associates bzw. Sekretärinnen, Klienten und Spezialauftragnehmern.
- Abgehoben von Routineabläufen:
  - spezifische Anforderungen des Klienten,
  - spezifische Rechts- und Vertragssituation,
  - nicht vorhersehbare Faktoren (Verhalten/Aktivitäten des Distributors, Gerichtsentscheidungen etc.).
- Abteilungs- und bereichsübergreifend, inter- und intraorganisationell:
  - Beteiligung von Spezialisten und Unterstüzungskräften aus mehreren Bereichen der Anwaltskanzlei,
  - ereignisorientierte Einbeziehung des Klienten, des Distributors, von Gerichten und weiteren Institutionen während der gesamten Dauer des Geschäftsprozesses.

5.3 Vorgehen

Für die Abgrenzung und Evaluierung der Alternativen standen die Potentiale zur Erfolgssteigerung bzw. Kostenreduktion im Vordergrund, die sich aus der Einführung eines multimedialen und breitbandigen Telekooperationssystems ("MIMIS-like system") ergeben. Die folgenden Werkzeuge fanden Verwendung:

- Checkliste zur Identifikation des Geschäftsprozesses,
- White Board,
- mehrere Fragebogen,
- ein computergestütztes Darstellungswerkzeug für die Präsentation der Interaktionsnetzwerke,
- Kosten- und Erfolgs-Ermittlungsschema.

Für die Identifikation des Geschäftsprozesses standen Mitglieder der Geschäftsleitung der Anwaltskanzlei zur Verfügung. Hauptansprechpartner für die Analyse war in allen Phasen der für den Geschäftsprozeß verantwortliche, zur Führungsspitze der Sozietät gehörende Anwalt in Köln. Daneben wurden Informationen aus speziellen Abteilungen der Kanzlei eingeholt, bspw. Kosten- und Gebührensätze aus der Buchhaltung.

5.4 Ausgewählte Ergebnisse

Der Gesamtprozeß gliedert sich in fünf **Teilprozesse**, die jeweils aus einer Reihe von Aktivitäten bestehen:

1. Initiierung und Aufbau einer persönlichen Beziehung zum Klienten (Hauptzweck: Verständnis des Klientenproblems und der Vorgeschichte).
2. Beschreibung der gegebenen Sach- und Rechtslage.
3. Ausarbeitung einer Firmenstruktur unter besonderer Berücksichtigung der Steuern und der Standort-Problematik.
4. Entwicklung der Vertrags-, Management- und Distributionsstruktur.
5. Komplettierung und Präsentation von Unternehmensgründungs-/Distributions-Konzept und GmbH-Vertrag.

Abbildung 6 zeigt einen Ausschnitt aus dem Interaktionsnetzwerk des Geschäftsprozesses. Dabei werden insbesondere die intensiven Kommunikations- und Kooperationsaktivitäten zwischen dem Anwalt in Köln, dem Partner in London und dem Softwarehersteller aus den USA deutlich.

Abb. 6:
Ausschnitt aus dem Interaktionsnetzwerk (Ist-Situation)

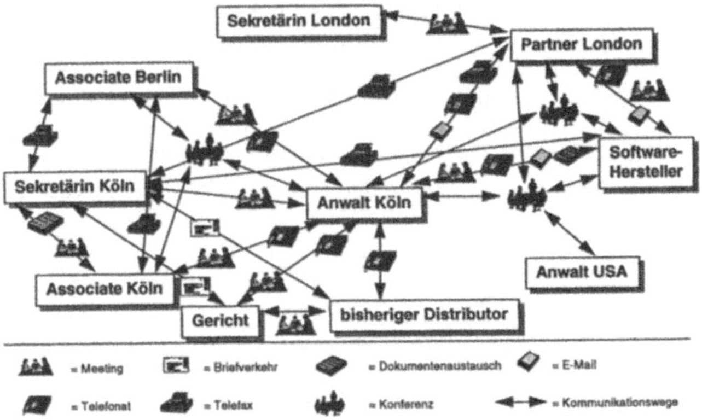

Bei Beurteilung der Untersuchungsergebnisse muß beachtet werden, daß das vorgeschlagene Telekooperationssystem sowie die dafür benötigten breitbandigen Netze und Dienste zum Zeitpunkt der Untersuchung im Jahre 1993 noch nicht als Routine-Systeme am Markt verfügbar waren. Daher waren eine Reihe von Annahmen notwendig (Preise für Hardware, Software, Nutzung der Dienste etc.). Für die Anwaltskanzlei stand aber das Erfolgssteigerungspotential, insbesondere die Verkürzung der Bruttodurchlaufzeit und die verbesserte Erreichbarkeit der Führungskräfte, im Vergleich zur Kostenreduzierung eindeutig im Vordergrund.

Für die **Simulation** von Unterstützungsmöglichkeiten durch multimediale Telekooperationssysteme waren für den geschilderten Geschäftsprozeß zwei Alternativen relevant:

Alternative A

Nur die am Geschäftsprozeß beteiligten internen Stellen der Anwaltskanzlei in Köln, London und Berlin werden mit den Telekooperationssystemen ausgestattet. Konsequenz: Nur begrenzte positive Nutzeneffekte und Einsparungen bei den Kosten sind zu erreichen. Beispielsweise reduziert sich die Nettodurchlaufzeit nur um ca. 10 %.

Alternative B

Nicht nur die Anwaltskanzlei, sondern auch der Klient in den USA wird für die zum Geschäftsprozeß gehörenden Aktivitäten mit einem Telekooperationssystem ausgestattet. Konsequenz: Es ergeben sich weit größere Erfolgssteigerungspotentiale. Im Falle von Teilprozeß 4 (Entwicklung der Vertrags-, Management- und Distributionsstruktur) kann die Nettodurchlaufzeit unter bestimmten Bedingungen um bis zu 50 % reduziert werden, bei gleichzeitiger Einsparung des überwiegenden Teils der Reisekosten und einer beträchtlichen Erhöhung der Verfügbarkeit aller Prozeßbeteiligten, inbesondere aber der Verfügbarkeit des den Geschäftsprozeß "federführenden" Anwalts, der gleichzeitig in mehreren parallel abgewickelten Geschäftsprozessen involviert ist.

6 Erfahrungen

Die Erfahrungen aus drei Fällen zeigen, daß die CCCP-Methodik sich gut zur Analyse und Simulation von erfolgs- und zeitkritischen Geschäftsprozessen eignet, die einen hohen Anteil an kritischen Kommunikations- und Kooperationsprozessen haben. Insbesondere folgende **Erfahrungen** sind positiv hervorzuheben:

- Die Zeitbelastung der Prozeßbeteiligten im Rahmen der Durchführung der CCCP-Analysen sind verglichen mit Analysen für flächendeckende Bürokommunikationslösungen gering.
- Die Erhebung des Mengen- und Zeitengerüsts kann hinsichtlich Detaillierungsgrad flexibel den Bedürfnissen angepaßt werden.
- Die Visualisierung der Informationen sowie die Aufbereitung der Ergebnisse in Form von Graphiken bilden eine sehr hilfreiche Kommunikationsbasis. Dadurch können die Ergebnisse mehrfach interaktiv auf Richtigkeit überprüft werden.
- Die Ergebnisse sind aufgrund der den Bedürfnissen des Geschäftsprozesses individuell anpaßbaren Detaillierung (z. B. der Kostenstruktur) für die Empfänger sehr überzeugend.
- Die Untersuchung führt aufgrund der besonderen Sichtweise für die Analyse-Empfänger zu neuen und zum Teil überraschenden Ergebnissen.
- Die interaktive Einbeziehung der Prozeßbeteiligten regt frühzeitig zu Ideen und Vorschlägen für Simulationsalternativen an.

Voraussetzungen für einen erfogreichen Einsatz der CCCP-Methodik:

- Die Analysatoren müssen über Erfahrung und Fingerspitzengefühl zur Erfassung der relevanten Informationen - insbesondere der Informationen zum Mengen- und Zeitengerüst - verfügen.
- Informationen zum Mengen- und Zeitengerüst und insbesondere zu den internen Kostenansätzen müssen vom analysierten Unternehmen zur Verfügung gestellt werden (können).

- Für die Erfassung der zum Geschäftsprozeß gehörenden Kommunikations- und Kooperationsaktivitäten sowie für die Erfassung der Abhängigkeiten zwischen den Aktivitäten muß ausreichend Zeit und Kapazität von "Kennern des Geschäftsprozesses" zur Verfügung gestellt werden.
- Arbeitsweise und Konsequenzen von moderen Telekooperationssystemen müssen den Prozeßbeteiligten rechtzeitig verdeutlicht werden, um ihr Vorstellungsvermögen anzureichern. Dadurch werden sie in die Lage versetzt, aktiv bei der Spezifikation der Alternativen mitzuwirken.

7 Zusammenfassung

Mit der CCCP-Methodik steht eine flexible, heuristisch orientierte Methodik für die Analyse von Geschäftsprozessen zur Verfügung, die für das Unternehmen erfolgs- und zeitkritisch sind. Dabei werden insbesondere komplexe, für den Unternehmenserfolg kritische Kommunikations- und Kooperationsprozesse mit vielen internen und externen Beteiligten analysiert. Ausgehend von der gegebenen Ist-Lösung können quantitative und qualitative Auswirkungen auf den Erfolg simuliert werden, die sich aus dem Einsatz von modernen Telekooperationssystemen zur Unterstützung der Geschäftsprozesse ergeben. Die durch Identifikation, Bewertung und Kontrolle der Kosten und des Erfolgs kritischer Geschäftsprozesse gewonnen Erkenntnisse bieten eine wesentliche Unterstützung für Managemententscheidungen, durch die die Implementierung von Telekooperationssystemen in Gang gesetzt wird. Entscheidend bei allen Phasen der Methodik-Anwendung ist die intensive Mitwirkung der an den Kommunikations-/Kooperationsprozessen Beteiligten.

8 Literaturhinweise

Anstötz, R.; Gierling, U., Koch, A.; Pulst, E.; Seibt, D.: Report on Economic Benefits. Report on Results in MIMIS-Multipoint Interactive Multimedia Interpersonal System. Interner Projektbericht 1993.

Gierling, Ute: Die Quantifizierbarkeit kundenorientierter Erfolgspotentiale beim Einsatz von Telekooperations-Systemen. Darstellung und kritische Betrachtung der Erfassungsmethodik (anhand von Fallbeispielen). Diplomarbeit, Köln 1994.

Seibt, Dietrich: Wirksamkeit und Wirtschaftlichkeit technikgestützter Informations- und Kommunikationssysteme. Vortrag anläßlich des zweiten europäischen Fachkongresses "Mobile Computing" am 6./7. Mai 1993 in Stuttgart.

Aus Schaden wird man klug! Der kundenorientierte Erfolg des Bürosystemeinsatzes im Branchenüberblick - Eine empirische Studie

Edda Pulst*

* Dr. Edda Pulst, ehem. Gruppenleiterin am BIFOA.

1 Der Erfolg von Bürosystemen zwischen Anspruch und Wirklichkeit

Das Thema "Erfolgsnachweis des Bürosystem-Einsatzes" ist sowohl in der Wissenschaft als auch in der Praxis seit vielen Jahren Gegenstand der Diskussion. Beiträge, die sich um das Wechselspiel von Potentialerwartungen und Zielerreichung ranken, sind hingegen rar. Es finden sich insgesamt wenig Untersuchungen zu begleitender oder nachträglicher Bewertung des Bürosystem-Einsatzes. Die wenigen, die sich in systematischer Weise mit dem Einsatz und Erfolg auseinandersetzen, basieren wiederum jeweils auf den unterschiedlichen Bezugspunkten, Erfahrungs- und Handlungsbezügen der einzelnen Autoren. In diesem Feld sind mit unterschiedlichen Interessen Technik-Anbieter wie auch Beratungshäuser und DV-/Organisationsabteilungen der Anwenderunternehmen selbst tätig.

Die Notwendigkeit, den Beitrag des kunden- und wettbewerbsorientierten Bürosystem-Einsatzes zum Geschäftserfolg zu überprüfen, leitet sich aus der Bedeutung ab, die dieser Technik in der betrieblichen Praxis zugeschrieben wird. Dabei verlagern sich die Ziele typischer Projekte zur Einführung von Bürosystemen zunehmend von der "Durchlaufzeitenverkürzung", der "Vermeidung von Medienbrüchen" und der "Reduzierung von Redundanzen" auf den "Ausbau der brancheninternen Wettbewerbsposition", die "Unterstützung der engeren und direkteren Mitglieder- und Kundenbindung" sowie die "Serviceverbesserung" (vgl. Nippa/Schönecker (1990), S. 12).

Demgegenüber ist die Überprüfung der Zielerreichung nach Einführung durch einen konsequenten Soll-Ist-Vergleich bislang nicht durchgeführt worden: Entweder ist die konkrete Umsetzung der Projektergebnisse in der betrieblichen Praxis uneinheitlich oder gar nicht erfolgt, oder die Installationen haben unterschiedliche methodische und taktische Schwerpunkte bzw. sind hinsichtlich ihres zeitlichen Detaillierungs- und Reifegrades unterschiedlich und daher untereinander nicht vergleichbar. Bis zur ersten Testinstallation des Bürosystems vergeht oftmals mehr als ein Jahr. Infolgedessen finden sich insgesamt wenig Langzeituntersuchungen, die sich mit begleitender oder nachträglicher Bewertung des Bürosystem-Einsatzes auseinandersetzen (vgl. Niemeier (1988a), S. 19). Überdies werden berichtete Anfangserfolge über die Einführung von Bürosystemen oft nicht revidiert, wenn sich später ein schlechteres Ergebnis einstellt oder der Einsatz sogar scheitert. Auf die nachträgliche Beurteilung des Technikeinsatzes wird i. d. R. ganz verzichtet.

2 Vorgehensweise für den Erfolgsnachweis

Auf die geschilderten Defizite bezogen, ging es bei der nachfolgenden Studie (vgl. Pulst (1994), S. 64 ff.) um die Erfassung des kunden- und wettbewerbsorientierten Bürosystem-Einsatzes. Es wird der Versuch eines aktuellen und klärenden Beitrages zur systematischen Erfassung des kunden- und wettbewerbsorientierten Bürosystem-Einsatzes mit folgenden Einzelfragen unternommen:

- Wie können die benutzerspezifische Erfolgswahrnehmung und die quantifizierte Erfolgsmessung in eine Aussage über den Erfolg (Wirtschaftlichkeit und Wirksamkeit) des Bürosystem-Einsatzes integriert werden?
- Inwieweit sind wahrgenommene und quantifizierte Verbesserungen durch den Bürosystem-Einsatz und nicht durch andere Ursachen bewirkt? Wie wird die Gestaltung der Organisationsstrukturen über den Weg der Kunden- und Wettbewerbsorientierung beeinflußt?
- Welche operationalen Ziele eignen sich sowohl zur Formulierung von konkreten Sollvorgaben als auch zur Messung von Ist-Werten?
- Wie kann die, als unzureichend konstatierte, empirische Basis problemadäquat ausgeweitet werden?

Angesichts dieser Komplexität standen weder die Exaktheit noch die flächendeckende empirische Überprüfung, sondern vielmehr das explorative Vorgehen im Mittelpunkt der Untersuchung.

Die folgenden sechs Arbeitsthesen leiteten das Forschungsinteresse und bestimmten sowohl das Design als auch den Verlauf der Untersuchung:

These I: **Die kunden- und wettbewerbsorientierte Zielerreichung muß sowohl gemessen und als auch subjektiv wahrgenommen werden.**

These II: **Bürosystem-Einsatz wird maßgeblich von Wirtschaftlichkeitsaspekten bestimmt.**

These III: **Bürosystem-Einsatz senkt die Kommunikationskosten und beeinflußt den Einsatz-Erfolg positiv.**

These IV: **Durch die mit dem Bürosystem-Einsatz verbundenen Veränderungen von Aufgabeninhalten er-**

geben sich positive Auswirkungen auf den Einsatz-Erfolg.

These V: Bürosystem-Einsatz führt zu Hierarchie-Abflachung und erhöht darüber den Einsatz-Erfolg.

These VI: Die Erreichung kunden- und wettbewerbsorientierter Ziele durch Bürosystem-Einsatz ist abhängig von der Rolle des Top Managements (vgl. Pulst (1994) S. 58 ff.).

Aussagen über die Effekte des Bürosystem-Einsatzes sind nur dann möglich, wenn operative Meßvorschriften existieren. Aussagefähige kunden- und wettbewerbsorientierte Subziele lassen sich nicht logisch aus einem übergeordneten Gesamtziel ableiten. In dem Fall bezieht sich die Praxis bei der Beurteilung bzw. Bewertung auf Organisationsphilosophien, Leitbilder und subjektive Erfahrungen, die einen positiven Zusammenhang zwischen bestimmten Subzielen und übergeordneten Zielen unterstellen (vgl. Frese (1987), S. 449). Der Geschäftserfolg bildete die Grundlage für die Formulierung der entsprechenden Subziele, während die kunden- und wettbewerbsorientierte Strategie ihre Ausprägungsform bestimmten.

In der Theorie und Praxis vorgefundene unternehmensrelevante Ziele (Subziele) wurden als Indikatoren der Kunden- und Wettbewerbsorientierung interpretiert und systematisiert. Der Indikator für die Zielerreichung war der Grad der Übereinstimmung zwischen den gewählten Subzielen als Soll-Größe und dem festgestellten Ist-Wert. Der eine Teil der Zielerreichung war demnach der subjektiv wahrgenommene Unternehmenserfolg, der andere die objektive Erfolgsmessung durch eingeführte Bestimmungsmerkmale.

2.1 Kundenorientierte Bestimmungsmerkmale

Der Kunde bildet den Ausgangs- und Endpunkt der unternehmerischen Leistungsprozesse (vgl. Abbildung 1):

Abb. 1:
Der Kunde im unternehmerischen Leistungsprozeß

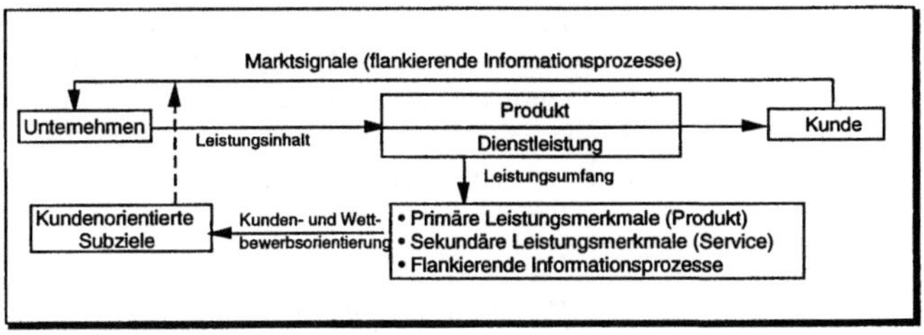

Der Kunde steht durch das Produkt- und Dienstleistungsangebot des Unternehmens einerseits und durch das Feedback mit dem

Unternehmen andererseits in einem interdependenten Zusammenhang. Die Produkte und Dienstleistungen bilden den Leistungsinhalt des dargestellten Leistungsprozesses und sind somit eine Zuordnungskategorie für die kunden- und wettbewerbsorientierten Subziele. Neben dem Leistungsinhalt ist die Abgrenzung des Leistungsumfangs erforderlich, um die vorgefundenen Ziele aus der Theorie und Praxis forschungsrelevant zuzuordnen. Der Leistungsumfang beinhaltet zunächst die Leistungserstellung und das Leistungsangebot, die auch als "primäre Leistungsmerkmale" bezeichnet werden. Daneben enhält der Leistungsumfang die Leistungsvor- und -nachbereitung (Finanzierung, Schulung, Wartung und Entsorgung) als komplementäre Dienstleistungen, auch als "sekundäre Leistungsmerkmale" bezeichnet. Langfristige Kundenbindung wächst aus der Sachebene und Beziehungsebene (vgl. Volk (1990), S. 41). Nur der auch emotional richtig gestimmte Kunde, und nicht der ausschließlich rationale Kunde, handelt und ist auch bereit, für Produkte und Dienstleistungen zu zahlen (vgl. Hirschbühl (1989), S. 35). Demzufolge ist die Antizipation der "Marktsignale" in Form "flankierender Informationsprozesse" ein eigenständiger Bestandteil des Leistungsumfangs.

Diese Zuordnung der, in der Praxis vorgefundenen, Subziele zum Leistungsumfang bildete den Ausgangspunkt, um in der empirischen Untersuchung den jeweiligen Grad der Zielerreichung erkennen zu können (vgl. Pulst (1994), S. 73).

2.2 Beschreibungskategorien für den Bürosystem-Einsatz

Der Begriff "Bürosysteme" ist umfassend zu verstehen: Er enthält diejenigen Anwendungssysteme, die auf die Aufgaben bzw. Tätigkeiten an Büroarbeitsplätzen ausgerichtet sind und in verschiedenen Integrationsstufen realisiert sein können, sowohl als isolierte Anwendung am Büroarbeitsplatz als auch als unternehmensweites Infrastruktursystem oder Zwischenform (vgl. Abbildung 2).

Der Begriff "Bürosystem-Einsatz" umfaßt sowohl die Endbenutzersysteme als auch die Gestaltung für die in Büros arbeitenden Endbenutzer. Als "Gestaltung" wird die organisatorisch-technische, i. d. R. dezentrale, Zuständigkeit bei Bürosystem-Anwendungen bezeichnet. Die nachfolgenden vier Funktionen sind Beschreibungskategorien für diese Gestaltung:

- Be- und Verarbeitung,
- (Dokumenten-)Speicherung und Beschaffung,
- Kommunikation/Übermittlung,
- Steuerung und Koordination.

Abb. 2:
Bürosystem-Einsatz als organisatorisch-technische Anwendungsintegration

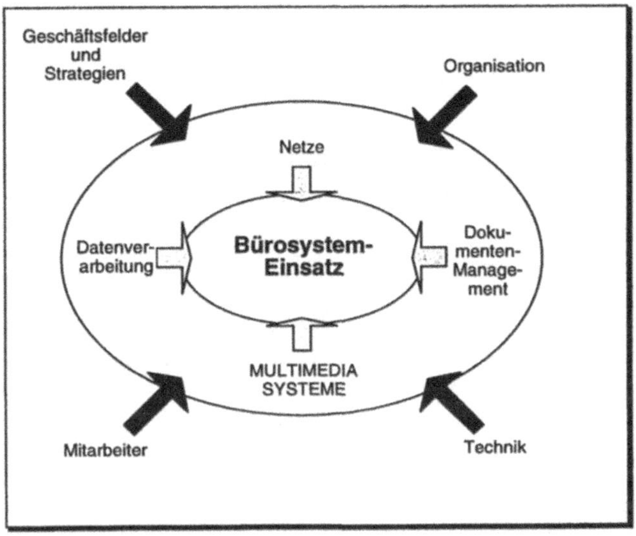

Unter diese vier Funktionen wurden in der Untersuchung aktuelle Endbenutzerwerkzeuge in Form von Software subsumiert und dargestellt (vgl. Abbildung 3). Dabei standen weniger die technische Detailebene als vielmehr die elementaren Charakteristika im Mittelpunkt der Beschreibung, zumal sich der Umfang der Software und die technischen Leistungskriterien tagesaktuell ändern können. Zusätzlich wurden funktionsbezogen die insbesondere in Fachzeitschriften und der Praxis vorgefundenen Effekte der Softwarenutzung im Hinblick auf die empirisch erhebbaren Merkmalsausprägungen zusammengefaßt (vgl. Pulst (1994), S. 97 ff.).

Abb. 3:
Softwarefunktionen des Bürosystem-Einsatzes

Funktion	Software	Bedeutung
B/V Be- und Verarbeitung (I)	TV	Textbe- und -verarbeitung
	FV	Formularbe- und -verarbeitung
	GV	Grafikverarbeitung/Zeichnen
	TK	Tabellenkalkulation
	DTP	Desk Top Publishing; Präsentations-Software
	BD	Bürodarstellung (Terminkalender, Rechner, Notizbuch)
	I	Integrations-Software, I.S.v. Programmierter Textverarbeitung
S/B (Dokumenten-)Speicherung und Beschaffung (II)	EA	Elektronische Ablage
	ER	Elektronisches Retrieval
	PD	Persönliche Datenbanken am Arbeitsplatz
K/Ü Kommunikation/ Übermittlung (III)	EP	Elektronische Post
	TEL	Telekommunikation
	CST	Computer Supported Telephony; Integration Telefon/DV
ST/KO Steuerung und Koordination (IV)	VB	Vorgangssteuerung
	GW	Groupware
	GK	Integrierte Gruppenkommunikation

Der Einsatzgrad wurde in vier Einsatzstufen (in % der Befragten) ermittelt: Bis zu 10% bezeichneten einen niedrigen, bis zu 30% einen geringen, 31-50% einen hohen und schließlich 51%-100% einen sehr hohen Einsatzgrad.

2.3 Beschreibungskategorien für den Einsatz-Erfolg

In der gegenwärtigen Fachdiskussion läßt sich nicht erkennen, daß der Markt der "primäre Horizont" des Bürosystem-Einsatzes ist. Immer noch stehen Rationalisierungseffekte in Form von Kosteneinsparungen im Vordergrund. Wenn Bürosystem-Einsatz jedoch nicht nur das Input-Element für den Geschäftserfolg ist, um Kosten zu reduzieren und die Wirtschaftlichkeit zu verbessern, dann erfordert die Erfassung des Einsatz-Erfolgs, neben dem bestehenden Vorgehen zur Messung der Wirtschaftlichkeit, auch ein neues Vorgehen zum Nachweis der Wirksamkeit (vgl. Abbildung 4).

Abb.4: Beschreibungskategorien für die Erfolgswahrnehmung und -messung

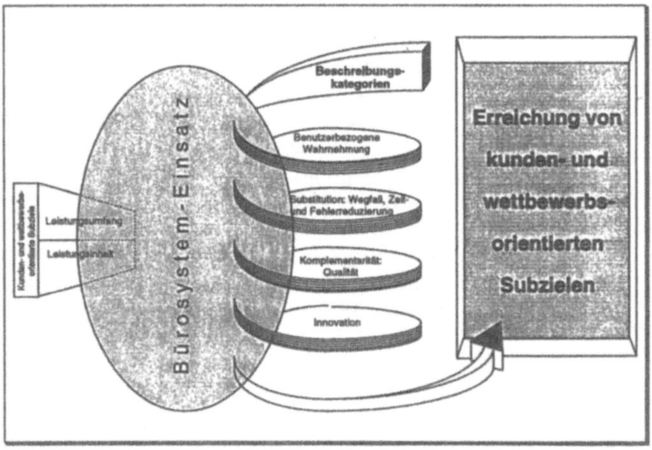

Die kunden-und wettbewerbsorientierten Subziele stellten in der vorliegenden Untersuchung die Soll-Größe für den Bürosystem-Einsatz dar. Die Zielerreichung als Ist-Größe wurde durch die benutzerbezogene Wahrnehmung einerseits sowie die gemessene Substitution, die erfaßte Komplementarität und Innovation andererseits beschrieben (vgl. Pulst (1994), S. 109).

Die Messung der Zielerreichung bzw. des Einsatz-Erfolgs wurde mit einem eigens entwickelten Erhebungsinstrumentarium durchgeführt. Als Zielerreichungsarten wurden Wirksamkeit und Wirtschaftlichkeit operationalisiert: *Wirksamkeit* bezieht sich auf die Erfolgs- und Zieladäquanz, d.h. ein System ist "dann wirksam", wenn bei seinem Einsatz die Wirkungen auftreten (durch seine Eigenschaften bewirkt werden), die als Entwicklungsziele gesetzt/verfolgt worden sind. *Wirtschaftlichkeit* ist demgegenüber die monetär quantifizierbare Kennziffer, die sich aus dem Quotienten "Leistungen zu Kosten" ermitteln läßt (vgl. Seibt (1983), S. 30 ff.).

3 Bürosystem-Einsatz in der Praxis

In die vorliegende Studie wurden 15 produzierende und dienstleistende Unternehmen einbezogen, die eine Mindestbeschäftigtenzahl von 1000 Mitarbeitern aufwiesen, nach eigener Einschätzung Bürosysteme erfolgreich wettbewerbsorientiert implementiert haben sowie eine kunden- und wettbewerbsorientierte Strategie verfolgten (vgl. Abbildung 5). Vier Typen von Benutzern waren in in diesem Zusammenhang von Interesse: DV/Org.-Manager, Projektleiter Bürosysteme, leitende Mitarbeiter im Vertrieb/Marketing sowie Sachbearbeiter im Vertrieb/Marketing (vgl. Pulst (1994), S. 137).

Abb. 5:
Profile der untersuchten Unternehmen

KRITERIEN FÜR DIE AUSWAHL		
UNTER-NEHMEN	**Erfahrungen mit Bürosystem-Einsatz und -Nutzung**	**Mitarbeiterzahl**
VERSICHERUNG		
V1	Zusammenführung von Bürosystem-Insellösungen	3003
V2	IntegrierteBürosysteme auf der Basis von UNIX	9000
V3	Elektronische Vorgangssteuerung	4678
V4	Elektronische Vorgangssteuerung	Mutterges. 70000
V5	Elektronische Ablage	5000
INDUSTRIE		
I1	Unternehmensweit integriertes PC-Netz	7000
I2	Unternehmensweit integriertes PC-Netz	39000
I3	Elektronische Abbildung von Gruppen-aktivitäten (Groupware)	10000
I4	Elektronische Ablage (Groupware-Test)	17000
I5	Integrierte Elektronische Arbeitsplätze (Groupware-Test)	64000
FINANZDIENSTLEISTUNG		
F1	Host-PC-Integration Elektronische Bankdienstleistungen	4526
F2	Unternehmensweite Elektronische Post Elektronische Bankdienstleistungen	1071
F3	Unternehmensweite Elektronische Post als Trägerkonzept	70000
F4	Elektronische Archivierung	5400
F5	Vorgangssteuerung Electronic Banking	5000

Der Schwerpunkt des Bürosystem-Einsatzes lag in der Industriebranche hardwareseitig auf der technischen Integration der PC-Netze, softwareseitig auf den Koordinationsfunktionen in Form integrierter Arbeitsplätze und elektronischer Gruppenarbeit, während bei den "Dienstleistern" die elektronische Vorgangssteuerung überwog.

Die im Einsatz befindliche Software wird nachfolgend im Detail beschrieben, wobei auf die Produktnamen, wenngleich sie in der Untersuchung explizit erhoben wurden, verzichtet wird.

Im flächendeckenden Einsatz befand sich zum Untersuchungszeitpunkt in den Unternehmen fast ausschließlich Programmierte Textverarbeitung (I), individuelle Textbe- und -verarbeitung (TV) und Elektronische Post (EP), während zum Einsatz von Groupware nur geringe Einsatzerfahrungen vorlagen (vgl. Abbildung 6).

Abb. 6: Eingesetzte Bürosystem-Software im Gesamtüberblick

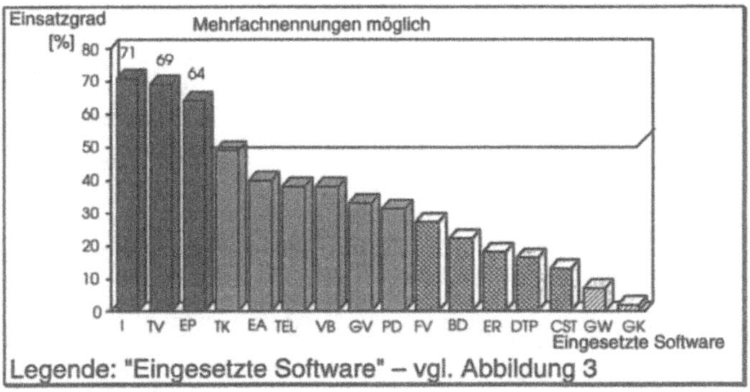

Die branchenbezogene Differenzierung zeigte unterschiedliche Einsatzschwerpunkte:

- In den befragten *Versicherungsunternehmen* wurde maßgeblich Integrations-Software (I) in Form Programmierter Textverarbeitung eingesetzt, die im "Standardgeschäft" über geeignete Schnittstellen die Einbindung von Host-Daten in Standardbriefe oder Vertragstexte gewährleistet. Einen sehr hohen Einsatzgrad hatten ebenfalls Elektronische Post und Vorgangssteuerung (VB), die hier im Vergleich zu den übrigen Branchen am stärksten genutzt wurden.
- In der *Finanzdienstleistung* wurden hingegen Individuelle Textbe- und -verarbeitung (TV) und Elektronische Post (EP) am häufigsten genutzt. Einen vergleichsweise hohen Einsatzgrad wies ebenfalls die Formularbe- und -verarbeitung (FV) auf.

- In der *Industrie* waren schwerpunktmäßig der Einsatz von Integrations-Software (I) als Programmierte Textverarbeitung zur redundanzfreien Übernahme der Host-Daten in Texte sowie die Nutzung von Elektronischer Post anzutreffen. Im Unterschied zu den übrigen Branchen wies die Nutzung von Tabellenkalkulationsprogrammen ebenfalls einen sehr hohen Einsatzgrad auf. Groupware wurde im Vergleich zu den übrigen Branchen bereits stärker genutzt.

Der Vergleich der eingesetzten Software bei den befragten Benutzertypen zeigte, daß die Nutzung bei den Projektleitern insgesamt am höchsten war. Geringe Einsatzgrade waren hingegen bei Sachbearbeitern im Vertrieb/Marketing festzustellen.

4 Mit Bürosystemen erreichte Ziele

Die, ergänzend zum Bürosystem-Einsatz durchgeführte, kunden- und wettbewerbsorientierte Zielanalyse machte deutlich, daß der Qualitätsmaßstab in den untersuchten Unternehmen die "Schnelligkeit" ist (vgl. Abbildung 7).

"Schnelligkeit" wurde von 87 % der Befragten in der Industrie, 87 % der Befragten in der Finanzdienstleistung und von 100 % der Befragten in der Versicherung angestrebt. Ein Grund für diese Übereinstimmung lag unter anderem darin, daß Schnelligkeit am ehesten eine Meßbarkeit durch Wirtschaftlichkeits-Kennziffern für den Soll-Ist-Vergleich in den befragten Unternehmen zuließ.

Branchenbezogen waren Differenzierungen bei wichtigen Zielen festzustellen:

- Neben "Schnelligkeit" war in der Industrie die "Zunahme des kunden- und problemspezifischen Know-hows" mit 73 % von Bedeutung. An dritter Stelle wurde eine "Lange Kundenbindung" mit 60 % der Nennungen angestrebt. Gleichbedeutend war der "Ausbau der Dienstleistungskomponente im Produkt".
- Auch in der *Finanzdienstleistung* lag die "Zunahme des kunden- und problemspezifischen Know-hows" an zweiter Stelle der angestrebten Ziele. Bedeutend war außerdem die "Zunahme des Beratungsanteils im Dienstleistungsangebot" mit 66 % der Nennungen.
- In den befragten *Versicherungsunternehmen* stand an zweiter Stelle der kunden- und wettbewerbsorientierten Ziele die "Individualität" mit 80 % und an dritter Stelle mit 67 % die "Auskunftsfähigkeit zum Bearbeitungsstatus". Die ebenfalls angestrebte "Zunehmende Kompetenz des Außendienstes" wurde durch die stärkere Verlagerung von Arbeitsaufgaben auf den Außendienstmitarbeiter begründet. Angestrebt wurde mit 67 % der Nennungen ebenfalls die "Abgrenzung zum Wettbewerb über das Image" im Rahmen einer Differenzierungsstrategie gegenüber den vorhandenen und in den Markt eintretenden Mitbewerbern.

Abb. 7:
Angestrebte Ziele in den Branchen (vgl. Pulst (1994), S. 156)

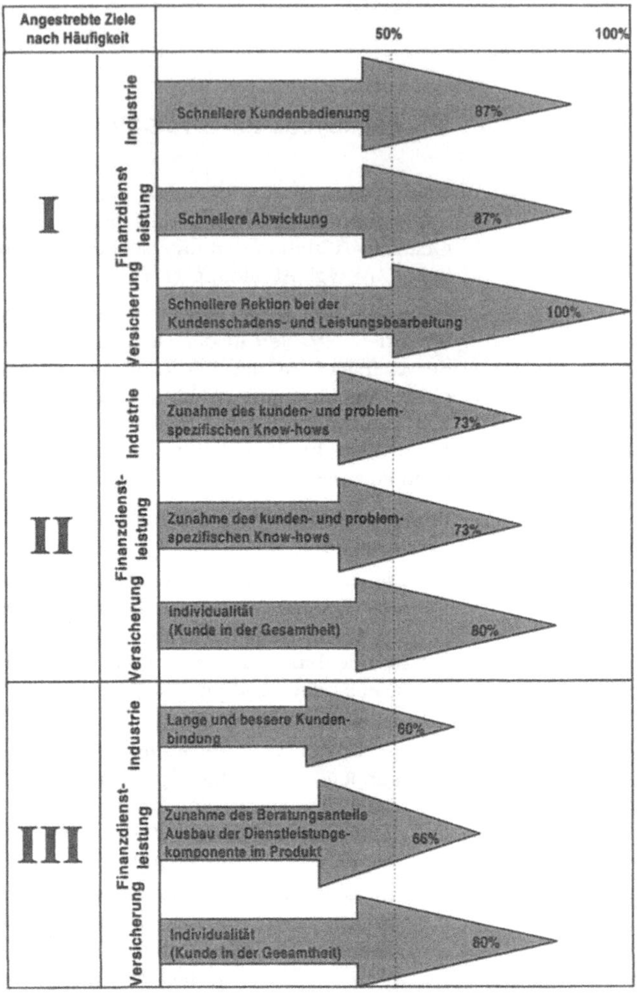

Die Zusammenführung der Zielanalyse einerseits und der Bürosystem-Nutzung andererseits machte deutlich (vgl. Pulst (1994), S. 175), welche Software im einzelnen zu den dargestellten, am häufigsten angestrebten, Zielen beigetragen hatte (vgl. Abbildung. 8).

Abb. 8: Zielerreichung bei den wichtigsten Zielen

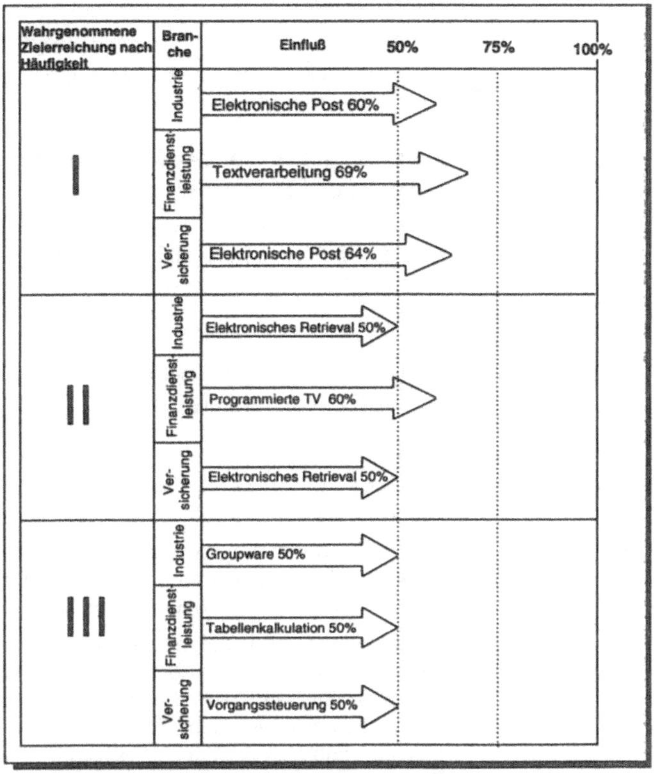

Der Beitrag des Bürosystem-Einsatzes machte nie 100 % der Zielerreichung aus: Das wichtigste Ziel wurde von 60 % der befragten Benutzer in der Industrie mit dem Einsatz Elektronischer Post erzielt. Auch in den Versicherungen wurde dieses Ergebnis zu 64% bestätigt. In der Finanzdienstleistung hingegen nahmen 69 % die Zielerreichung des wichtigsten Zieles durch den Einsatz von Textbe- und -verarbeitung wahr.

Zur Erreichung der zweitwichtigsten Ziele trug sowohl in der Industrie als auch in der Versicherung bei 50 % der befragten Benutzer der Einsatz von Elektronischem Retrieval bei. In der Finanzdienstleistung sahen 60 % den Einsatz von Programmierter Textverarbeitung als maßgeblich an.

Für das an dritter Stelle genannte angestrebte Ziel wurde in der Industrie von 50 % der befragten Benutzer die Zielerreichung mit Einsatz von Groupware gekoppelt, in der Finanzdienstleistung mit dem Einsatz von Tabellenkalkulation und in der Versicherung mit dem Einsatz von Vorgangssteuerung.

Die nachfolgende Detailbeschreibung gibt einen Überblick über die branchenspezifischen Unterschiede in der Zielerreichung.

4.1 Zielerreichung in der Versicherung durch Elektronisches Retrieval und Elektronische Post

Schwerpunktmäßig wird in den Versicherungen ein starker Einfluß auf die Erreichung der wichtigsten angestrebten Subziele dem Elektronischen Retrieval und der Elektronischen Post zugeschrieben.

"Kommunikation/Übermittlung" ist im wesentlichen auf Elekronische Post beschränkt. Der Elektronischen Post wird mit 64 % ein großer Zielerreichungsbeitrag im Hinblick auf Schnelligkeit zugeschrieben. Langfristig wird für die Versicherung auch das Computer Supported Telephony für die Schnelligkeit in der Schadens- und Leistungsbearbeitung bedeutsam. (vgl. Pulst (1994), S. 168).

"Be- und Verarbeitung" konzentriert sich vorrangig auf die Integrations-Software zur Einbindung der Daten aus der operativen DV in Standardtexte und Serienbriefe.

Im Bereich der (Dokumenten-)Speicherung und Beschaffungs-Software wird in den befragten Versicherungsunternehmen schwerpunktmäßig der Zielerreichungsbeitrag bei Elektronischem Retrieval gesehen. Die Hälfte der Probanden, die die Software nutzen, realisieren positiven bis starken Einfluß auf die Erreichung der Subziele und begründen dies mit der elektronischen Disposition abteilungs- und filialspezifischer Daten, etwa Aktions- und Administrationsdaten oder auch Organisationsanweisungen, am Arbeitsplatz.

Aus dem Spektrum der Funktion "Steuerung und Koordination" wird in den befragten Versicherungsunternehmen nur die Vorgangssteuerung als transaktionsorientierte computergestützte Abfolge strukturierter Einzelprozesse für die Zielerreichung bedeutsam. Der Einsatz von Groupware hat bei den Befragten keinen Einfluß auf die Zielerreichung, wobei hier in Zukunft möglicherweise auch Einsatzbereiche zu sehen sind.

Die realisierten Substitutions- bzw. Wirtschaftlichkeitseffekte sind in der Versicherung höher als in den übrigen Branchen (vgl. Abbildung 9).

Abb. 9: Substitutionseffekte des Bürosystem-Einsatzes in der Versicherung

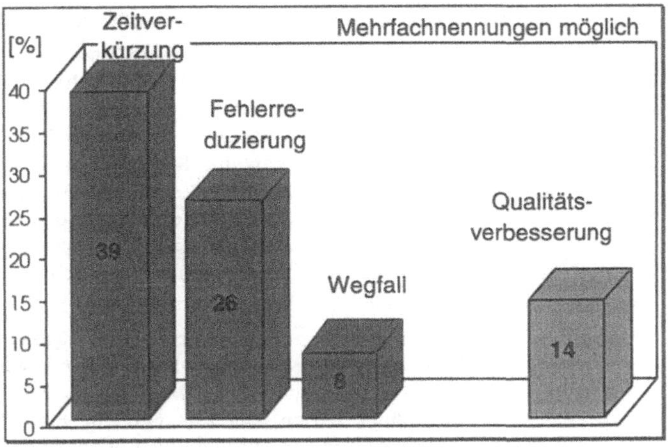

4.2 Diskrepanz zwischen Zielbedeutung und Zielerreichung in der Industrie

Unbedeutenderen Subzielen werden höhere Erreichungsgrade durch Bürosysteme beigemessen. Dies legt den Schluß nahe, daß Bürosystem-Einsatz auf die wichtigsten Subzielen insgesamt weniger Einfluß hat als auf die weniger wichtigen. Innerhalb der Funktion der "Be- und Verarbeitung" hat hauptsächlich die Integrations-Software durch die Anbindung zur operativen DV einen Einfluß auf die Zielerreichung, während Software wie Tabellenkalkulation, Grafikverarbeitung und Formularbe- und -verarbeitung unbedeutend sind. Innerhalb der Funktion der "(Dokumenten-)Speicherung- und Beschaffung" ist in der Industrie das Elektronische Retrieval von Bedeutung, wohingegen persönliche Datenbanken am Arbeitsplatz nachrangig sind. Für die Funktion "Kommunikation/Übermittlung" ist die Elektronische Post maßgeblich.

Im Gegensatz zu den vorher dargestellten Ergebnissen in der Versicherung wird in der Industrie der Einfluß der "Steuerungs- und Koordinationsfunktion" im wesentlichen dem Einsatz von Groupware zugeschrieben, nicht zuletzt deshalb, weil in der Industrie die branchenvergleichend größte Erfahrung mit Groupwareprodukten vorliegt. Bei dem bereits vorliegenden Zielerreichungsgrad kann angenommen werden, daß diese Software in Zukunft im Rahmen kunden- und wettbewerbsorientierter Strategien einen noch stärkeren Einfluß haben wird (vgl. Pulst (1994), S. 171).

4.3 DV-basierte Zielerreichung in der Finanzdienstleistung

Zielerreichung durch Bürosystem-Einsatz in der Finanzdienstleistung vollzieht sich maßgeblich durch die Funktion "Be- und Verarbeitung" mit dem Schwerpunkt auf Integrations-Software zur Einbindung operativer Daten in Texte sowie durch die Funktion "(Dokumenten-) Speicherung und Beschaffung". Nur zu einem geringeren Teil sind die Funktionen "Kommunikation/Übermittlung" sowie "Steuerung und Koordination" relevant. Die Erklärung hierfür ist darin zu suchen, daß das operative Massengeschäft (Kreditvergabe) den schnellen Zugriff und die Integration operativer Daten erfordert.

Die dargestellten Ergebnisse können auch in der Finanzdienstleistung zu der Annahme führen, daß nur wenige kunden- und wettbewerbsorientierte Subziele durch den Bürosystem-Einsatz beeinflußt werden. Der umfangreiche Einsatz von Integrations-Software in Form Programmierter Textverarbeitung legt den Schluß nahe, daß Zielerreichung in der Finanzdienstleistung aus Sicht der operativen DV, die das operative Massengeschäft unterstützt, interpretiert wird.

Insgesamt wird der Einsatz von Bürosystemen in der Finanzdienstleistung "isolierter" als in den übrigen Branchen bewertet und hinsichtlich seiner Eignung zur Zielerreichung schlechter eingestuft als in Versicherungen.

Diese Einschätzung wird auch dadurch forciert, daß in der Finanzdienstleistung bislang mit dem Einsatz Elektronischer Post kaum Zielerreichung festgestellt wurde, obwohl sie nach Aussagen der Benutzer "grundsätzlich wichtiger gemacht werden muß". Stärker als in den anderen Branchen haben Bürosysteme in der Finanzdienstleistung einen eher sekundären Einfluß auf die kunden- und wettbewerbsorientierten Subziele: Durch die Disposition innovativer Technik (Video-Conferencing), die für "gute Kunden" kostenlos ist, differenzieren sich die Unternehmen gegenüber dem Wettbewerb. Die vorgefundenen Divergenzen zwischen den wichtigsten angestrebten Subzielen und der wahrgenommenen Zielerreichung werden durch die benutzerbezogene Einschätzung erreichter Subziele noch weiter manifestiert.

5 Die Bedeutung des Bürosystem-Einsatzes für die Aufgabeninhalte

Anhand der vorangegangenen Ergebnisse wird deutlich, daß bei den, in die Untersuchung einbezogenen, Probanden weder einheitliche Vorstellungen zur Beurteilung der eingesetzten Software noch zur Messung ihrer Ausprägungen vorliegen. Unklarheit herrscht ebenfalls über den Zeitpunkt und Zeitraum des Beurteilungsprozesses (vgl. Pulst (1994), S. 185). Die Aussagen können in der Form aggregiert werden, daß es den Befragten leicht fällt, Wirtschaftlichkeitsgrößen mit dem Bürosystem-Einsatz in Verbindung zu bringen, wenngleich eine eindeutige Fixierung vor dem Einsatz sowie eine Verfolgung und Kontrolle während des Einsatzes von Bürosystemen offensichtlich nicht stattfindet. Den Qualitätseffekten wird nur eine unwesentliche Bedeutung für die Zielerreichung beigemessen. Die mit dem Bürosystem-Einsatz erzielten Qualitätsveränderungen, die sowohl bei angestrebten Zielen der "Erstellung des Leistungsangebots", als auch bei Zielen der "Leistungvor- und -nachbereitung" sowie der "flankierenden Informationsprozesse" hervorgerufen werden könnten, sind viel schwieriger zu erfassen als die Substitutionseffekte.

Im Zusammenhang mit der theoretischen Diskussion einer stärkeren Aufgabenintegration wurde angenommen, daß Bürosystem-Einsatz zu einer kunden- und wettbewerbsorientierten Veränderung der Aufgabeninhalte führt. Die Untersuchung zeigte folgende Ergebnisse:

Aufgabeninhaltsbezogene Veränderungen resultieren, insbesondere in der Versicherung, aus einem "Mehr" an Arbeit im gleichen Zeitraum infolge horizontaler Aufgabenintegration. Die Reintegration, und hier insbesondere diejenige der Schreibaufgaben, wird von den meisten im Hinblick auf die reduzierten Medienbrüche positiv beurteilt, wohingegen durch Tabellenkalkulationsprogramme zusätzlich solche Statistikarbeiten anfallen, die überhaupt erst durch die Nutzung der Software möglich wurden.

Eine Veränderung der Aufgabeninhalte wird ebenfalls an dem Einsatz computergestützter Vorgangssteuerung in Form des elektronischen Zugriffs auf die Akten und Vorgänge gesehen, wenngleich dies auch zur Folge hat, daß in dem gleichen Zeitraum mehr bearbeitet werden muß.

Der Einsatz Elektronischer Post impliziert nach Aussagen der Befragten ein verändertes Kommunikationsverhalten im Rahmen der Aufgabenerfüllung ("die Schwelle, mal eben mit dem Chef zu korrespondieren, ist niedriger") und läßt auf eine Veränderung von Arbeitsabläufen schließen (vgl. Pulst (1994), S. 211).

In der Industrie läßt die große Anzahl an Ja-Nennungen eine höhere Sensibilisierung für die veränderten Aufgabeninhalte annehmen (vgl. Pulst (1994), S. 212). Die Aussagen beziehen sich in der Mehrzahl auf die Veränderungen der Aufgabeninhalte, die aus der Reintegration von Schreibtätigkeiten in die eigene Aufgabenerfüllung resultieren. Die grundsätzlich positive Einschätzung dazu läßt sich möglicherweise damit begründen, daß für die Befragten der Industrie die medienbruchfreie Abwicklung von Prozessen den Zeitaufwand der Eigenerstellung überkompensiert. Insbesondere die Mitarbeiter in Vertrieb und Marketing verstehen sich zunehmend als "multifunktionale Angestellte". Der Zwang zu software-komplementären Arbeiten, wie umfangreiche statistische Auswertungen von Vertriebszahlen, die in dieser Form vorher nicht existierten, wird hingegen als negative Veränderung von Arbeitsinhalten bezeichnet und stützt die Aussage, daß, über die vermeintliche Notwendigkeit "optisch ansprechender" Dokumente, die Mitarbeiter sehr viel mehr Zeit für das Layout als für den Inhalt investieren.

In der Finanzdienstleistung lassen Aussagen darauf schließen, daß bislang nur in geringem Umfang überhaupt aufgabeninhaltsbezogene Änderungen stattgefunden haben und auch die Prozesse weitgehend unverändert geblieben sind. Die Mehrzahl der Probanden, die keine Veränderungen an ihrem Arbeitsplatz feststellen, sind gerade in der Finanzdienstleistung zu finden. Die Begründungen beziehen sich zum größten Teil auf die "Elektrifizierung" der bestehenden Ist-Situation (vgl. Pulst (1994), S. 213).

Technisch lassen sich die nur geringen Änderungen der Aufgabeninhalte und Prozesse möglicherweise auf eine "Funktionsüberfrachtung" der eingesetzten Software zurückführen, wie die folgenden Probandenzitate dokumentieren (vgl. Pulst (1994), S. 215):

- "Der normale Sachbearbeiter ist bei der Vorgangssteuerung überfordert."
- "Funktionalitäten werden aufgrund mangelnder Technikbeherrschung nicht genutzt."
- "Es fehlen vernünftige Schulungs- und Betreuungskonzepte."
- "User müssen im Prozeß unterstützt werden."

- "Bürosysteme sind neue Spielereien und Probleme."
- "Bitte nicht zu viele Funktionen, wirken belastend."
- "Technik-Unterstützung ist belastend; als Verkäufer kann man sich den hohen Lernaufwand und die notwendige große Eigeninitiative nicht leisten."
- "Systeme sind für Anwender zu 'highly sophisticated'; sie gehen über den Bedarf und das vorhandene Know-how weit hinaus. Hersteller schaffen sich selbst ihren Markt."
- "Funktionalitäten dürfen die Mitarbeiter nicht überfordern."

6 Vom Schaden zur Klugheit

Die umfangreichen Untersuchungsergebnisse können – pessimistisch – auf den Nenner gebracht werden, daß trotz der Fülle der eingesetzten Software nur eine selektive Zielerreichung erfolgt (vgl. Pulst (1994), S. 244 ff.):

- Bürosysteme haben in der Praxis noch nicht den Status integrierter Anwendungssysteme erreicht.
- Die bislang eingetretenen Bürosystem-Effekte sind marginal, es hat keine wirkliche Veränderung der Arbeitssituation stattgefunden.
- Das Einsatz- und Zielerreichungspotential von Bürosystemen wird aufgrund fehlender Soll-Vorgaben nicht überprüft.

Für diese insgesamt geringe bzw. gar nicht festgestellte kunden- und wettbewerbsorientierte Zielerreichung sind vier Gründe entscheidend (vgl. Pulst (1994), S. 236).

1. Der Bürosystem-Einsatz erfolgt in den untersuchten Unternehmen aus der Perspektive der im Einsatz befindlichen operativen DV-Systeme. Mit DV soll ein Qualitätssprung im Kerngeschäft erzielt werden. Geschäftsfunktionen sollen direkter unterstützt und Informationen näher zum Anwender gebracht werden. Es werden standardisierte Schnittstellen zu vorhandenen Systemen gesucht und Bürosysteme nur als Ergänzung interpretiert. Insbesondere in der Finanzdienstleistungsbranche bildet die operative DV die Basis für die Abwicklung von Unternehmensfunktionen; Bürosysteme spielen erst da eine Rolle, wo die Merkmale des Produkts in den Hintergrund rücken und die begleitenden Leistungen an Bedeutung zunehmen.
2. Im flächendeckenden Einsatz befindet sich fast ausschließlich Software wie Textbe- und -verarbeitung und Elektronische Post, während zur computergestützten Vorgangssteuerung, zur Elektronischen Archivierung, zum Elektronischen Retrieval oder zur Groupware kaum Einsatzerfahrungen vorliegen.
3. In der Praxis findet kein konsequenter Soll-Ist-Vergleich des Technik-Einsatzes statt. Es wurde nachgewiesen, daß Input-Größen bei der Messung der Zielerreichung bislang nicht konsequent als Vergleichsmaßstab hinzugezogen werden.

4. Kundenorientierung impliziert eine prozeßorientierte Bewertung, während die vorliegende Einschätzung aus der Sicht des isolierten Arbeitsplatzes getroffen wird. Der prozeßorientierte Beitrag von Bürosystemen ist bislang Null. Überdies ist das Bewußtsein für organisatorische Veränderungen in der Praxis, nicht zuletzt aufgrund fehlender Kennzahlen, nicht ausgeprägt. Wirtschaftlichkeitsgrößen versperren den Blick für Wirksamkeitsgrößen.

Optimistisch gesehen zeigen die Ergebnisse der vorliegenden Untersuchung jedoch, daß die Bürosysteme zukünftig die Rolle integrierter, organisatorisch verbindlicher Anwendungssysteme haben können, und daß damit eine höhere Zielerreichung einhergeht.

Darüber hinaus erfüllen Bürosysteme zunehmend die Funktion einer Verbesserung des eigenen Leistungsangebotes am Markt: Insbesondere im Finanzdienstleistungsbereich wird die Disposition neuer Bürotechnologie, die dem Kunden zur Verfügung gestellt wird (einschließlich "Gratis-Schulung" und Konfigurationsalternativen), zur Markteintrittsbarriere für Mitbewerber und zum Wirtschaftlichkeitseffekt auf der Kundenseite.

Die Untersuchungsergebnisse zum Einsatz von Elektronischer Post und Vorgangssteuerung lassen bereits auf eine mögliche Veränderung von Arbeitsabläufen schließen und bieten Ansatzpunkte für die organisatorische Implementierung. Weitergehende Untersuchungen können sich nunmehr auf die Einbindung bestehender DV-Unterstützungsverfahren in Bürosysteme konzentrieren.

6.1 Einschätzung zu Möglichkeiten und Grenzen

Die vorliegenden Daten unterstreichen, daß der Einsatz von Bürosystemen derzeit zu Vorteilen führt, die in einer Verkürzung ("Schnelligkeit") der auszuführenden Vorgänge liegen. In den untersuchten Unternehmen sind die Zeitverkürzungseffekte in Form vermiedener Medienbrüche, abgebauter Doppelarbeit sowie reduzierter Abstimm- und Kontrollprozesse bedeutsam. Möglichkeiten, die sich im Anschluß daran eröffnen, können folgendermaßen zusammengefaßt werden:

– Ziele werden sich mittel- und langfristig (von "Schnelligkeit" zu "Qualität") verlagern.

  Zukünftig treten der Untersuchung zufolge solche Ziele in den Vordergrund, die die angebotene Dienstleistungsqualität steigern und somit zu einer leistungswirksamen Differenzierung auf dem Markt führen werden. Die im Rahmen der Analyse abgegrenzten Ziele bieten für eine weitergehende empirische Analyse Ansatzpunkte zur Kontrolle der veränderten Zielrelevanz.

- Neue Einsatzbereiche sind bei solchen Zielen zu erwarten, die bislang kaum oder gar nicht mit Bürosystemen erreicht wurden.

  Die Vielzahl der Aussagen, die eine Serviceverbesserung durch den Vorteil ortsunabhängiger Verfügbarkeit sehen, lassen auf neue Einsatzbereiche der informationstechnischen Unterstützung schließen. Schwerpunktmäßig ist dabei die Beziehung von schnellerer Reaktionsfähigkeit und Auskunftsfähigkeit bei Einsatz von Vorgangssteuerung zu analysieren, da, der Untersuchung zufolge, die Vorgangssteuerung wesentlich an einer veränderten Dienstleistungsqualität beteiligt ist. Das Hauptaugenmerk ist daher auf solche Ziele zu richten, die in der vorliegenden Untersuchung erst nach den drei wichtigsten Zielen genannt worden sind. Diese Zielgrößen müssen dann in Form von Wirkungsketten abgebildet werden, die letztlich wieder in monetäre Größen münden.

Konkret führen diese Aussagen zur Abgrenzung nachfolgender Empfehlungen für die zieladäquate Nutzung von Bürosystemen in Versicherung, Industrie und Finanzdienstleistung (vgl. Pulst (1994), S. 236 ff.):

- Im Hinblick auf eine selektive, abgegrenzte Erfolgskontrolle ist für den Einstieg in die Bürosysteme die Durchführung kleiner oder mittlerer Pilotinstallationen und -studien, mit einer sich anschließenden Evaluierung (hierzu bietet sich auch das entwickelte Instrumentarium an) der fixierten und verfolgten Ziele, zu empfehlen. Die vorliegenden Untersuchungsergebnisse ermöglichen eine Differenzierung in Software, die entweder keinen oder einen sehr starken Einfluß auf die kunden- und wettbewerbsorientierte Zielerreichung hat. Zusätzlich werden Hinweise für die benutzergruppenspezifische Zusammensetzung der Pilotinstallationen möglich.
- Insbesondere in der Industrie ist die flächendeckende Ausstattung mit Elektronischer Post als Trägersystem anzustreben. Hierdurch wird, aufgrund der asynchronen Kommunikationsmöglichkeiten, die Flexibilität erhöht, was durch die vorliegende Untersuchung, insbesondere im Hinblick auf das wichtigste Subziel "Schnelligkeit", bestätigt wird.
- Für alle Branchen empfiehlt sich aufgrund der vorliegenden Ergebnisse die Einführung und der Ausbau von Programmierter Textverarbeitung (Standardschreiben) als Voraussetzung für eine Vorgangssteuerung, da insbesondere die

Schnittstelle zur operativen DV durch den Einsatz von Integrations-Software als wesentliches Merkmal des Bürosystem-Einsatzes interpretiert wird. Über die automatische Abwicklung der standardisierbaren Korrespondenz können Rationalisierungseffekte bei Schreibdiensten erzielt werden; der Grad der Arbeitsteilung wird reduziert und somit werden Medienbrüche, Mehrfacherfassungen sowie Liege- und Rüstzeiten verringert.

- Vorgangssteuerung kann zu einer weiteren Verringerung der Arbeitsteilung führen. Sie wird in den untersuchten Unternehmen als wesentlich für die Zielerreichung interpretiert, da Teile der konventionellen, unmittelbaren Kundenkorrespondenz durch die automatische Auslösung von Standardbriefen entfallen und die "Tagesfertigkeit" nachweislich erreicht wird. Hier können Nutzung und Weiterentwicklung des vorliegenden Instrumentariums einen wesentlichen Beitrag zur Quantifizierung der produktiven Zeiten und Leerzeiten leisten. Dies führt zu kontrollier- und steuerbaren Wirtschaftlichkeitseffekten.
- In diesem Zusammenhang empfiehlt sich für die Privat- und Sachversicherer auch der Ausbau der optischen Archivierung. Die Elektronische Archivierung der Briefe aus der Programmierten Textverarbeitung (CI) bildet dabei die Basis für die optische Archivierung eingehender Post (NCI) und trägt somit zu einer Verringerung der Uneinheitlichkeit und Fehleranfälligkeit von Prozessen bei. In den befragten Versicherungsunternehmen werden mit dem Einsatz von Elektronischem Retrieval und Elektronischer Ablage insbesondere Auswirkungen auf die Dienstleistungsqualität assoziiert. Über reduzierte Zugriffs- und Aufbereitungszeit für Kundenakten wird eine bessere Reaktion auf Kundennachfragen und -auskünfte realisiert; der Mitarbeiter kann die dadurch eingesparte Zeit für den Kunden nutzen.
- Das Management muß als Multiplikator für diese Trends Top down involviert sein, d. h. selbst die Initiative ergreifen. Der Erfolgsnachweis von Anwendungssystemen korreliert mit der Beteiligung des Top-Managements. Auf Basis der vorliegenden Tendenzaussagen kann davon ausgegangen werden, daß ein direkter Einfluß des Top Managements zu einer höheren Erfolgswahrnehmung bei den Mitarbeitern führt. Die Unternehmensführung muß Bürosysteme wollen und sich dafür auch persönlich einsetzen, um damit zur Aufhebung der Schnittstelle zwischen der Kunden- und Wettbewerbsorientierung und dem Bürosystem-Einsatz beizutragen.

6.2 Mit Informationstechnik zur Kunden- und Prozeßorientierung

Die in den Unternehmen vorgefundene organisatorische Segmentierung "Kunden- und Wettbewerbsorientierung" verhindert möglicherweise eine höhere Zielerreichung. Aufgrund der vorliegenden Ergebnisse wird davon ausgegangen, daß die arbeitsplatzorientierte, flächendeckende Bürosystem-Nutzung die Wahrnehmung der prozeßorientierten Effekte der Kunden- und Wettbewerbsorientierung verhindert.

Es ist demnach zukünftig zu klären, ob beispielsweise bei prozeßbezogener Organisation höhere Zielerreichungsgrade zu verzeichnen wären, da Geschäftsprozeßorientierung die Unternehmung als ein offenes Prozeßsystem sieht.

Dies gibt dem klassischen Bild der Unternehmung, aus verschiedenen Abteilungen und Funktionsbereichen bestehend, eine modifizierte Perspektive. Im Gegensatz zur klassisch-statischen Sichtweise eröffnet das Denken in erfolgskritischen Geschäftsprozessen eine dynamische Perspektive der wertschöpfenden Abläufe, in die die Unternehmung eingebunden ist. Geschäftsprozesse sind Leistungsprozesse, in denen Geschäftspartner in einem Netzwerk zur Erreichung bestimmter Zielgrößen zusammenwirken. Geschäftsprozeßorientierung ist das Denken in Wirkungszusammenhängen. Mit dem Focus auf Geschäftsprozesse, die sich in einem flexibel konfigurierten Geschäftspartner-Netzwerk vollziehen, wird die eigene Unternehmung zunehmend als virtuelle Organisation interpretiert. In diesem Licht wird die klassische Ablauforganisation als ein Konzept von Aufgaben und Leistungszuweisungen - mit immanenten Rechtfertigungsstrategien und strukturierten Schuldzuweisungen - relativiert, das über Stellenbeschreibungen die Struktur des Arbeitsplatzes langfristig festschreibt (vgl. Szyperski/Pulst (1994), S. 2 ff.).

Diese Geschäftsprozeßorientierung, die sowohl die "Ziel-" als auch die "Weg"-Komponente enthält, kann eine erweiterte Basis für den individuellen Erfolgstest des Technikeinsatzes sein. Der Focus kann sich noch stärker von Wirtschaftlichkeitskategorien auf die Differenzierungsbemühungen im Wettbewerb verlagern, wobei Informationstechnik nicht mehr nur für die eigene Nutzung, sondern zur Errichtung einer permanenten, engen Kundenbeziehung eingesetzt wird. Die Empfehlungen für einen zieladäquate, kunden- und wettbewerbsorientierten Informationstechnik-Einsatz implizieren eine kontinuierliche Verfolgung und Einbeziehung der zukünftigen technologischen Entwicklung.

7 Literatur

Frese, E. (1987): Grundlagen der Organisation. Die Organisationsstruktur der Unternehmung. 3. Auflage, Wiesbaden 1987.

Hirschbühl, F. H. (1989): In Japan ist der Kunde König. In: io Management Zeitschrift, 58. Jg. 1989, Nr. 1, S. 35-37.

Niemeier, J. (1988): Wirtschaftlichkeit und Nutzen der Informations- und Kommunikationstechnik. In: Horvath, P. (Hrsg.): Wirtschaftlichkeit neuer Produktions- und Informationstechnologien. Stuttgart 1988, S. 15-34.

Nippa, M.; Schönecker, H. G. (1990): Computergestützte Büroanalyse- und -gestaltungsmethoden. In: Schönecker, H. G.; Nippa, M. (Hrsg.): Computerunterstützte Methoden für das Informationsmanagement. Baden-Baden 1990, S. 9-38.

Pulst, E.(1994): Kundenorientierter Bürosystem-Einsatz. Bergisch Gladbach 1994.

Seibt, D. (1983): Leistungs- und Qualitätskriterien wirtschaftlicher Software. In: CW/CSE (Hrsg.): Effizientes Software Management. Proceedings zum Software Forum '83, S. 19-39.

Szyperski, N.; Pulst, E.: Der Erfolg ausgewählter informations- und kommunikationstechnischer (ICT) Anwendungen in zeit- und erfolgskritischen Geschäftsprozessen - Wirtschaftlichkeitsmodell zur Darstellung der Technik-Effekte. Arbeitsbericht des Lehrstuhls für Allgemeine BWL der Universität zu Köln, November 1994.

Volk, H. (1990): Wettbewerbsvorteile: Im Kunden den Menschen ansprechen. In: io Management Zeitschrift, 59. Jg. 1990, Nr. 5, S. 41-42.

B. Organisation

Qualifizierungsprobleme bei Einführung der IuK-Technologie - Eine empirische Untersuchung

Robert Dekena*

* Dr. Robert Dekena, ehem. Projektleiter am BIFOA.

1 Einleitung

Die Einführung und Nutzung von Informations- und Kommunikationstechnologien stellt die Änderungsdynamik eines jeden Unternehmens auf eine harte Probe[1]. Die durch sie hervorgerufenen Veränderungen betreffen die Aufbau- und Ablauforganisation in den Fachabteilungen sowie in den für die Technologiebetreuung zuständigen organisatorischen Einheiten. Die Aufgaben der Mitarbeiter ändern sich. Die sozialen Beziehungen werden genauso beeinflußt wie der Umgang mit der Information und der Kommunikation. Werden diese Aspekte nicht berücksichtigt, kann es zu Abwehrreaktionen und zu Qualifikations- oder Akzeptanzproblemen kommen, d. h. die Mitarbeiter können oder wollen die Systeme nicht effizient nutzen. Unzureichende Qualifizierung und fehlende Einbeziehung jener, die mit der Informations- und Kommunikationstechnologie arbeiten sollen, sind verantwortlich für viele Investitionsruinen[2], die sich gerade im Büro- und Verwaltungsbereich immer wieder finden lassen[3].

Die Technologieeinführung verspricht nur dann Erfolg, wenn sie in enger Verbindung mit einer angemessenen Qualifizierung der Mitarbeiter steht, die diese Techniken nutzen sollen und derjenigen, die über den Einsatz der Systeme und ihre Anwendungen entscheiden. Die marktgerechte Integration der technischen Adaptionsprobleme mit Organisations- und Qualifikationsentwicklung kann in diesem Zusammenhang keinem Unternehmen abgenommen werden[4]. Sie ist Bestandteil der eigentlichen unternehmerischen Aufgabe[5]. Die große Bedeutung, das organisatorische Ausmaß und der finanzielle Aufwand, den die betriebliche Bildungsarbeit im Rahmen des Unterneh-

1 Kieser, A.; Hildebrandt, K. (1990) S. 711 vergleichen die Einführung neuer Technologien in eine Organisation mit der Implantation eines künstlichen Organs in einen Organismus.

2 Vgl. Weltz, F.; Bollinger, H. (1990) S. 27.

3 Vgl. Seibt, D.; Windler, A. (1986) S. 145.

4 Auch unabhängig von der Einführung der Informations- und Kommunikationstechnologie rechnet Becker, M. (1990) S. 272 mit einem steigenden Bedarf an qualifizierten Mitarbeitern und zunehmenden Schwierigkeiten der Unternehmen, am Arbeitsmarkt ausreichend qualifizierte Mitarbeiter rekrutieren zu können.

5 Vgl. Staudt, E. (1987) S. 35.

mens aufweist, erfordern ein sorgfältiges Management der Qualifizierung und ihrer Prozesse[1].

Vor diesem Hintergrund wurde vom Autor dieses Beitrags im Rahmen seiner Dissertation eine umfassende empirische Untersuchung der Problematik der Qualifizierung bei der Einführung von Informations- und Kommunikationstechnologien aus betriebswirtschaftlicher Sicht vorgenommen[2]. Der Schwerpunkt der Analyse lag dabei im Büro- und Verwaltungsbereich von Unternehmen aus ausgewählten Branchen. Neue Technologien eröffnen neue Möglichkeiten, die Mitarbeiter mit geeigneten Mitteln benutzeradäquat zu unterstützen. Entsprechend nimmt der Bedarf an Qualifizierung gerade im Büro- und Verwaltungsbereich zu.

In diesem Beitrag sollen die Ergebnisse der empirischen Untersuchung der betriebswirtschaftlichen Aspekte der Qualifizierung bei Einführung der Informations- und Kommunikationstechnologien vorgestellt, erste Konsequenzen aufgezeigt und Handlungsvorschläge für die Gestaltung der betrieblichen Qualifizierung angedeutet werden[3]. Im Rahmen der empirischen Untersuchung wird analysiert, welcher Bedarf, welche Kosten und welche Ziele der betrieblichen Qualifizierung im Zusammenhang mit der Einführung und Nutzung der Informations- und Kommunikationstechnologien in der Praxis gesehen werden und wie die entsprechenden Qualifizierungsprozesse in den Unternehmen gestaltet werden.

Während der Begriff der "Qualifikation" die Gesamtheit der Kenntnisse, Fähigkeiten und Fertigkeiten[4], über die ein Mitarbei-

---

1 Vgl. Linke, H.; Trempenau, D. (1985) S. 123.

2 Vgl. Dekena, R. (1994) S. 169 ff.

3 Die ausführliche Darstellung findet sich in Dekena, R. (1994).

4 Vgl. z. B. Gonschorrek, U.; Saul, S. (1983) S. 2. Der Begriff der "Qualifikation" erweist sich allerdings ausgesprochen komplex und wird von unterschiedlichen Wissenschaftzweigen und Teildisziplinen (z. B. Arbeitswissenschaft, Arbeitspsychologie, Arbeitsmarktforschung, Berufssoziologie, Bildungsökonomie, Wirtschaftspädagogik), die zur inhaltlichen Bestimmung des Begriffs beitragen, vielfältig verwendet. Vgl. Schleucher, H.; Maskow, J. (1983) S. 138 ff. und Dostal, W. (1982) S. 92, der eine ganze Reihe von Definitionen zur "Qualifikation" mit Literaturangaben aufführt. Hegelheimer, A.(1970) S. 90. unterscheidet die Qualifikation im engeren und im weiteren Sinne:

- Im engeren Sinne ist sie die Gesamtheit der Kenntnisse, Fähigkeiten und Fertigkeiten, über die eine Person verfügt oder als Voraussetzung für die Ausübung einer beruflichen Tätigkeit verfügen muß.
- Im weiteren Sinne ist sie die Gesamtheit der Kenntnisse, Fähigkeiten und Fertigkeiten, über die eine Person als Voraussetzung für eine ausausreichende Breite in der beruflichen Einsetzbarkeit verfügen muß.

ter verfügt oder die zur Ausübung seiner Tätigkeiten erforderlich sind, bezeichnet, stellt die "Qualifizierung" die Veränderung im Qualifikationsinventar eines Individuums entweder durch Modifikation bestehender Qualifikationen oder durch Erwerb noch nicht vorhandener Qualifikationen dar[1]. Qualifizierung vollzieht sich in dem Prozeß der Veränderung oder Anpassung von Menschen an geänderte Arbeitsbedingungen[2].

1 Vgl. Ulich, E.; Frei, F. (1980) S. 75 f.

2 Vgl. Altmann, N.; Böhle, F. (1977) S. 310.

2 Qualifizierung bei Einführung von Informations- und Kommunikationstechnologien - Der Bezugsrahmen

Konzeptionelle Grundlage des Forschungsvorhabens war ein umfangreicher Bezugsrahmens (vgl. Abbildung 1), der zur Beschreibung der betrieblichen Qualifizierungsprozesse bei Einführung von Informations- und Kommunkationstechnologien deren Ziele, Randbedingungen und Aktionsparameter heranzieht[1].

Abb. 1:
Der verwendete Bezugsrahmen auf einen Blick

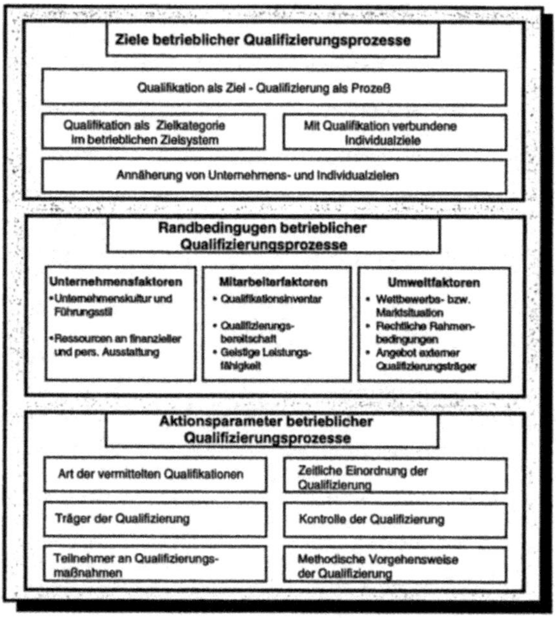

Ein Bezugsrahmen dient dazu, das Denken über komplexe reale Phänomene zu ordnen und die anschließenden Untersuchungen zu leiten[2]. Die nur bedingt intersubjektiv überprüfbaren exploratorischen und empirischen Analysen testen und bestätigten den Bezugsrahmen in vielerlei Hinsicht.

---

1 Vgl. Dekena, R. (1994) S. 65 ff.

2 Vgl. Kirsch, W. (1981) S. 66.

Bevor auf die Elemente des Bezugsrahmens im Zusammenhang mit den konkreten Ergebnisse der empirischen Untersuchungen eingegangen wird, erscheint es notwendig, eine Komponente des Bezugsrahmens vorab zu diskutieren. Der Aktionsparameter "Art der vermittelten Qualifikation" beruht auf einem bestimmten Verständnis der Einführung von Informations- und Kommunikationstechnologien. Der angewendete "sozio-technische Systemansatz" geht davon aus, daß im Zusammenwirken technischer, organisatorischer und sozialer Komponenten innerhalb eines Systems sowohl die Befriedigung individueller Bedürfnisse, als auch die Zielerfüllung der Organisation möglich ist[1]. Die Faktoren "Technologie", "Organisation", "Mensch" und "Aufgabe" bilden danach im Unternehmen ein sehr enges Beziehungsgefüge, das zum Teil bewußt gestaltet, zum Teil historisch gewachsen ist. Das Geflecht aus diesen Faktoren läßt sich mit einem Netz vergleichen. Wird ausschließlich einer der vier Faktoren verändert, verliert das gesamte System seine Form[2]. Nur das harmonische Miteinander dieser Faktoren im Rahmen eines Gesamtsystems gewährleistet eine effiziente Aufgabenerfüllung.

Vor diesem Hintergrund wird verständlich, daß bei der Einführung von Informations- und Kommunikationstechnologien Qualifizierungskonzepte erforderlich sind, die nicht nur die Funktionalitäten der technischen Unterstützung, sondern auch weitergehende Elemente enthalten. Die Vermittlung reinen Bedienerwissens reicht in diesem komplexen Umfeld nicht aus. Natürlich müssen auch Theorie und Praxis in die Qualifizierungsmaßnahmen integriert werden[3]. Daneben darf die Vermittlung übergeordneter Bildungsziele und Bildungselemente, sogeannter Schlüsselqualifikationen, die in einer sich ständig wandelnden Welt, den Schlüssel zur raschen und reibungslosen Erschließung von Spezialwissen bilden, nicht vernachlässigt werden[4]. Die wichtigste Fähigkeit, die es zu erwerben gilt, ist zu lernen, wie man lernt[5].

Die Qualifikationsinhalte, die sich aus dem Netz der vier Faktoren (Technologie, Organisation, Mensch und Aufgabe) ergeben, sind damit eingebettet in übergreifende Schlüsselqualifikationen,

---

1 Vgl. Krallmann, H.; Pietsch, T. (1990) S. 10.

2 Vgl. Dekena, R. (1994) S. 27 ff.

3 Vgl. Twardy, M. (1987) S. 467 und Lullies, V.; Jacobi, U. (1986) S. 966. Die Vorstellung, mit wenigen Tagen Schulung ein IuK-Werkzeug beherrschen zu können, ist reine Illusion. Vgl. Ghanem, M.G.; Langel-Nentwig, H. (1990) S. 38.

4 Vgl. Mertens, D. (1974) S. 36.

5 Vgl. Naisbitt, J.; Aburdene, P. (1986) S. 200.

die sich auf den allgemeinen Rahmen der Aufgabenerfüllung beziehen (z. B. geistige Beweglichkeit, Fähigkeit, Kopf- und Handarbeit zu integrieren, Kooperations- und Kommunikationsfähigkeit, Selbständigkeit, Flexibilität und Verantwortungsbewußtsein, abstraktes Denken, funktionales Denken und Systemdenken) sowie innovative und strategische Qualifikationen umfassen (z. B. Offenheit gegenüber Veränderungen; allgemeines Problembewußtsein und die Fähigkeit, Verhaltenspläne in bezug auf eigene Ziele und Interessen auszurichten)[1]. Der Zusammenhang zwischen den einzelnen Qualifikationen wird mit der folgenden Abbildung 2 graphisch veranschaulicht.

Abb. 2: Qualifikationen bei Einführung von Informations- und Kommunikationstechnologien[2]

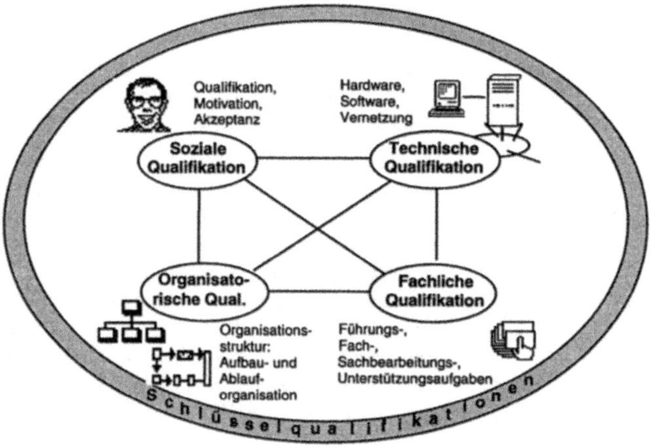

1 Vgl. Dekena, R. (1994) S. 114 f.

2 Entnommen aus Dekena, R. (1994) S. 115.

3 Durchführung und Ergebnisse der empirischen Untersuchung

Die folgenden Darstellungen und Ergebnisse bilden einen Ausschnitt aus der empirischen Untersuchung, die der Autor im Rahmen der Hauptuntersuchung seiner Dissertation in der Zeit von August 1992 bis Februar 1993 mit insgesamt 59 Interviews in zwölf Unternehmen durchgeführt hat[1]. Nochmals sei betont, daß es sich hier um eine explorative Untersuchung handelt.

3.1 Durchführung der Erhebungsaktion - die Probanden

Als globales Forschungsdesign wird für die Untersuchung die Form der vergleichenden Feldstudie gewählt. Sie ermöglicht einen zeitpunktbezogenen Vergleich mehrerer Fälle und macht durch ein geschlossenes Erhebungsprogramm die einzelnen Fälle vergleichbar[2]. Befragt werden Unternehmen aus dem Industrie- und Energieversorgungssektor, Versicherungen und öffentlich-rechtliche Unternehmen bzw. Verwaltungen. Basis der Auswahl sind eigene Kontakte und die Kenntnis von der aktuellen Einführung von Informations- und Kommunikationstechnologien in den jeweiligen Büro- und Verwaltungsbereichen. Als Erhebungsmethode wird die Befragung in Form von persönlichen Interviews gewählt[3]. Mehrere Gründe sprechen für eine solche gezielte Vorgehensweise:

- Die Art der Problemstellung läßt eine hinreichend gültige und zuverlässige Kommunikation mittels einer postalischen Befragung kaum zu.
- Für eine umfassende Einschätzung der Situation in jedem Unternehmen werden mehrere Mitarbeiter aus verschiedenen Abteilungen befragt[4].
- Die weit verbreitete und zunehmende Fragebogenmüdigkeit läßt eine unbefriedigende und unzureichende Rück-

---

1 Vgl. Dekena, R. (1994) S. 179 ff. Dort sind auch die folgenden Abbildungen entnommen.

2 Vgl. Kubicek, H. (1975) S. 35 f.

3 An praktischen Beispielen hat es sich gezeigt, daß solche qualitativen Interviews - persönlich in den Unternehmen und Verwaltungen geführt (damit notwendigerweise bei begrenztem Etat auch geringere Fallzahlen) - aufschlußreicher sind als umfangreiche Fragebogenaktionen.

4 Viele der Hypothesen basieren auf persönlichen Einschätzungen. Um bei der Beurteilung der Situation in einem Unternehmen nicht auf die persönlichen Vorstellungen eines einzelnen Mitarbeiters angewiesen zu sein, müssen mehrere aus verschiedenen Abteilungen/Funktionen befragt werden.

laufquote bei einer schriftlichen Befragung erwarten, so daß auf die einzelnen Unternehmen nur unvollständige Rückschlüsse gezogen werden können.
- Veröffentlichte Materialien der Unternehmen (z. B. Bildungsberichte) weisen kaum aufschlußreiche Angaben zu den Qualifizierungsbemühungen auf. Sie sind oft nicht vollständig, können aber gut als Ergänzung zur mündlichen Befragung verwendet werden.

Um ein abgerundetes Bild der Situation der betrieblichen Qualifizierung (ohne Erstausbildung) bei Einführung und Nutzung der Informations- und Kommunikationstechnologien in den Büro- und Verwaltungsbereichen der jeweiligen Unternehmen zu erhalten, werden folgende Gruppen von Rollenträgern identifiziert und - soweit möglich - in jedem Unternehmen getrennt über die Dauer von jeweils ca. 1,5 Stunden befragt[1]:
- Führungskraft einer Fachabteilung, die Informations- und Kommunikationstechnologien einsetzt.
- Weiterbildungs-Organisator bzw. Lehrkraft/Trainer.
- Anwender, der eine Schulung im Bereich der Informations- und Kommunikationstechnologie durchlaufen hat.
- Betriebs- bzw. Personalrat.
- Verantwortlicher für die Informations- und Kommunikationssysteme (aus dem Bereich "Organisation" oder "Bürokommunikation").

Die 12 im Rahmen der empirischen Erhebung befragten Unternehmen bzw. Verwaltungen verteilen sich zu je vier auf drei Gruppen, für die im weiteren die Bezeichnung "Industrie", "Versicherung" und "öffentlicher Bereich" verwendet werden. Die Aussagen der befragten Mitarbeiter umfassen je nach organisatorischer Einordnung und Zuständigkeit unterschiedliche Schwerpunkte und Geltungsbereiche (vgl. Abbildung 3).

1 Der Interviewleitfaden zu den grundlegenden technischen Angaben richtete sich ausschließlich an die Gruppe der 'Verantwortlichen für die Informations- und Kommunikationssysteme'. Alle anderen wurden mit dem allgemeinen Leitfaden zur Situation der betrieblichen Weiterbildung befragt. Neben den persönlichen Einschätzungen enthält dieser Leitfaden auch konkrete Zahlenangaben, da auch nach der Voruntersuchung nicht vollständig abgeschätzt werden konnte, wer in einem Unternehmen über die entsprechenden Informationen verfügen würde. Eine ganze Reihe von Fragen zur Einstellung der Befragten und zur Beurteilung der Situation in der betrieblichen Qualifizierung sind in beiden Instrumenten enthalten.

Abb. 3:
Befragte Unternehmensgruppen

Unternehmensgruppe	Branche bzw. Verwaltung	Rechtsform	ca. Anzahl Beschäftigter insgesamt	Schwerpunkt der Aussagen für
"Industrie"	• Stahl	AG	44.200	Hauptverwaltung
	• Chemie	AG	19.300	Zentrale DV im Konzern
	• Energieversorung	AG	3.000	Hauptverwaltung
	• Bürotechnik	GmbH	1.200	Hauptverwaltung
"Versicherung"	• Versicherung	AG	9.000	Konzern
	• Versicherung	AG	6.300	Konzern
	• Versicherung	AG	2.500	Konzern
	• Rückversicherung	AG	490	Hauptverwaltung
"öffentlicher Bereich"	• Rundfunkanstalt	öffentl.- rechtl.	4.700	insgesamt
	• Sparkasse	öffentl.- rechtl.	3.700	Hauptverwaltung
	• Rentenversicherung	-	1.265	Hauptverwaltung
	• Landesministerium	-	350	Landesverwaltung

Während die Gruppe der "Versicherungen" sich auf den ersten Blick als weitgehend homogen erweist (Ausnahme: die besondere Situation der Rückversicherung) und auch die Unternehmen in der "Industriegruppe" durchaus vergleichbar erscheinen (Ausnahme: die GmbH), läßt sich die Gruppe aus dem "öffentlichen Bereich" vor allem über die gemeinsame Verwendung des BAT zur Tarifierung ihrer Mitarbeiter beschreiben.

Fast alle befragten Unternehmen verfügen über mindestens einen eigenen Großrechner, zumeist von IBM oder SNI (Ausnahme: das Landesministerium verfügt nur über Zugänge zum Verwaltungs-Rechenzentrum). Die Hälfte der Unternehmen setzt darüber hinaus verschiedene Rechner der mittleren Datentechnik (z. B. IBM AS400, DEC VAX, SNI MX) ein. In allen Unternehmen werden Personal Computer (PCs) oder Workstations[1] genutzt. Das Leistungsspektrum reicht dabei von 286' über 386' und 486'-DOS-PCs bis zu UNIX-RISC-Workstations. Die neueren PCs (386' und aufwärts) sind weitgehend mit WINDOWS ausgestattet. Nur in drei Unternehmen finden sich daneben auch OS/2-Geräte, allerdings nur in geringen Anteilen (jeweils ca. 5%). Die Vernetzung der PCs und Workstations in LANs ist in den meisten Unternehmen noch nicht sehr weit vorangeschritten. Auch wenn in bestimmten Abteilungen - zumeist kleinere - Netze existieren, sind doch in einzelnen Häusern bis zu 95% der PCs nicht vernetzt. Eine vollständige Vernetzung fand sich nur in den beiden Häusern aus dem "öffentlichen Bereich", die UNIX-Workstations einsetzen[2]. Die meisten Unternehmen beschäftigen sich schon

---

1 Workstations im Sinne von Unix-basierten Geräten mit einem RISC-Prozessor am Arbeitsplatz wurden im Rahmen der Untersuchung vornehmlich im "öffentlichen Bereich" - speziell in der Rentenversicherung und dem Landesministerium - vorgefunden.

2 Konzernweit wird zumeist über SNA oder Standleitungen vernetzt. Aus diesen Netzen heraus kann dann die externe Kommunikation insbesondere über Telefax erfolgen.

seit längerer Zeit mit den verschiedenen Systemwelten. Die Einführungszeitpunkte der verschiedenen Systemwelten zeigt die folgende Abbildung 4.

Abb. 4: Einführungszeitpunkte der Systemwelten[1]

Erst-Einführung der Systeme (z.T. nur Test)	Unternehmensgruppen "Industrie"	"Versicherung"	"öffentl. Bereich"
Großrechner von - bis	1962 - 1965 1979(*)	1958 - 1963 1975 (*)	1963 - 1965 1948 (*)
Schreibautomaten von - bis	1972 - 1982	1970 - 1985	1972 - 1986
PC von - bis	1978 - 1985	1983 - 1985	1982 - 1986
Workstation von - bis	-	-	1990 - 1992
Laptop von - bis	1987	1987 - 1992	1990

In allen Unternehmen wird zumindest ein Textverarbeitungsprogramm[2] und in elf von zwölf Unternehmen mindestens ein Tabellenkalkulations-Programm verwendet. Auf dem Großrechner setzen immerhin noch fünf Häuser eine Textverarbeitung ein, z. T. im erheblichen Maße. Obwohl in den meisten Unternehmen den Anwendern eine Standardpalette an Software vorgegeben wird, können in einem Unternehmen durchaus verschiedene Textverarbeitungs- oder Tabellenkalkulationsprogramme parallel vorkommen, da sich die Vorgaben nicht immer konsequent durchsetzen lassen. Bei sieben Unternehmen wird ein Mailsystem auf dem Host genutzt. Auf den PCs wird Mail nur in sehr geringem Umfang betrieben, da die Vernetzung noch nicht weit genug vorangeschritten ist.

---

1 In allen drei Unternehmensgruppen findet sich jeweils ein "Ausreißer" in bezug auf den Einführungszeitpunkt der Großrechner:
- "Industrie" Die GmbH war zuvor per Datenleitung an den Zentralrechner der Muttergesellschaft angeschlossen, 1979 wurde ein eigener Zentralrechner installiert.
- "Versicherung" Auf Grund des anders gearteten Geschäfts hat die Rückversicherung den Host wesentlich später als die Erstversicherungen eingeführt.
- "öffentl. Bereich" Das Landesministerium verfügt zwar heute über keinen eigenen Großrechner, setzte damals aber schon Zuse-Rechner ein.

2 Immerhin die Hälfte der Unternehmen verwenden für die PCs in erster Linie Microsoft-Produkte wie z. B. Word bzw. WinWord und Excel (4 davon unter Windows). Zwei Unternehmen benutzen PcText 4 oder PcText 5 als Textverarbeitungsprogramm. Nur zwei Unternehmen setzen eine integrierte Software (ALIS auf UNIX-Workstations) ein. Hinderlich ist auf jeden Fall die z. T. große Anzahl alter (286'-) PCs, die in nächster Zeit entweder aufgerüstet oder ersetzt werden müssen.

In den zwölf Unternehmen wurden insgesamt 59 Interviews geführt. In jedem Unternehmen sollte mindestens ein Vertreter aus jeder Probandengruppe befragt werden. Aus organisatorischen Gründen war dies leider nicht immer möglich[1]. Insgesamt ergibt sich die in Abbildung 5 dargestellte Verteilung der Probanden auf die Unternehmensgruppen.

Abb. 5: Verteilung der Probanden auf die Unternehmensgruppen[2]

Probanden-gruppe	Unternehmensgruppen "Industrie"	"Versicherung"	"öffentl. Bereich"	•
"Führungskräfte"	4	5	5	14
"WB/Trainer"	4	4	4	12
"Anwender"	3	5	4	12
"Betriebsrat"	4 (*)	1	4	9
"IuK-Vertreter"	4	4	4	12
Σ	19	19	21	59

1 In einem Industrieunternehmen konnte keine Führungskraft, in einem anderen dafür zwei befragt werden. In den vier Versicherungsunternehmen konnte insgesamt nur ein Betriebsrat erreicht werden. Die Bezeichnungen für die einzelnen Probandengruppen, wie sie im weiteren Verlauf verwendet werden, ergeben sich im einzelnen wie folgt:

"Führungskraft": Führungskraft einer Fachabteilung, die neue Informations- und Kommunikationstechnologien einsetzt (befragt wurden u. a. Abteilungsleiter aus den Bereichen: Controlling, Rechnungswesen, Marketing, Organisation, allg. Verwaltung).

"WB/Trainer": Weiterbildungs-Organisator bzw. Lehrkraft bzw. Trainer (befragt wurden u. a. Trainer, Organisatoren, Benutzerbetreuer, Bildungsbeauftragte, Leiter Aus- und Weiterbildung).

"Anwender": Anwender, der eine Schulung im Bereich der Informations- und Kommunikationstechnologie durchlaufen hat (befragt wurden u. a. Sekretärin, Sachbearbeiter, Übersetzer, Organisator, Controller, Manager).

"Betriebsrat": Betriebs- bzw. Personalrat (befragt wurden freigestellte Mitglieder und Betriebsratsvorsitzende, ein Mitarbeiter der Personalabteilung als Schaltstelle zum Betriebsrat).

"IuK-Vertreter": Verantwortlicher für die Informations- und Kommunikationssysteme bzw. Mitarbeiter in diesem Bereich (befragt wurden Benutzerservice-Leiter, IDV-Leiter, BK-Projektleiter, deren Stellvertreter).

2 In einem Industrieunternehmen konnte an Stelle eines Mitglieds des Betriebsrats nur der Ansprechpartner des Betriebsrats in der Personalabteilung (*) interviewt werden. Es wurde ein eigener Leitfaden für die Gruppe der "IuK-Vertreter" eingesetzt. Da zwei unterschiedliche Interviewleitfäden verwendet worden sind, ergeben sich je nach Frage drei mögliche Grundge-

Die meisten Probanden (ca. 87%) verfügen an ihrem Arbeitsplatz über einen PC bzw. über eine Workstation oder ein Terminal. Mehrere können über eine Emulation auf einen Großrechner zugreifen. Der "Betriebsrat" hat den geringsten Zugang zu eigenen Rechnern.

Software-Werkzeuge werden von den Probanden in unterschiedlichem Ausmaß verwendet (vom reinen Mailsystem auf dem Host bis zur integrierten Software auf einer Workstation). Obwohl die befragten Mitarbeiter in den meisten Fällen (75%) über eine enge Beziehung zu den Technologien verfügen, haben nur wenige der "WB/Trainer" (25%), der "Betriebsräte" (33%) und der "Führungskräfte" (50%) jemals eine Schulungsmaßnahme für Informations- und Kommunikationswerkzeuge besucht. Die wenigsten Maßnahmen haben die "WB/Trainer" durchlaufen. Sie begründen dies damit, daß sie sich schon sehr lange mit der Technologie beschäftigen bzw. die Systeme miteingeführt haben oder sich das Wissen selber aneignen. Abbildung 6 zeigt eine Gesamtübersicht über die Rechnerausstattung und Teilnahme an Schulungen durch die Probanden (ohne "IuK-Vertreter").

Abb. 6: Rechnerausstattung und besuchte Schulungen der Probanden (ohne "IuK-Vertreter")

Probanden-gruppe	Anzahl	Rechnerausstattung: ohne Geräte	PC oder Workstation	Großrechner Terminal/Emulation	besuchte Schulungen für: IuK-Werkzeuge	DV-Anwendungen
"Führungskräfte"	14	2	12	7	7	0
"WB/Trainer"	12	1	9	8	3	2
"Anwender"	12	0	10	5	9	3
"Betriebsrat"	9	3	5	3	3	2
Σ	47	6	36	23	22	7
in %	100%	12,8%	76,6%	48,9%	46,8%	14,9%

Basis: 47; Mehrfachantworten möglich

3.2 Ergebnisse zu Bedarf, Kosten und Zielen der betrieblichen Qualifizierung

Die folgenden Auswertungen basieren - soweit sie persönliche Einschätzungen betreffen - auf den Angaben aller 59 Befragten bzw. auf 47 Probanden, wenn die entsprechenden Fragen im Interviewleitfaden an die "IuK-Vertreter" nicht enthalten waren. Werden nur Fakten zur aktuellen Situation in einem Unternehmen beschrieben, werden die Angaben für ein Unternehmen bzw. eine Institution des öffentlichen Bereichs jeweils zusammengefaßt, so daß sich als Basis die Anzahl 12 ergibt.

samtheiten (59 bei Fragen an alle Probanden, 47 bei Fragen aus dem ersten Interviewleitfaden an "Führungskräfte", "WB/Trainer", "Anwender" und "Betriebsrat", 12 bei Fragen aus dem zweiten Leitfaden an die "IuK-Vertreter").

Qualifizierungsbedarf

Ausgangspunkt für alle Überlegungen in bezug auf die Qualifizierung bei Einführung und Nutzung der Informations- und Kommunikationstechnologien ist der Qualifizierungsbedarf, wie er in den Unternehmen gesehen wird. Von den 59 Probanden nennt keiner die Qualifizierung unwichtig und nur vier (ein "Betriebsrat", ein "Anwender", zwei "WB/Trainer") geben eine mittlere Einschätzung ab mit der Begründung, daß viele Anwender schon über Vorkenntnisse verfügen oder daß nach einer kurzen Einführung am besten jeder für sich am Gerät übt.

Abb. 7: Wichtigkeit der Qualifizierung für die erfolgreiche Einführung von Informations- und Kommunikationstechnologien

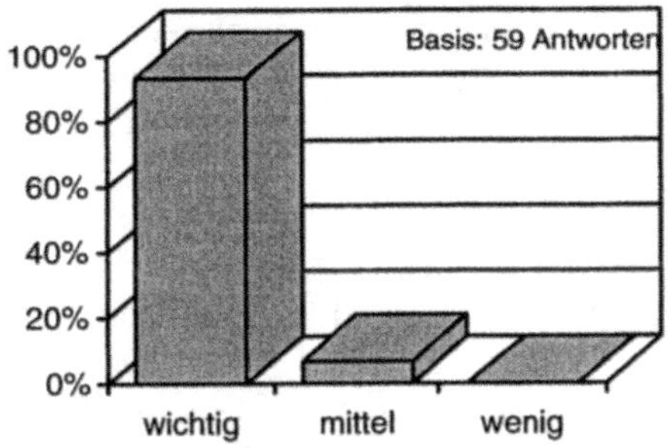

Die Qualifizierung wird immer wieder als die wichtigste Voraussetzung für die erfolgreiche Einführung der Systeme und das effiziente Arbeiten mit ihnen bezeichnet (vgl. Abbildung 7). Eine ganze Reihe von Probanden betont den Aspekt der Motivations- und Akzeptanzförderung. Daneben werden folgende Aussagen jeweils mehrfach gemacht:

- Einführung von Technik ohne Qualifizierung ist nicht vertretbar; ohne Qualifizierung entsteht kein Nutzen; Qualifizierung ist der wichtigste Teil der Investitionen.
- Optimales Arbeiten ist ohne Schulung unmöglich; nicht nur die Freaks, sondern alle müssen mit der Technik umgehen können.
- Schulung ist das A und O für die Akzeptanz.
- Handbücher reichen nicht aus; die Produkte sind zu wenig selbsterklärend; eigenständige Einarbeitung dauert zu lange.

Auch wenn die Bedeutung der Qualifizierung für den Umgang mit den Technologien erkannt wird, spiegelt sich diese in der Anzahl der Schulungstage der Mitarbeiter kaum wider. Leider wird diese Größe nur in sehr wenigen Unternehmen vollständig (oft nur externe oder nur interne Tage) erhoben, so daß für das

Vergleichsjahr 1991 nur ein sehr grober Überblick möglich ist (vgl. Abbildung 8).

Abb. 8:
Ca. Anzahl der Schulungstage pro Mitarbeiter

Unternehmens-gruppen	bezogen auf die Mitarbeiter im Büro- und Verwaltungsbereich		bezogen auf Terminals und PCs
	Tage insgesamt	Tage IuK	Tage IuK
"Industrie"	3,7	1,0	1,9
"Versicherung"	3,6	1,0	1,3
"öffentl. Bereich"	1,9	0,8	1,1
Durchschnitt	3,1	0,9	1,4

Allerdings wird mit steigendem Qualifizierungsbedarf pro Teilnehmer und zunehmender Gesamtteilnehmerzahl an Schulungsmaßnahmen im IuK-Bereich in den nächsten 3 bis 5 Jahre gerechnet (vgl. Abbildung 9).

Abb. 9:
Qualifizierungs-bedarfs-Erwartungen in den nächsten 3-5 Jahren

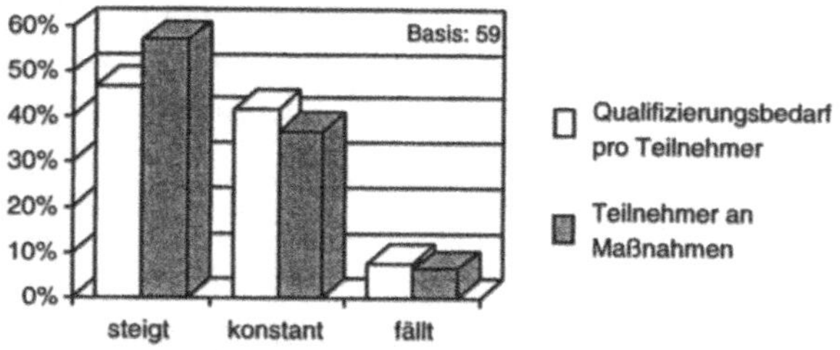

Aus Sicht der Probanden besteht ein Nachholbedarf an Qualifizierungsmaßnahmen, so daß die Schulungen länger dauern werden und in Zukunft noch mehr Mitarbeiter erreicht werden. Während die "WB/Trainer" eher skeptisch in bezug auf den Qualifizierungsbedarfs pro Teilnehmer sind, wird eine Zunahme der Teilnehmerzahl an Maßnahmen von den "Führungskräften" verneint. Sie möchten eine geringere Anzahl von Mitarbeitern intensiver schulen lassen. Bezogen auf die drei Unternehmensgruppen zeigt sich, daß die Probanden aus dem Bereich "Versicherungen" mit dem größten Qualifizierungsbedarf in den nächsten 3 bis 5 Jahren rechnen. Die "Industrie" tendiert dazu, eine konstante Entwicklung zu erwarten, und der "öffentliche Bereich" rechnet vor allen Dingen damit, daß in Zukunft mehr Mitarbeiter geschult werden müssen (vgl. Abbildungen 10 und 11).

Abb. 10:
Zukünftiger Qualifizierungsbedarf pro Teilnehmer

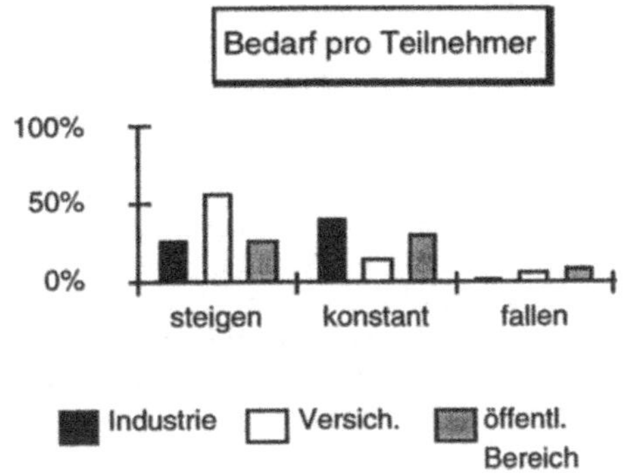

Abb. 11:
Zukünftige Teilnehmerentwicklung an Qualifizierungsmaßnahmen

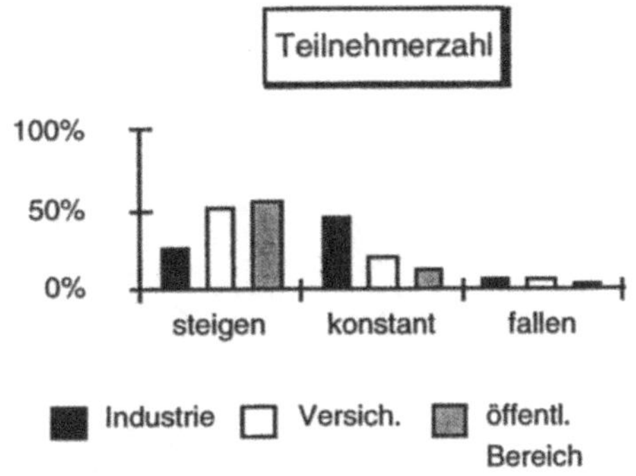

Kosten der Qualifizierung

Die Erfassung der Kosten der betrieblichen Qualifizierungsaktivitäten stellt sich auch in der vorliegenden Untersuchung als sehr problematisch dar[1]. Während in einigen Unternehmen entweder gar keine Kosten erhoben werden oder zumindest keinem der befragten Mitarbeiter bekannt sind, erweisen sich die Kostenangaben der übrigen Unternehmen als kaum vergleichbar[2]. Nur in

1 Vgl. zu den Problemen der empirischen Untersuchung von Kostengrößen in der betrieblichen Weiterbildung Streicher, H. (1991) S. 56.

2 Vielfach beziehen sich die erfaßten Kosten ausschließlich auf die Gebühren für externe Seminare (in vier von acht Unternehmen, die Zahlen vorlegen). Wie problematisch der Umgang mit Kosten im Qualifizierungsbereich ist,

einem Fall werden auch Ausfallzeiten berücksichtigt. Eine Erfassung der Kosten, die mit der Qualifizierung für die Einführung und Nutzung der Informations- und Kommunikationstechnologie verbunden sind, findet nicht statt. Insgesamt erweist sich die Erfassung der Qualifizierungskosten als sehr bruchstückhaft. In diesem Zusammenhang kann es auch nicht verwundern, daß in keinem der befragten Unternehmen eine Kontrolle der Wirtschaftlichkeit der betrieblichen Qualifizierungsaktivitäten vorgenommen wird. In einem Fall scheint eine solche geplant zu sein. Zur Zeit wird dieser Bereich jedoch noch allgemein als "Grauzone" bezeichnet. Immerhin bewerten drei Unternehmen die Anbieter externer Schulungen, vergleichen sie mit anderen und führen wiederkehrende Verhandlungen über die Konditionen.

Analog zur erwarteten Entwicklung des Qualifizierungsbedarfs prognostizieren die Probanden die Kosten- und Budgetverläufe für die nächsten 3 bis 5 Jahre wie folgt (vgl. Abbildung 12).

Abb. 12: Erwartete Qualifizierungskosten und -budgets (3-5 Jahre)

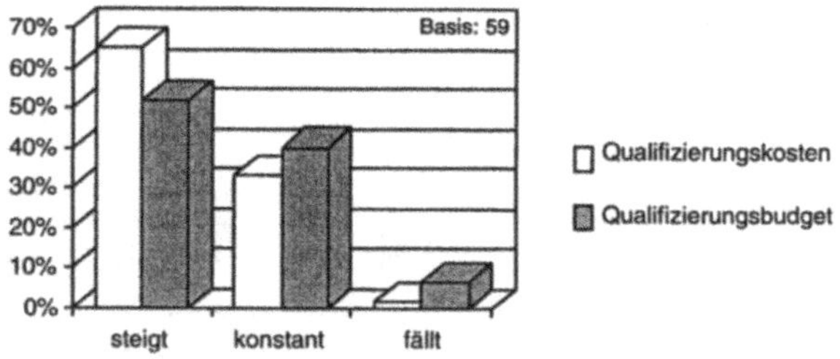

Generell wird mit steigenden Kosten im Bereich der IuK-Qualifizierung gerechnet. Tendenziell werden zunehmende Budgets erwartet, jedoch nicht in dem Maße, wie die Kosten steigen. Skeptisch, was die Entwicklung der Budgets angeht, sind vor allem die "WB/Trainer". Dagegen scheint der "Betriebsrat" zuversichtlich zu sein, die steigenden Kosten auch mit steigenden Budgets verbinden zu können. So denken auch die meisten "Führungskräfte". Die Kostenerwartungen der einzelnen Unternehmensgruppen spiegeln das Bild der erwarteten Qualifizierungsbedarfsentwicklung wider. "Versicherungen" rechnen am stärksten mit steigenden Kosten. Ähnliche Vermutungen haben Versicherungen bezüglich zukünftiger Budgetausweitun-gen. In der "Industrie" wird versucht, Kosten und Budgets weitgehend konstant zu

zeigt sich auch daran, daß in keinem der befragten Unternehmen eine umfassende Aufstellung über die Qualifizierungsaufwendungen im Rahmen eines abgeschlossenen Projekts zur Einführung neuer Technologien vorhanden zu sein scheint.

halten, ggf. zu senken. Obwohl im "öffentlichen Bereich" mehr Schulungsteilnehmer für die Zukunft prognostiziert werden, lassen sich Bestrebungen erkennen, das Bud-get nicht weiter zu erhöhen (vgl. Abbildungen 13 und 14).

Abb. 13: Kostenentwicklung nach Unternehmensgruppen

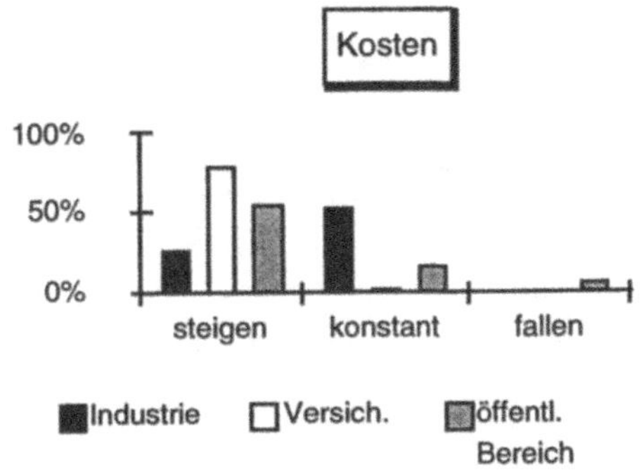

Abb. 14: Budgetentwicklung nach Unternehmensgruppen

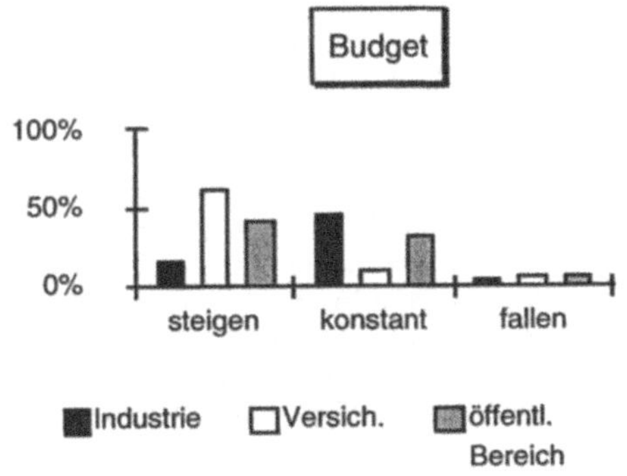

Hindernisse der Qualifizierung

Da Qualifizierungsmaßnahmen nicht immer ohne Behinderungen ablaufen, werden die Probanden gefragt, welche Faktoren sie für die größten Hindernisse bezüglich Qualifizierung im Bereich der Informations- und Kommmunikationstechnologien halten. Drei Probanden - alles "Führungskräfte", keiner aus der "Industrie" - sehen für ihre Häuser keine konkreten Hindernisse für die Qualifizierungsbemühungen. Alle übrigen Probanden sehen mindestens ein Hindernis (vgl. Abbildung 15).

Abb. 15: Die größten Hindernisse der Qualifizierung

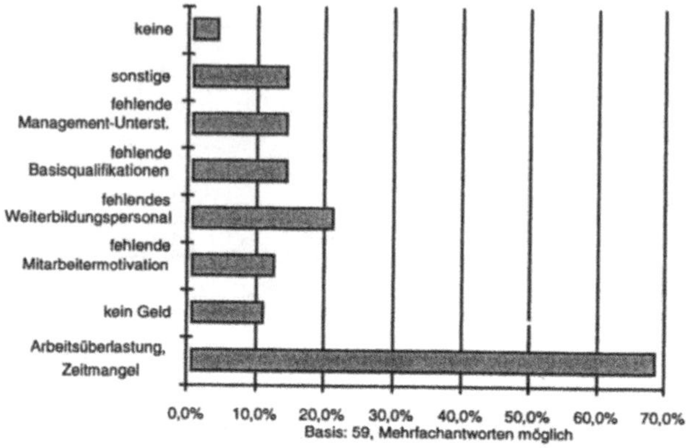

Bei weitem am häufigsten wird von den Probanden die Arbeitsüberlastung bzw. der Zeitmangel als Hindernis für die Qualifizierungsbemühungen genannt. Gleichzeitig wird allerdings immer wieder betont, daß dieser Punkt sehr oft nur vorgeschoben wird und nicht unbedingt der Realität entspricht. Fehlendes Weiterbildungspersonal wird von einem Teil der Probanden als Hindernis angesehen, während andere davon ausgehen, daß die Schulungen extern durchgeführt werden können, wenn Weiterbildungspersonal fehlen sollte. Alle Unternehmen führen zumindest einen großen Teil ihrer IuK-Schulungen mit externem Personal durch. Das Engagement der Vorgesetzten und Führungskräfte in den Unternehmen für die Qualifizierung wird immerhin von ca. 15% der Befragten angezweifelt. Gleich stark wird die fehlende Basisqualifikation bemängelt. Mit knappem Abstand folgt fehlende Mitarbeitermotivation.

Als sonstige Hindernisse werden die mangelnde Abstimmung bzw. Koordination der IuK-Qualifizierungsaktivitäten genannt (zwei Unternehmen). Erwähnt werden darüber hinaus: fehlende Anforderungsprofile, mangelnde Angebote, überlastete Schulungsorganisationen, räumliche Engpässe und fehlende Motivation in bestimmten Gruppen, z. B. Teilzeitkräfte. Immerhin 29% der "Führungskräfte" sehen in fehlenden finanziellen Mitteln ein Problem. Fast genauso viele Probanden bringen zum Ausdruck, daß es in ihrem Hause keine unüberwindlichen Probleme für die Qualifizierung gibt. Kein Geld bzw. zu wenig Budget stellt kein branchenbezogenes Hindernis dar, wie die folgende Abbildung 16 zeigt.

Abb. 16: Hindernisse der Qualifizierung nach Unternehmensgruppen

Unter-nehmens-gruppen	Arbeits-über-lastung	kein Geld	fehl. Mitarb. Motiv.	fehl. WB-Personal	fehl. Basis-Qualifik.	fehl. Manag.-Unterst.	sonst.	keine	100% =
"Industrie"	68%	11%	5%	11%	21%	16%	11%	0%	19
"Versicherung"	68%	16%	21%	32%	21%	11%	26%	5%	19
"öffentl. Ber."	71%	10%	14%	24%	5%	19%	10%	10%	21

Mehrfachantworten möglich

Arbeitsüberlastung bzw. Zeitmangel - echt oder vorgeschoben - wird allgemein, d. h. auch von den "Führungskräften", als größtes Hindernis bezeichnet. Gerade die "Führungskräfte" sollten aber eigentlich Einfluß auf ihre eigene Arbeitsgestaltung und die der Mitarbeiter haben. Entweder reicht die Verfügungsgewalt der Führungskräfte nicht weit genug, um Freiräume für die Qualifizierung zu schaffen, oder sie verfolgen andere Interessen als die Förderung der Mitarbeiterqualifikation. Insbesondere dem mittleren Management wird in diesem Zusammenhang eine Filterfunktion zugesprochen, die den Stellenwert der Qualifizierung dämpft. Die Stellung der Führungskräfte und Vorgesetzten im eigenem Unternehmen wird in bezug auf ihre mangelnde Unterstützung von einigen Mitarbeitern mit folgenden Aussagen beschrieben: fehlende Motivation, fehlendes Verständnis und fehlender Wille, für die Qualifizierung einzutreten, mangelndes Erkennen des Bildungsbedarfs. Befragt nach ihrer Einstellung, welchen Stellenwert das Top-Management der Qualifizierung allgemein und der IuK-Qualifizierung im besonderen zuordnet, antworten die Mitarbeiter wie folgt (vgl. Abbildung 17).

Abb. 17: Stellenwert der Qualifizierung beim Top-Management (Einschätzung der Mitarbeiter)

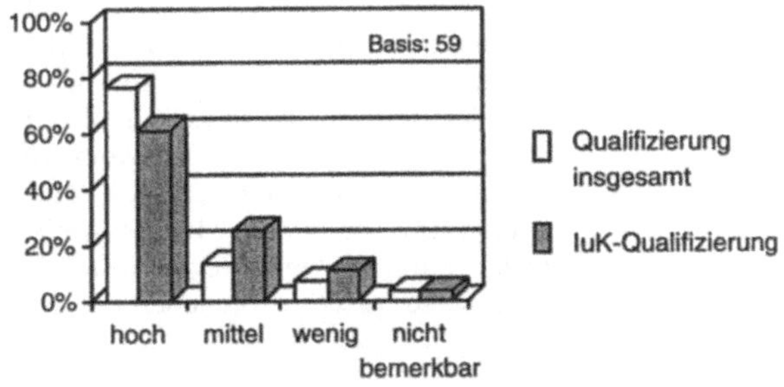

Der relativ hohe Stellenwert der Qualifizierung, den die Probanden bei ihrem Top-Management vermuten, wird allerdings nur selten aus konkreten Äußerungen der Unternehmensleitung abgeleitet. Maßgeblich sind das bestehende Bildungsangebot und das bereitgestellte Budget. Anscheinend haben nur in wenigen Häusern die Vorstände zum Thema Qualifizierung - und dann zumeist nicht zur IuK-Qualifizierung - explizit Stellung genommen. Hinzu kommt, daß die Äußerungen des Top-Managements nicht unbedingt bis zu den Mitarbeitern gelangen. Sie werden u. U. auf ihrem Weg zum Mitarbeiter gefiltert, d. h. abgeschwächt, verändert oder ggf. unterdrückt. In einem der untersuchten Unternehmen wird z. B. eine Situation angetroffen, in der der "Betriebsrat", der einen engen Kontakt zum Vorstand hält und mit ihm über das Thema diskutiert, den Stellenwert der Qualifizierung beim Vorstand hoch einschätzt. Eine "Führungskraft" rechnet dem Top-Management einen mittleren Stellenwert für die Qualifizierung zu. Dagegen gehen "Anwender"' und "WB/Trainer" von einem geringen Stellenwert dieser Thematik beim Top-Management aus.

Im Zusammenhang mit der Arbeitsüberlastung als Hindernis für die Qualifizierung steht die Tatsache, daß in fast allen Unternehmen die Teilnahme von Mitarbeitern an Schulungsmaßnahmen, zu denen sie angemeldet waren, auf Grund aktueller Ereignisse immer wieder verschoben wird. In einigen Unternehmen scheint es mehr oder weniger die Regel zu sein, daß zuvor ausgebuchte Schulungsmaßnahmen mit wesentlich weniger Teilnehmern als geplant durchgeführt werden oder ggf. sogar abgesagt werden müssen, weil sich die Durchführung nicht mehr lohnt. Entsprechende Angaben werden allerdings nur selten erhoben, so daß nicht einmal innerhalb der Unternehmen Übereinstimmung darüber besteht, wieviele Anmeldungen wirklich zurückgezogen werden[1].

Ziele der Qualifizierung

Aus einem Katalog von acht potentiellen Zielen für die Qualifizierung sollen die Probanden diejenigen benennen, die sie für besonders relevant in bezug auf die IuK-Qualifizierung halten. Unter den acht vorgegebenen Antwortkategorien befinden sich vier Ziele, die eher eine "Reaktion" auf äußere Bedingungen beinhalten. Die anderen vier Größen zielen auf ein Verständnis der Qualifizierung als gestaltendes Instrument. Sie lassen sich damit als "Gestaltungs-Ziele" verstehen.

1 Zwei der Unternehmen rechnen damit, daß 10%-15% der Anmeldungen zu Weiterbildungsmaßnahmen zurückgezogen werden. In mindestens einem Unternehmen dürfte dieser Wert noch wesentlich höher liegen, auch wenn er nicht vollständig erhoben wird.

"Gestaltungs-Ziele"

- Zusatzqualifikationen (flexibler Personaleinsatz) vermitteln
- Verbesserung des Leistungsverhaltens der Mitarbeiter
- Vorbereitung auf höherwertige Tätigkeiten
- Erhöhung der Attraktivität des Unternehmens

"Reaktions-Ziele"

- Sicherung der gegenwärtigen Qualifikation der Mitarbeiter
- Anpassung an veränderte Arbeitsplatzgegebenheiten
- Sicherung des notwendigen Bestands an Fachkräften
- Ersatz für besondere Leistungen an Stelle von Gehaltserhöhung etc.

84,7% der Befragten nennen die "Anpassung an veränderte Arbeitsplatzgegebenheiten" als wichtigstes Ziel für die betrieblichen Qualifizierungsaktivitäten im Zusammenhang mit der Einführung und Nutzung der Informations- und Kommunikationstechnologien im Büro- und Verwaltungsbereich (vgl. Abbildung 18).

Abb. 18: Ziele der Qualifizierung

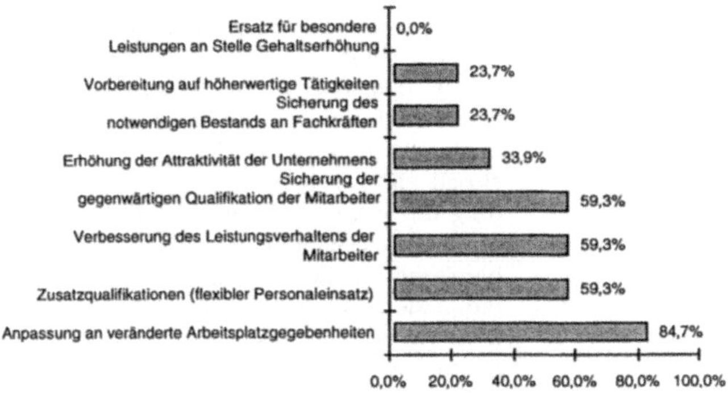

Die Antworten aller Probandengruppen weisen bei fast allen Zielen einen hohen Grad von Übereinstimmung auf. Nur bei zwei Zielen ergeben sich erkennbare Abweichungen. Während die übrigen Gruppen das Ziel der "Verbesserung des Leistungsverhaltens der Mitarbeiter" in seiner Priorität annähernd gleich einschätzen, ist die Gruppe der "Betriebsräte" wesentlich weniger bereit, ein solches Ziel als vorrangig zu bezeichnen. Ähnliches gilt für die Anwender, die das Ziel der "Erhöhung der Attraktivität des Unternehmens" nicht akzeptieren.

Eine Aufteilung der Ziele in "Gestaltungs-Ziele" und "Reaktions-Ziele" zeigt trotz der häufigen Nennung der "Anpassung an veränderte Arbeitsplatzgegebenheiten" ein fast ausgeglichenes Verhältnis (51,2% zu 48,8%). Deutliche Unterschiede ergeben sich allerdings zwischen den einzelnen Unternehmensgruppen (vgl. Abbildung 19).

Abb. 19: Verteilung der "Gestaltungs-Ziele" und "Reaktions-Ziele"

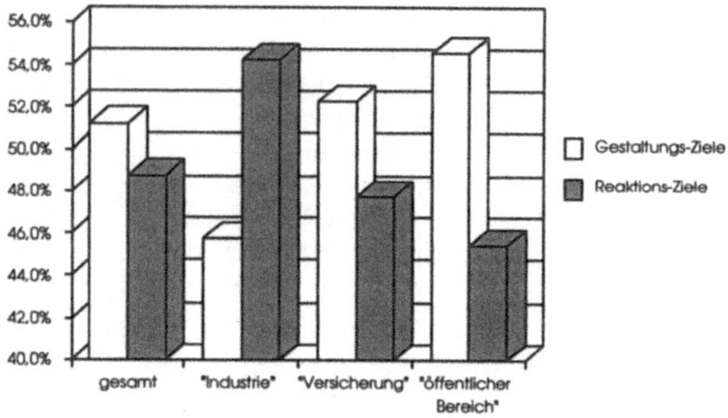

Gerade der "öffentliche Bereich" scheint sehr daran interessiert zu sein, gute Mitarbeiter anzuwerben und zu halten. Begründet sein könnte diese Einstellung in der Tatsache, daß neben Laufbahnvorschriften und starren Haushaltsbestimmungen vor allem die mit dem BAT verbundenen geringeren Gehaltspotentiale die flexible Führung in Behörden erschwert[1]. Hier steht die "Vermittlung von Zusatzqualifikationen für den flexiblen Personaleinsatz" im Vordergrund. Die "Industrie" strebt eher die "Sicherung der gegenwärtigen Qualifikation der Mitarbeiter" an, während die "Versicherungen" Wert auf die "Weiterbildung zur Vorbereitung auf höherwertige Tätigkeiten" legen und seltener als die beiden anderen Gruppen das Ziel der "Anpassung an veränderte Arbeitsplatzgegebenheiten" nennen. Die "Verbesserung des Leistungsverhaltens" wird von den "Versicherungen" und dem "öffentlichen Bereich" relativ hoch angesetzt. Diese Unterschiede zwischen den Unternehmensgruppen zeigt die Abbildung 20, die die Antworten zu den einzelnen Zielen auf die Unternehmensgruppen aufteilt.

Insgesamt zeigt die Auswertung, daß die Ziele der IuK-Qualifizierung wesentlich stärker von den Unternehmensgruppen als von der Stellung der Probanden im Unternehmen geprägt werden. Es scheint demnach so etwas wie ein Konsens in den einzelnen Unternehmen bzw. in den Unternehmensgruppen vorzu-

1 Auch innerhalb des "öffentlichen Bereichs" mit seinen vom Tätigkeitsfeld her heterogenen Unternehmen zeigen sich nur sehr wenige Unterschiede. Die Einstellung zu den Zielen der Qualifizierung kann als Reaktion auf die Vorschriften, denen sie unterliegen, verstanden werden. Vgl. dazu auch Makowka, R. (1981) S. 206.

liegen. Ein solche Einstellung zur Qualifizierung müßte sich in den allgemeinen - von vielen Mitarbeitern getragenen - Qualifizierungsstrategien wiederfinden lassen bzw. von diesen geprägt sein. Allerdings verneinen zwei Drittel der Befragten die Existenz eines thematischen Schwerpunkts, eines Konzepts bzw. einer Strategie für die IuK-Qualifizierung im eigenen Unternehmen. Vom letzten Drittel werden mehrfach eigene Überlegungen formuliert (insbesondere die "Führungskräfte" haben eigene Vorstellungen zur Qualifizierung), die jedoch nur in zwei Häusern (beide aus dem "öffentlichen Bereich") von mehreren Probanden explizit genannt werden.

Abb. 20: Qualifizierungsziele der Unternehmensgruppen

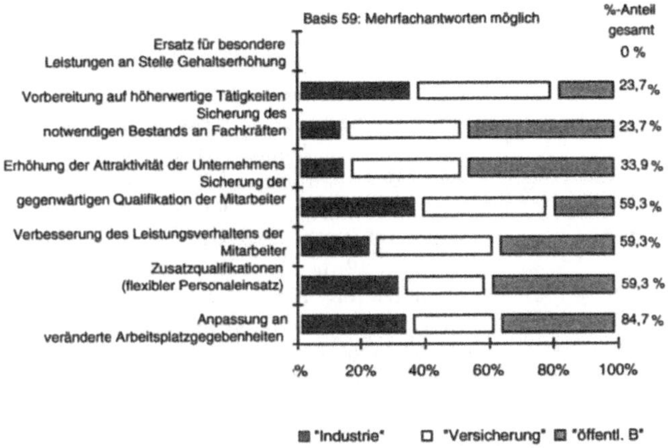

Gründe für die Qualifizierung

Der Hauptgrund für die Qualifizierungsbemühungen im Zusammenhang mit den Technologien liegt in der technischen Entwicklung - 80% der Befragten geben diesen Grund an -, die als sehr eng verknüpft mit organisatorischen Änderungen (56%) gesehen wird. Die Beziehung der Qualifizierungsaktivitäten zur Wettbewerbssituation wird nur von 37% der Probanden hergestellt. Die Personalentwicklung spielt als Grund eine noch geringere Rolle (34%). Als sonstiger Grund wird nur ein einziges Mal die Rationalisierung angegeben. Außerdem wird einmal die Änderung der Informations- und Kommunikationskultur erwähnt. Damit ergibt sich das in Abbildung 21 dargestellte Bild.

Abb. 21: Ausschlaggebende Gründe für die IuK-Qualifizierung

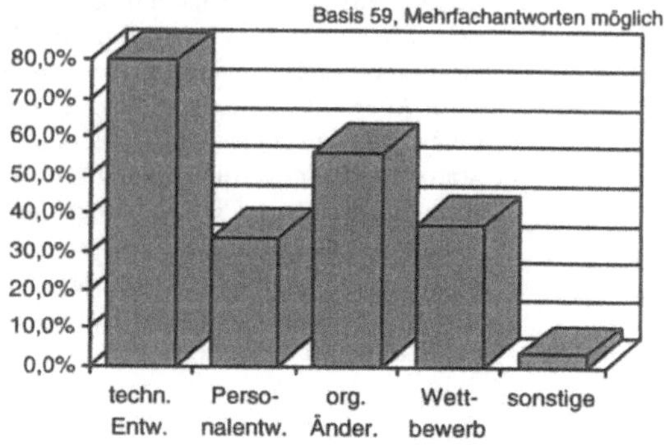

Die Unterschiede in den einzelnen Probandengruppen bei der Beantwortung dieser Frage sind nicht besonders groß. Allerdings läßt sich erkennen, daß sich der "Betriebsrat" am ehesten und die "IuK-Vertreter" am wenigsten durch die technischen Änderungen zur Qualifizierung drängen lassen wollen. Nach Meinung des "Betriebsrats" ist die Personalentwicklung der am wenigsten wichtige Grund für die IuK-Qualifizierung. Möglicherweise schätzt er aber auch nur die Situation im eigenen Hause so ein, daß die Personalentwicklung im Zusammenhang mit der Qualifizierung nicht besonders ernst genommen wird, Qualifizierung im Unternehmen also immer nur zu Gunsten des Arbeitsgebers stattfindet. Die Gruppe der "Anwender" kann den Bezug zwischen Qualifizierungsaktivitäten und der Wettbewerbssituation am wenigsten herstellen.

Bei der Betrachtung der Unternehmensgruppen zeigt sich, daß die ausschlaggebenden Gründe für die Qualifizierungsaktivitäten mit deren Zielen korrespondieren. Wieder ist es der "öffentliche Bereich", der die Qualifizierung als aktives Instrument der Personalentwicklung versteht. In einem Unternehmen aus diesem Bereich wird diese Ansicht immerhin von 5 der 6 befragten Mitarbeiter getragen. Dafür sehen sich die Mitarbeiter im "öffentlichen Bereich" weniger im Wettbewerb als die aus der "Industrie" und den "Versicherungen". In den "Versicherungen" stehen die organisatorischen Änderungen als Gründe für die IuK-Qualifizierung an erster Stelle (vgl. Abbildung 22).

Abb. 22:
Gründe der Unternehmensgruppn für die IuK-Qualifizierung

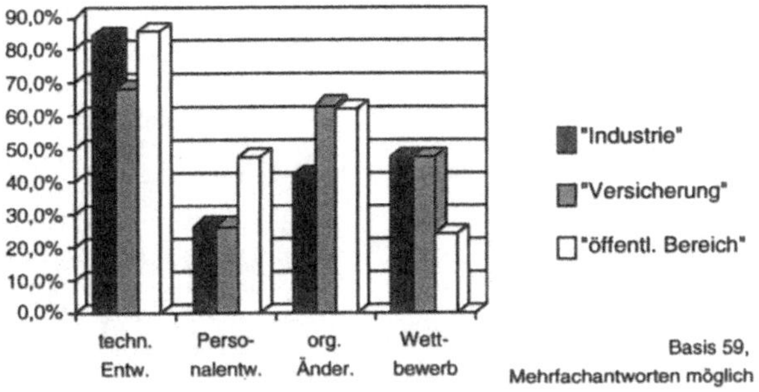

3.3 Ergebnisse zum Management der Qualifizierungsprozesse

Nachdem bisher der Bedarf, die Kosten und die Ziele der betrieblichen Qualifizierungsbemühungen zum Umgang mit den Informations- und Kommunikationstechnologien ausführlich diskutiert wurden, werden in diesem Abschnitt die Ergebnisse zum Management der Qualifizierungsprozesse im Vordergrund stehen. Das Management wird im Zusammenhang mit den IuK-Technologien oft nicht von der Weiterbildungsabteilung sondern von anderen Abteilungen vorgenommen.

Zuständigkeit für die IuK-Qualifizierung

Elf der zwölf befragten Unternehmen verfügen über eine eigene, im Personalbereich angesiedelte Weiterbildungsabteilung. Im zwölften Unternehmen gibt es nur einen Weiterbildungsbeauftragten als Ergänzung zur Ausbildungsabteilung.

In zwei Unternehmen (jeweils ein Unternehmen aus der Gruppe "Industrie" und "öffentlicher Bereich") ist die zentrale Weiterbildungsabteilung zuständig für die gesamte Organisation und Durchführung der IuK-Qualifizierung. In den anderen Unternehmen übernimmt sie nur Grundschulungen in Abstimmung mit den Abteilungen, hat Überwachungsfunktionen oder stellt ggf. die IuK-Angebote in einem Gesamtweiterbildungsprogramm (soweit vorhanden) zusammen (vgl. Abbildung 23).

Zu den sonstigen Stellen, die für die IuK-Qualifizierungsaktivitäten zuständig sind, zählen in zwei Unternehmen aus dem "öffentlichen Bereich" Projektgruppen oder zentrale Projektkoordinierungsstellen, die die Einführung der Informations- und Kommunikationstechnologie planen und durchführen. In diesem

Zusammenhang wird von ihnen auch die Koordination der damit verbundenen Qualifizierungsaktivitäten übernommen.

Abb. 23: Schwerpunkte der Zuständigkeiten für die IuK-Qualifizierung

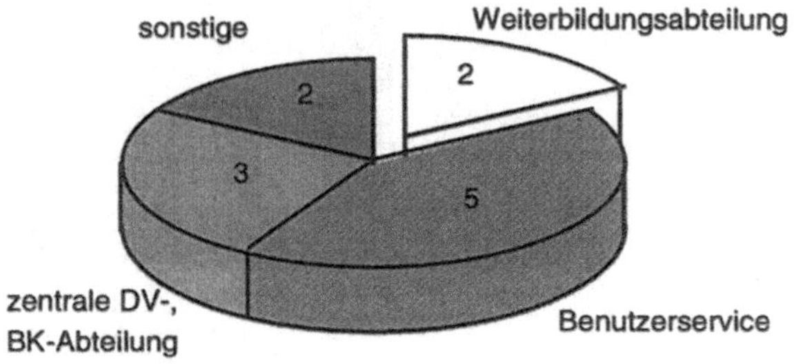

Bei einem Viertel der Unternehmen werden die Schulungen nur von Externen abgehalten. Bei allen anderen ergänzen sich Mitarbeiter aus der Weiterbildungsabteilung, dem Benutzerservice sowie zentraler DV-, BK-Abteilung mit Externen und ggf. erfahrenen Mitarbeitern aus den Fachbereichen in der Durchführung der Maßnahmen. Während immerhin die Hälfte der Unternehmen eigene Trainer (zwischen 5 und 15) für allgemeine Themen der Qualifizierung einsetzen, verfügen nur 4 Unternehmen über interne IuK-Trainer (zwischen einem und drei).

Qualifizierungsbedarfsanalyse, Karriereplanung und Mitarbeiterbeteiligung

In keinem der untersuchten Unternehmen wird der Eindruck gewonnen, daß eine systematische Anforderungs- bzw. Qualifizierungsbedarfsanalyse in regelmäßigen Zeitabständen stattfindet. In fünf Unternehmen wird eine solche Bedarfsfestlegung zumindest teilweise durchgeführt, z. B. in Form von regelmäßigen Mitarbeitergesprächen, durch Weiterbildungsbeauftragte oder Nutzergruppen in den Fachabteilungen. In einem Unternehmen ist eine systematische Vorgehensweise konkret geplant. Bei den übrigen ist vor allem die Eigeninitiative der Mitarbeiter und die Abstimmung mit den Vorgesetzten gefragt. Nur in Ausnahmefällen werden andere Stellen hinzugezogen.

In zwei Unternehmen hilft die Weiterbildungsabteilung bei der Bedarfsfestlegung und Auswahl der Teilnehmer an den Schulungsmaßnahmen. Der Benutzerservice ist in drei Fällen daran beteiligt. In einzelnen Fällen spielen die Personalentwicklung, Bildungsbeauftragte und Projektgruppen eine Rolle.

Die Situation im Bereich der Personalentwicklungs- bzw. Karriereplanung ähnelt der Qualifizierungsbedarfsermittlung. Allerdings findet zumindest in einem Unternehmen seit kurzer Zeit eine Karriereplanung statt, die sowohl alle Mitarbeiter umfaßt, als auch konkrete Vorgaben für die Qualifizierung macht. In acht Unternehmen lassen sich solche Ansätze nur in organisatorischen Teilbereichen oder ausschließlich beschränkt auf Führungskräfte erkennen, wobei in einem Haus ein gerade ange-laufenes Programm auf Grund einer Organisationsuntersuchung durch externe Berater wieder gestoppt wurde. In den übrigen Unternehmen ist die Personalentwicklung entweder im Planungs- bzw. Aufbaustadium oder noch nicht in der Diskussion.

Bei der Einführung der IuK-Systeme werden die Mitarbeiter in der Hälfte der Unternehmen zumindest während der ersten Phase (Konzeption, Definition von Standards) z. B. als Pilotanwender beteiligt. Sind erst einmal Standards gesetzt, dann muß man sich im allgemeinen daran halten, um Wildwuchs zu vermeiden. Während acht von neun befragten "Betriebsräten" angeben, in die Einführung der IuK-Systeme eingebunden worden zu sein, sagen nur drei "Betriebsräte", daß sie an der Planung der Qualifizierungsmaßnahmen beteiligt worden sind.

Obwohl in den meisten Unternehmen gerade die vertiefende Qualifizierung sehr stark von der Eigeninitiative der Mitarbeiter abhängt, haben diese relativ wenig Mitsprachemöglichkeiten bei den einzelnen Qualifizierungsmaßnahmen. Nur in zwei Unternehmen können die Mitarbeiter Einfluß auf die inhaltliche Gestaltung von Nach- und Aufbauschulungen ausüben. In zwei weiteren können innerhalb der Maßnahmen explizit Schwerpunkte gesetzt werden, wobei in einem Hause die zu geringe Mitarbeit der Teilnehmer bemängelt wird. In mehr als der Hälfte der Unternehmen werden immerhin Bewertungsbögen zur nachträglichen Beurteilung von Schulungen durch die Teilnehmer verwendet, die dann ggf. bei der inhaltlichen und organisatorischen Gestaltung von Folgemaßnahmen berücksichtigt werden. Damit ergibt sich für die Beteiligung der Mitarbeiter an der Gestaltung der Qualifizierungsmaßnahmen folgendes Bild (vgl. Abbildung 24).

Schulungsmaßnahmen und anschließende Betreuung

In zehn der befragten Unternehmen finden alle Schulungen während der Arbeitszeit statt. Die letzten beiden geben ihren Mitarbeitern die Möglichkeit, neben den Pflichtschulungen auch an allgemeinen PC-Kurse für jedermann teilzunehmen, die z. T.

außerhalb der Arbeitszeit durchgeführt werden[1]. Alle Unternehmen bieten ihren Mitarbeitern für die einzelnen eingesetzten Programme Grundschulungen und Aufbauschulungen für Fortgeschrittene an. In fünf Unternehmen haben die Mitarbeiter darüber hinaus die Möglichkeit, an speziellen Nachschulungen (Wiederholungen) für einzelne Programme teilzunehmen. Diese Angebote zeigen, daß einmalige Schulungen nicht als ausreichend angesehen werden.

Abb. 24: Beteiligung der Mitarbeiter an der Gestaltung/Bewertung von Qualifizierungsmaßnahmen

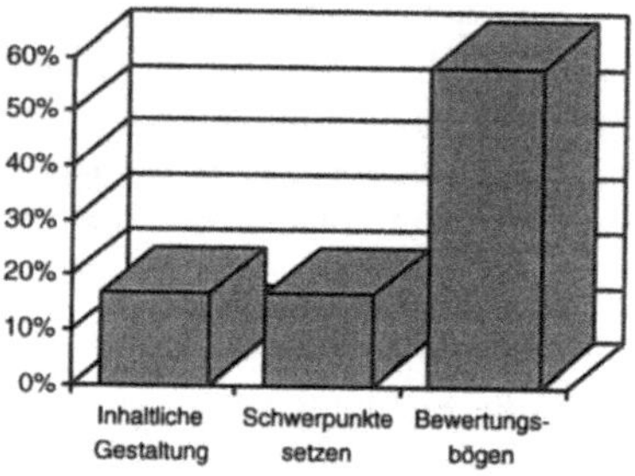

Neun der befragten Unternehmen verfügen über mindestens einen eigenen IuK-Schulungsraum. Z. T. finden dort auch Schulungen für DV-Anwendungssysteme statt[2]. Die drei übrigen Unternehmen haben feste Vereinbarungen mit externen Schulungseinrichtungen. Nur eines der Häuser läßt seine Mitarbeiter regelmäßig in Einrichtungen des Herstellers schulen.

In elf der zwölf Unternehmen steht den Mitarbeitern ein zentraler Benutzerservice für die Betreuung bei Problemen mit den Geräten und Programmen zur Verfügung oder wird gerade aufgebaut[3]. Der "öffentliche Bereich" stattet seinen Benutzerservice deutlich stärker mit Personal aus als die beiden anderen Unter-

1 In einem Unternehmen wurde vor einigen Jahren das Lernen des Umgangs mit dem Computer in der Freizeit gefördert, indem ein Zuschuß zur Anschaffung bestimmter privater PC gewährt wurde. Sehr viele Mitarbeiter haben daraufhin einen eigenen PC angeschafft und einen solchen auch am Arbeitsplatz beantragt. Der Andrang war so groß, daß die notwendige Schulung nicht schnell genug durchgeführt werden konnte, was zu Unmut bei den Mitarbeitern und zu einer Überlastung des Benutzerservices führte.

2 Die Schulungsräume sind durchschnittlich mit 9 Geräten bei durchschnittlichen 12 Plätzen ausgestattet. In immerhin 5 Unternehmen teilen sich zwei Lerner ein Gerät, wenn der Schulungsraum voll besetzt ist.

3 In einem Unternehmen ("Industrie") wird diese Funktion ausschließlich von einem IuK-Trainer übernommen.

nehmensgruppen[1]. Auf 25 PC- bzw. Workstation-Anwender kommt dort ein Mitarbeiter im zentralen Benutzerservice. In den drei Unternehmensgruppen ergeben sich unterschiedliche Werte mit einer großen Spannbreite für den Anteil des Gesamtbenutzerservices (Anwender- und Systembetreuer) an der Anzahl aller Endgeräte und an der Anzahl von PCs respektive Workstations (ohne Laptops) (vgl. Abbildung 25).

Abb. 25: Mitarbeiter im Benutzerservice (Anwender- und Systembetreuer)

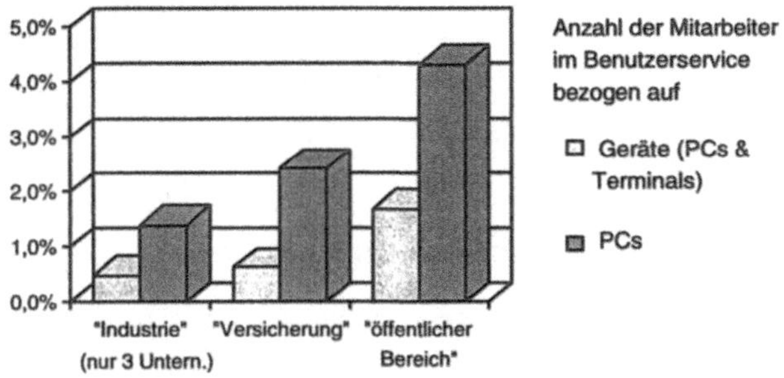

Seit Einführung der Systeme haben sich die Aufgaben des Benutzerservice in vier Unternehmen ausschließlich quantitativ geändert, d. h. mit der zunehmenden Anzahl von Nutzern weiteten sie sich aus. In sechs Fällen wandelten sie sich auch inhaltlich in Richtung einer individuelleren Betreuung der Anwender[2]. Außerdem werden die Anforderungen immer vielfältiger und komplexer, je stärker die Vernetzung ausgebaut wird.

Zu den Hauptaufgaben des Benutzerservice gehören heute die in Abbildung 26 aufgeführten Aufgaben.

Der Benutzerservice in den untersuchten Unternehmen wirkt darüber hinaus an folgenden Aufgaben mit: Systemauswahl und Test, Software-Installation und -Konfiguration, Fehlerbeseitigung, Release-Pflege, dezentrale Anwendungsentwicklung einschließlich Makroprogrammierung. In einem Unternehmen steht der Benutzerservice dem Gleitzeit-Anwender offiziell im Schichtdienst (Früh- und Spätschicht) zur Verfügung.

---

1 Die Werte der Sparkasse und der Rundfunktanstalt liegen allerdings eher im Bereich der Unternehmen aus der "Industrie"-Gruppe. Demnach weisen die Rentenversicherung und die Landesverwaltung überdurchschnittlich hohe Anteile der Mitarbeiter im zentralen Benutzerservice auf.

2 In einem Unternehmen exisitiert kein offizieller Benutzerservice und eines baut gerade erst einen auf.

Abb. 26:
Hauptaufgaben des Benutzerservice (ohne Systembetreuung)

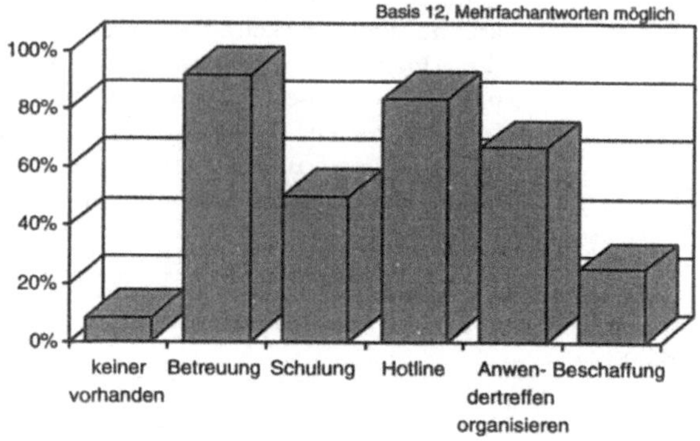

Qualifizierungsschwerpunkte

Wie zu erwarten, wird bei Einführung der Informations- und Kommunikationstechnologie die technische Qualifikation als besonders relevant angesehen. Höher aber noch wird die fachliche Qualifikation eingeschätzt, genauer: die enge Verbindung zwischen Aufgabenerfüllung und Computereinsatz. Die soziale Qualifikation wird hingegen von den meisten Befragten (Ausnahme: Anwender) als weniger wichtig gewertet. Die Schwerpunkte der organisatorischen Qualifikation, im Sinne der Selbstorganisation beim Computereinsatz am Arbeitsplatz, sowie der informatorischen und kommunikativen Qualifikation als dem Umgang mit Informationen einschließlich Datenschutz und Datensicherheit werden von den Probanden als weniger wichtig eingestuft (vgl. Abbildung 27).

Abb. 27:
Qualifikationsschwerpunkte in der IuK-Qualifizierung

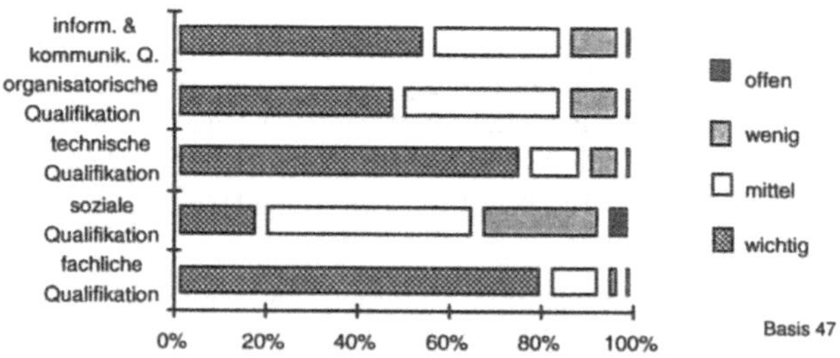

Neben den technischen Entwicklungen werden von den Befragten die organisatorischen Änderungen im Unternehmen als ein wichtiger Grund für die IuK-Qualifizierung angegeben. Dennoch spielt die organisatorische Qualifikation als Schwerpunkt der Qualifizierung nach der sozialen Qualifikation die geringste Rolle. Dies gilt insbesondere für die "Industrie"-Gruppe. Organisatorische Änderungen werden wohl ausschließlich auf Änderungen in der fachlichen Qualifikation projektiert. Das Arbeiten mit neuen Organisationsformen und eine geänderte Selbstorganisation am Arbeitsplatz werden in diesem Zusammenhang offenbar nicht mit grundsätzlichen organisatorischen Änderungen in Verbindung gebracht. Nur so lassen sich die Antworten der Gruppe der "WB/Trainer" zur organisatorischen Qualifikation erklären.

Die "Anwender", die vom Umgang mit den Systemen direkt betroffen sind, schätzen die Bedeutung der sozialen Qualifikation höher ein als alle anderen Gruppen. Bei ihnen scheint sich ein Bewußtsein für die sozialen Veränderungen durch die Einführung von Informations- und Kommunikationssystemen gebildet zu haben. Dagegen fehlt ein solches Bewußtsein vor allem bei den "Führungskräften" und den "WB/Trainern". Auch der "Betriebsrat" mißt der sozialen Qualifikation keine allzu große Bedeutung zu. Die "Führungskräfte" sind die einzige Gruppe, bei denen die Bedeutung der technischen Qualifikation wirklich - auch über die fachliche - dominiert. Damit ergibt sich, verteilt auf die einzelnen Probandengruppen, folgendes Bild (vgl. Abbildung 28).

Computer als Werkzeug zur Unterstützung des Lernens und als Unterrichtsträger

Im Rahmen der Qualifizierung soll der Mitarbeiter den Umgang mit den Informations- und Kommunikationssystemen lernen. Hierfür bietet sich der Einsatz von Computern an, denn Lernen am Computer schließt immer auch das Lernen über den Computer ein[1].

Die Schulungsmaßnahmen aller Unternehmen finden in speziellen Schulungsräumen statt, die mit eigenen Computern ausgestattet sind. Problematisch erweist sich in einigen Häusern die Tatsache, daß unterschiedliche Programme für eine Aufgabe (z. B. Textverarbeitung) im Einsatz sind, die nicht alle gleichzeitig auf den Trainingsgeräten bereitgehalten und geschult werden können.

1 Vgl. Euler, D.; Twardy, M. (1989) S. 38.

Abb. 28: Qualifikationsschwerpunkte der Probandengruppen

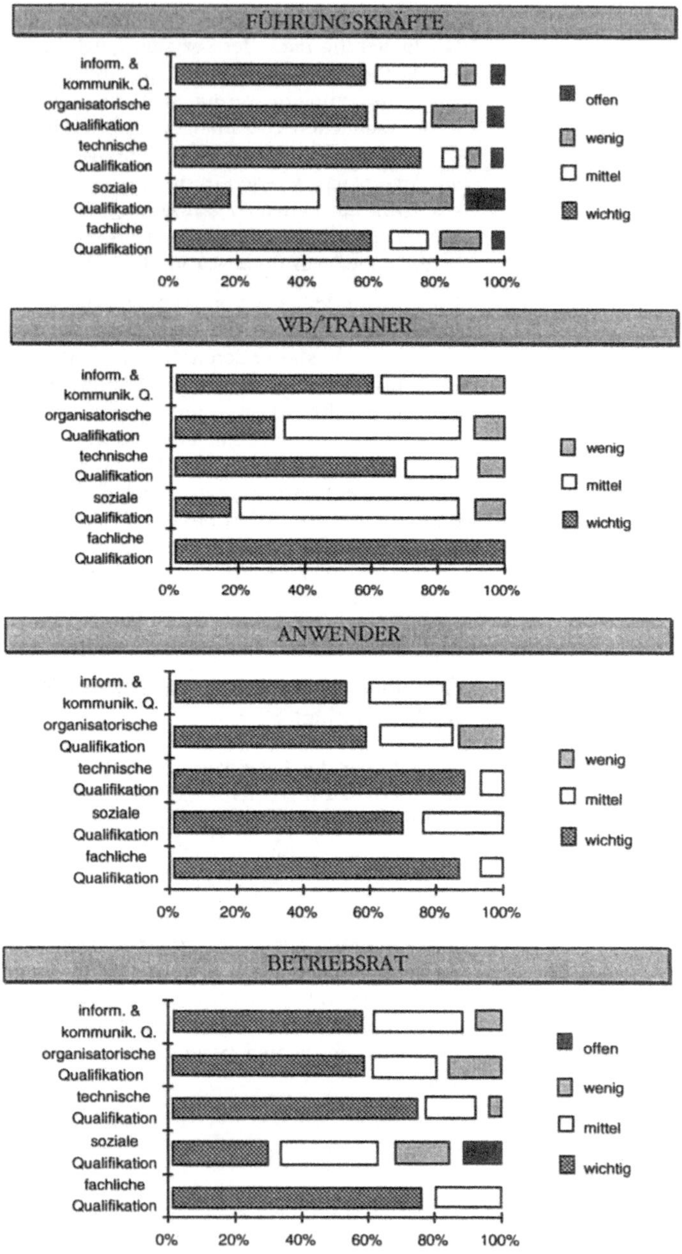

Als Unterrichtsträger wird der Computer nur selten verwendet. Nur ein Unternehmen verfügt über eine dedizierte Lernstation (LTS 90 von IBM), die mit dem notwendigen Equipment (Bildplattenspieler etc.) für anspruchsvolle Lernprogramme ausgestattet ist. Zwei Unternehmen setzen auf ihren Standard-PCs Lernprogramme für Fachanwendungen (z. B. Wertpapiergeschäft) ein. Vier weitere Häuser stellen ihren Mitarbeitern Standard-Software-Lernprogramme zur Verfügung. In fünf Unternehmen werden keinerlei Lernprogramme verwendet, so daß sich insgesamt folgendes Bild ergibt (vgl. Abbildung 29).

Abb. 29: Einsatz des Computers als Unterrichtsträger

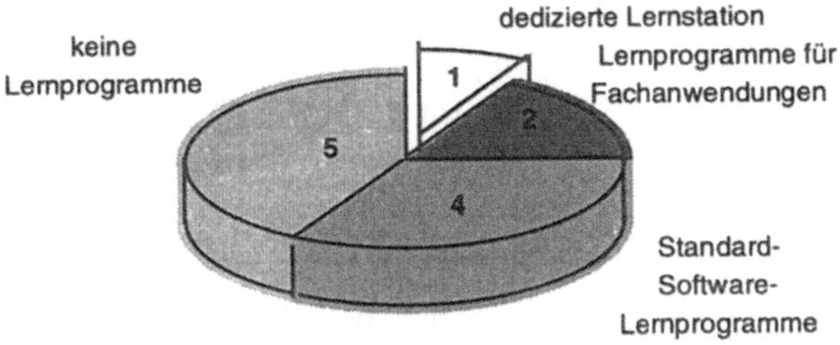

Ein organisatorischer Rahmen für den Einsatz der vorhandenen Lernprogramme und für die Schaffung von Freiräumen, um den Mitarbeitern das ungestörte Lernen mit ihnen zu ermöglichen, scheint in keinem der befragten Unternehmen vorgegeben zu sein.

Timing der Qualifizierungsmaßnahmen

Die Probanden bevorzugen Schulungen, die entweder kurz vor oder parallel zur Einführung der Systeme ablaufen. Als optimal wird eine Situation bezeichnet, in der nach der Schulung das Gelernte am Arbeitsplatz direkt ausprobiert werden kann. In Einzelfällen beurteilen die Anwender auch eine nachträgliche Situation positiv, wenn sie vor der Schulung schon die Gelegenheit erhalten, sich mit Gerät und Software vertraut zu machen. Die Probanden halten allerdings eine frühzeitige Information über die Systeme und Schulungen, die auf sie zukommen, für unbedingt notwendig.

Die Betrachtung der aktuellen Situation in den Unternehmen liefert kein einheitliches Bild. Die Frage, ob im Unternehmen die Schulung und der Einführungsprozeß der Technologien koordiniert ablaufen, ist in fünf Häusern umstritten. Während "Führungskräfte" (79%), "WB/Trainer" (75%), "Betriebsrat" (67%) und "IuK-Vertreter" (67% koordiniert) eher davon ausgehen, daß die

Schulung und die Systemeinführung koordiniert stattfinden, bezeichnen die "Anwender" die Situation eher als unkoordiniert (58,3% unkoordiniert).

Die folgende Abbildung 30 gibt den Eindruck wieder, der vom tatsächlichen Zeitpunkt der Qualifizierungsmaßnahmen in den Unternehmen gewonnen wird.

Abb. 30: Tatsächlicher Zeitpunkt der Qualifizierungsmaßnahmen im Einführungsprozeß der Technologien in den Unternehmen

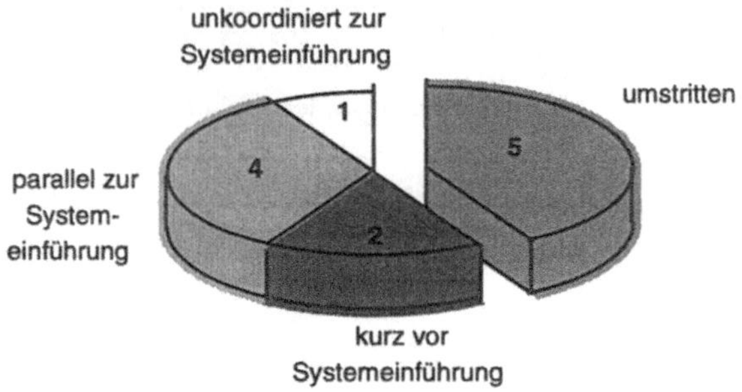

In fünf Fällen herrscht im Hause keine Einigkeit darüber, inwieweit eine solche Koordination stattfindet. Bei der Hälfte der Unternehmen kann der Eindruck gewonnen werden, daß die Abstimmung zwischen Schulung und Technikeinführung zumindest bei 75% der Betroffenen funktioniert.

3.4 Zufriedenheit der Probanden

Zufriedenheit mit der IuK-Ausstattung

Abb. 31: Zufriedenheit mit der IuK-Ausstattung im Unternehmen

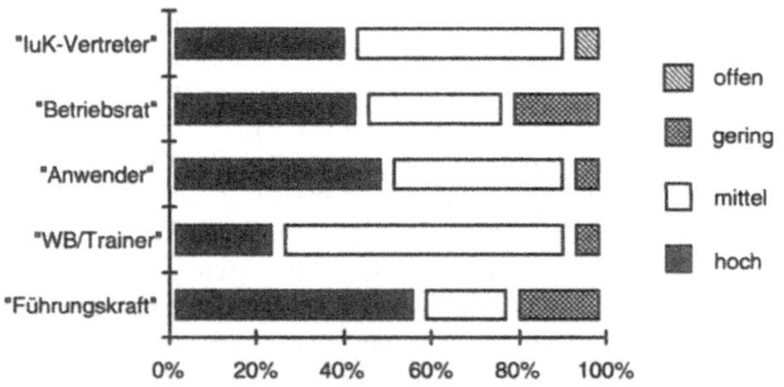

Die Zufriedenheit mit der Ausstattung im Unternehmen (vgl. Abbildung 31) hängt weniger davon ab, wieviele Geräte insgesamt eingesetzt werden, als vielmehr von der Art des Endgeräts am jeweiligen Arbeitsplatz. Werden die Anworten der "Führungskräfte", "WB/Trainer", "Anwender" und "Betriebsräte"[1] zur Zufriedenheit auf einer Skala gemessen und die Mittelwerte verglichen, zeigt sich:

- Mitarbeiter, an deren Arbeitsplatz ein PC oder eine Workstation steht, weisen höhere Zufriedenheit mit der informations- und kommunikationstechnologischen Ausstattung im eigenen Unternehmen auf als diejenigen, die "nur" über ein Terminal oder über kein Gerät verfügen (vgl. Abbildung 32).
- Obwohl der "öffentliche Bereich" über die geringste mengenmäßige Ausstattung verfügt, sind die Mitarbeiter zufriedener als in den anderen Unternehmensgruppen (vgl. Abbildung 33).

Abb. 32: Zufriedenheit mit IuK-Ausstattung und persönliche Geräteausstattung

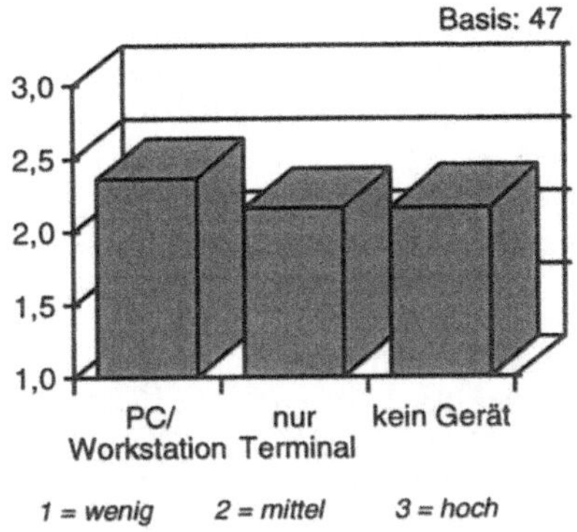

---

1 Die Gruppe der "IuK-Vertreter" wird in diesem Zusammenhang vernachlässigt, da sie auf Grund ihrer Tätigkeit die Vor- und Nachteile der IuK-Ausstattung anders einschätzen können als auf Basis der persönlichen Erfahrung mit dem PC. Sie wurden statt dessen gefragt, was sie heute bei Einführung der Systeme anders machen würden (siehe unten).

Abb. 33:
Zufriedenheit mit der IuK-Ausstattung in den Unternehmensgruppen

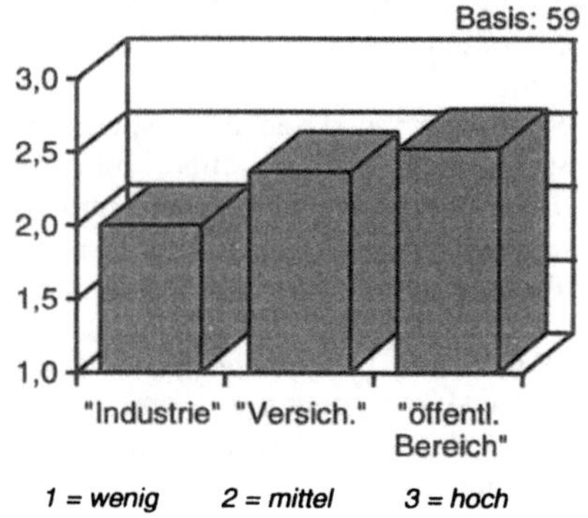

Anschließend werden die Probanden gebeten, die IuK-Ausstattung in ihrem eigenem Hause mit der Ausstattung der Wettbewerber in der jeweiligen Branche zu vergleichen, soweit sie in der Lage sind, dies zu beurteilen[1].

Abb. 34:
IuK-Ausstattung im Vergleich zu Wettbewerbern in der jeweiligen Branche

Hier schätzen sich die Mitabeiter der befragten Versicherungen (einschließlich "IuK-Vertreter") schlechter ein als die anderen beiden Gruppen, obwohl sie über die meisten Endgeräte verfügen. Die Probanden aus dem "öffentlichen Bereich" sehen ihre "Unternehmen" deutlich besser ausgestattet als vergleichbare Einrichtungen (vgl. Abbildung 34)..

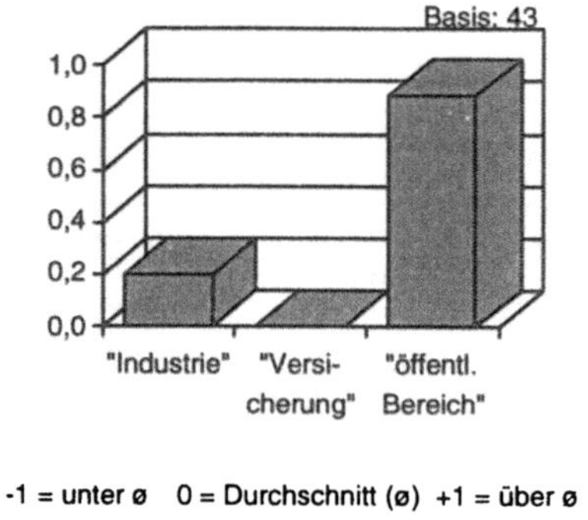

Zufriedenheit mit dem Ablauf der Systemeinführung

Die "IuK-Vertreter" werden gefragt, was sie heute bei der Einführung der Systeme anders machen würden. Nur einer gibt an, daß er nichts an der Vorgehensweise ändern würde. Die anderen

1 Die Einschätzungen beruhen auf:
- Mitgliedschaft in gemeinsamen Gremien mit den Wettbewebern,
- Informellen Kontakten,
- Gerüchten.

sind nicht ganz so zufrieden mit dem Ablauf der Systemeinführung. In erster Linie würden sie heute eine stärkere Einbindung von Anwendern und Top-Management versuchen. Es würden mehr strategische Konzepte erstellt und die Einführung besser vorbereitet werden. Außerdem würden Standards frühzeitiger definiert und vor allem auch durchgesetzt werden. Vorrangig würden ausgereifte Produkte und Markengeräte als offene Systeme eingesetzt. Letztendlich würde die Qualifizierung der Anwender stärker betont werden, da bei der Ersteinführung der Informations- und Kommunikationssysteme in immerhin fünf Unternehmen keine oder viel zu wenig Qualifizierungsmaßnahmen durchgeführt wurden (vgl. Abbildung 35).

Abb. 35: "IuK-Vertreter" würden heute "anders machen" ...

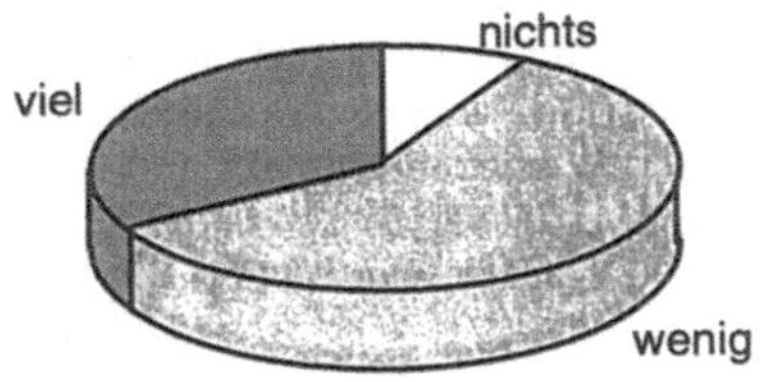

Zufriedenheit mit der Qualifizierung

Die Zufriedenheit der Probanden mit den Qualifizierungsbemühungen in den Unternehmen liegt relativ hoch. Im allgemeinen wird die Situation in der IuK-Qualifizierung geringfügig schlechter eingeschätzt als bei den sonstigen Qualifizierungsaktivitäten. Besonders deutlich wird dies an den Aussagen der "Führungskräfte" und der "Anwender". Werden die Angaben auf die Skala von 1 (wenig) bis 3 (hoch) angewendet und die Mittelwerte berechnet, ergibt sich für die IuK-Qualifizierung ein Mittelwert über alle Probanden hinweg von 2,4 und für die gesamte Qualifizierung von 2,5. Die Verteilung dieser Mittelwerte auf die einzelnen Probandengruppen zeigt die folgende Abbildung 36.

Abb. 36:
Zufriedenheit der Probandengruppen mit der Qualifizierung

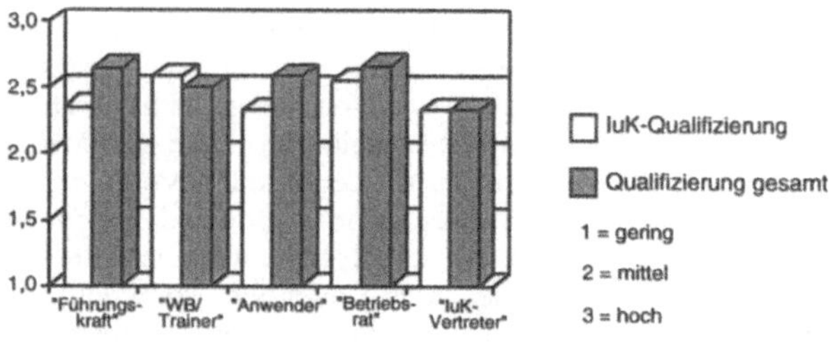

Bei der Zufriedenheit mit der Qualifizierung bezogen auf die Unternehmensgruppen bestätigt sich die Situation der IuK-Ausstattung. Wiederum scheint die Zufriedenheit in den Unternehmen aus dem "öffentlichen Bereich" höher zu sein als bei den anderen. Wieder liegt die Zufriedenheit der Mitarbeiter in den "Versicherungen" (geringfügig) unter den übrigen (vgl. Abbildung 37).

Abb. 37:
Zufriedenheit mit der Qualifizierung im Unternehmen

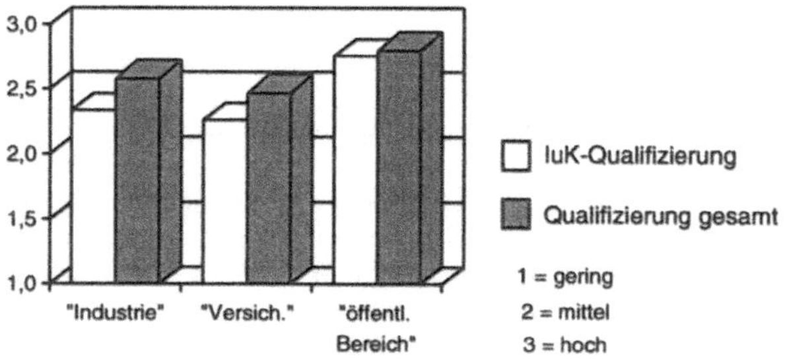

Trotz der wenigen Schulungstage pro Mitarbeiter ist im "öffentlichen Bereich" die Zufriedenheit mit der Qualifizierung relativ hoch. Demnach hängt die Zufriedenheit nicht unbedingt von der Anzahl der Schulungstage im Jahr ab. Relevanter scheint hier der Zusammenhang zwischen der Zufriedenheit - zumindest in bezug auf die IuK-Qualifizierung - und dem Management des Qualifizierungsprozesses zu sein. So läßt sich die Abhängigkeit vom tatsächlichen Zeitpunkt der Schulungen im Einführungsprozeß der Technologien erkennen (vgl. Abbildung 38).

Abb. 38:
Zufriedenheit mit der IuK-Qualifizierung abhängig vom Schulungszeitpunkt

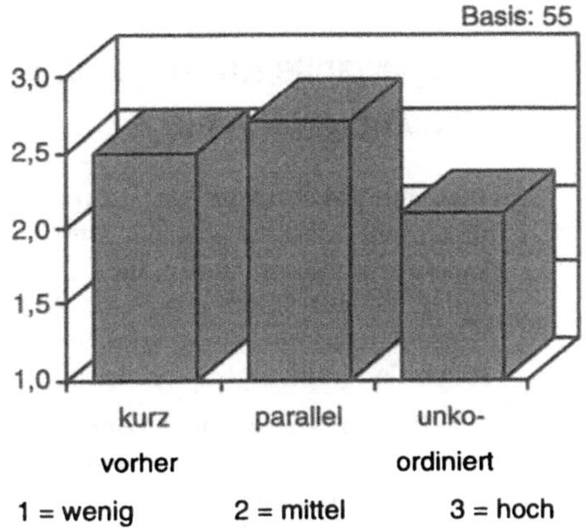

Mitarbeiter, die die Schulung im Hause als unkoordiniert mit der Einführung der Systeme ansehen, sind weniger zufrieden als Mitarbeiter, die der Meinung sind, daß die Schulungen koordiniert (kurz vorher oder parallel) ablaufen. Diese Aussagen unterstützen die Bedeutung der zeitnahen, mit dem Einführungsprozeß der IuK-Systeme verzahnten Schulung.

4

Ausgewählte Konsequenzen und Handlungsvorschläge

Aus den Ergebnissen der Untersuchung lassen sich in Verbindung mit Aussagen aus der Literatur Hinweise und Anregungen für die Gestaltung zukünftiger Qualifizierungsprozesse in Verbindung mit der Einführung und Nutzung von Informations- und Kommunikationstechnologien ableiten. Die wichtigsten sollen im folgenden kurz angerissen werden[1].

(1) Brachliegende Qualifizierungspotentiale sollten durch ein aktives Management der Qualifizierung genutzt werden. Hierunter werden vor allem die systematische Ermittlung des Qualifizierungsbedarfs, die Planung der Qualifizierungsinhalte, Qualifizierungsträger und Teilnehmer an Qualifizierungsmaßnah-men, die Koordination von Qualifizierungs- und Einführungs- bzw. Nutzungsprozeß der Technologien und die Kontrolle der Qualifizierungsaktivitäten (Lernerfolg, Anwendungserfolg, Wirtschaftlichkeit) verstanden. Durch den koordinierten Einsatz verschiedener, sich ergänzender, methodischer Vorgehensweisen können weitere, bisher ungenutzte Qualifizierungspotentiale ausgeschöpft werden. Individuelle und kooperative Selbstqualifikation - z. B. durch Einsatz von Computer-Based-Training (CBT) oder die Einrichtung von Lern- und Problemlösegruppen - aber auch das Erfahrungslernen am Arbeitsplatz sollten gefördert und in der Bildungskonzeption berücksichtigt werden.

(2) Zukunftsorientierte Qualifikationen beschränken sich nicht mehr nur auf technische und vielleicht noch fachliche Qualifikationen. Für den Umgang mit den Technologien sollten auch organisatorische und soziale Qualifikationen sowie ein Informations- und Kommunikationsbewußtsein vermittelt werden. Im Zeitalter des schnellen Wandels in den Unternehmen gewinnen daneben übergreifende Schlüsselqualifikationen immer mehr an Bedeutung. Gerade in der Verbindung mit Formen der individuellen oder kooperativen Selbstqualifikation werden sie zunehmend wichtiger. Die entscheidende Schlüsselqualifikation bleibt auch in Zukunft, die Fähigkeit zu lernen.

(3) Die Integration der betrieblichen Qualifizierungsbemühungen in einen umfassenden Informationsmanagement-Ansatz unter Einbindung aller Führungskräfte stellt einen wichtigen Schritt zu einer gestalterisch aktiven Organisationsentwicklung dar. Strate-

1 Eine ausführliche Darstellung findet sich in Dekena, R. (1994) S. 241 ff.

gische Zielorientierung bedeutet Ausrichtung der Qualifizierungsziele auf die Unternehmensziele. Personalentwicklung und Karriereplanung liefern langfristige Vorgaben an die betriebliche Qualifizierung.

(4) Erst ein "lernendes Unternehmen" kann die qualifikationsimmanenten Chancen für den Ausbau der Wettbewerbsfähigkeit erkennen und nutzen. Lernen, Motivation, Identifikation und Qualität der Arbeit sind nicht mehr voneinander zu trennen. Dazu gehört die Förderung der Lernkultur und eine entsprechende Führungsphilosophie, die sich durch Information und Beteiligung der Mitarbeiter auszeichnet.

5 Offene Forschungsfragen

Die genannten Konsequenzen und Empfehlungen können nicht darüber hinwegtäuschen, daß der derzeitige Kenntnisstand über die Qualifizierung im Zusammenhang mit der Einführung und Nutzung der Informations- und Kommunikationstechnologien eher fragmentarisch ist[1]. Es fehlt weiterhin an einer Absicherung durch einschlägige Forschungen. Zu wenig ist bekannt über die qualifikatorischen Wirkungen der verschiedenen - oft technikanstelle lösungsgetriebenen - Systeme. Es besteht ein großer Bedarf an empirischer Forschung über den Zusammenhang zwischen Technologie und erforderlichen Qualifikationen. Andererseits sind das Management der Qualifizierung und seine verschiedenen Formen noch nicht ausreichend durch systematisch-empirisch gewonnene Erfahrungen fundiert. Für die methodische Vorgehensweise der Qualifizierung innerhalb und außerhalb der klassischen Weiterbildung, wie z. B. bei der individuellen und kollektiven Selbstqualifikation[2], scheint ein besonders hoher Forschungsbedarf zu bestehen. Notwendig erscheint in diesem Zusammenhang eine verstärkte Ausrichtung der Forschungsarbeit in Richtung Öffentlichkeitsarbeit[3], um solche Ansätze durch die Verbreitung positiver Erfahrungen gezielt zu fördern. Der zunehmende Einsatz von Informations- und Kommunikationstechnologien im Büro- und Verwaltungsbereich führt in Verbindung mit einem steigenden Qualifizierungsbedarf dazu, daß der Forschungsbedarf noch weiter zunimmt.

Zweifel scheinen angebracht, ob die bisherigen Praxiserfahrungen zur Qualifizierung im Zusammenhang mit der Einführung von neuen Technologien im Büro- und Verwaltungsbereich sich als Basis für zukünftige Qualifizierungsmaßnahmen eignen. Bei den meisten von Wissenschaftlern durchgeführten Untersuchungen handelt es sich um explorative Studien[4]. Etliche Fragen - insbesondere diejenigen, die longitudinale Betrachtungen, d. h. Langzeitstudien über den gesamten Einführungs- und Nutzungszeitraum der Informations- und Kommunikationstechno-

---

1 Vgl. Dekena, R. (1994) S. 284 ff.

2 Vgl. dazu auch die Forschungsperspektiven zum Lernen am Arbeitsplatz in Münch, J. (1990) S. 167 ff.

3 Vgl. Malcher, W. (1990) S. 332.

4 Vgl. Wollmann, H. (1990) S. 265.

logien in einem Unternehmen hinweg zu ihrer Klärung erfordern - lassen sich bisher überhaupt noch nicht beantworten, z. B. in bezug auf:

- Art, Umfang und Ausbreitungsgeschwindigkeit der jeweiligen Informations- und Kommunikationstechnologien,
- Zusammenspiel von Technologieeinführung, organisatorischen Änderungen und Qualifizierungswirkungen,
- Relationen zwischen den technischen und nicht-technischen Qualifikationen,
- Einfluß von Umgebungskonstallationen der Unternehmen (Konjunktur, Auftragslage, nationale Besonderheiten etc.) auf die Qualifizierungsbemühungen,
- Zuverlässige und praktikable Methoden zur Überprüfung des Anwendungserfolgs und der Wirtschaftlichkeit von speziellen Qualifizierungsmaßnahmen.

Hier eröffnen sich weite Forschungsfelder, für die sowohl methodische als auch inhaltliche Grundlagenarbeit zu leisten ist und für die sich insbesondere interdisziplinäre Forschungsansätze empfehlen.

6 Literaturverzeichnis

Altmann, Norbert; Böhle, Fritz (1977): Qualifikation als Ziel - Qualifizierung als Problem. In: Gewerkschaftliche Monatshefte, H. 5, 1977, S. 310-318.

Becker, Manfred (1990): Betriebliche Weiterbildung von Un- und Angelernten. In: Tendenzen betrieblicher Weiterbildung. Aufgaben für Forschung und Praxis, hrsg. v. Schlaffke, Winfried; Weiß, Reinhold. Köln 1990, S. 270-286.

Dekena, Robert (1994): Qualifizierung und Technologie. Betriebswirtschaftliche Aspekte der Qualifizierung bei Einführung von Technologien zur Unterstützung von Informations- und Komunikationsprozessen im Büro- und Verwaltungsbereich. Bergisch-Gladbach 1994.

Dostal, Werner (1982): Bildung und Beschäftigung im technischen Wandel. Bildungsökonomische und arbeitsmarktpolitische Rahmenbedingungen des technischen Wandels am Beispiel der elektronischen Datenverarbeitung und der Mikroelektonik. Nürnberg 1982.

Euler, Dieter; Twardy, Martin (1989): Computer-Based-Training - Eine Methode zur Bewältigung neuer Qualifikationsanforderungen? In: Information Management, H. 2, 1989, S. 32-39.

Ghanem, Michael G.; Langel-Nentwig, Hedwig (1990): BK-Projektmanagement: Quo Vadis? Risikofelder der Bürokommunikation lassen sich minimieren! In: Office Management, H. 11, 1990, S. 34-40.

Gonschorrek, Ulrich; Saul, Siegmar (1983): Pädagogik in Wirtschaft und Verwaltung. Ein Grundriß der betrieblichen Fortbildung von der Bedarfsermittlung bis zur Lernerfolgssicherung. Heidelberg 1983.

Hegelheimer, Armin (1970): Bildungs- und Arbeitskräfteplanung. München 1970.

Kieser, Alfred; Hildebrand, Knut (1990): Management des Wandels in den Anwendungsbereichen. In: Handbuch Wirtschaftsinformatik, hrsg. v. Kurbel, Karl; Strunz, Horst. Stuttgart 1990, S. 703-719.

Kirsch, Werner (1981): Über den Sinn der empirischen Forschung in der angewandten Betriebswirtschaftslehre. In: Der praktische Nutzen empirischer Forschung, hrsg. v. Witte, Eberhard. Tübingen 1981, S. 189-229.

Krallmann, Hermann; Pietsch, Thomas (1990): Die Dreidimensionalität der Büroautomation. In: Büroautomation, hrsg. v. Preßmar, Dieter B. Wiesbaden 1990, S. 3-24.

Kubicek, Herbert (1975): Empirische Organisationsforschung. Stuttgart 1975.

Linke, Hermann; Trempenau, Dietmar (1985): Neue Kommunikationstechniken. Nutzen für Wirtschaft und Weiterbildung. Herford - Bonn 1985.

Lullies, Veronika; Jacobi, Ursula (1986): Schulung: Qualifizierung von Anwendern moderner Bürotechnik. Vom Wissensbedarf der Technikanwender, von DV-Experten als Qualifizierern und von einer neuartigen Schulungsorganisation. Erfahrungen aus dem Humanisierungs-Projekt "Modellqualifizierung für moderne Bürotechnologie". In: Office Management, H. 10, 1986, S. 962-968.

Makowka, Roland (1981): Modellversuch "Gruppengeschäftsstelle beim Amtsgericht Hamburg". In: Organisation informationstechnik-gestützter öffentlicher Verwaltungen, hrsg. v. Reinermann, Heinrich; Fiedler, Herbert; Grimmer, Klaus; Lenk, Klaus. Berlin - Heidelberg - New York 1981, S. 201-208.

Malcher, Wilfried (1990): Integration von Arbeitslosen durch betriebliche Bildungsmaßnahmen. In: Tendenzen betrieblicher Weiterbildung, hrsg. v. Schlaffke, Winfried; Weiß, Reinhold. Köln 1990, S. 311-334.

Mertens, Dieter (1974): Schlüsselqualifikationen. Thesen zur Schulung einer modernen Gesellschaft. In: Mitteilungen aus der Arbeitsmarkt- und Berufsforschung, H.1, 1974, S. 36-43.

Münch, Joachim (1990): Lernen am Arbeitsplatz - Bedeutung innerhalb der betrieblichen Weiterbildung. In: Tendenzen betrieblicher Weiterbildung, hrsg. v. Schlaffke, Winfried; Weiß, Reinhold. Köln 1990, S. 141-176.

Naisbitt, J.; Aburdene, P. (1986): Megatrends des Arbeitsplatzes. Bayreuth 1986.

Schleucher, H.; Maskow, J. (1983): Darstellung und Analyse des Begriffes "Qualifikation" - Eine Literaturauswertung. In: Zeitschrift für Arbeitswissenschaft, H. 3, 1983, S. 138-144.

Seibt, Dietrich; Windler, Albrecht (1986): Funktionsspezifische Endbenutzer-Ausbildung für neuartige Büroarbeitsplätze. In: Arbeitsplätze morgen, hrsg. v. Remmler, W.; Sommer, M. Stuttgart 1986, S. 144 - 164.

Staudt, Erich (1987): Bestimmungsfaktoren betrieblicher Personalpolitik. In: Betriebliche Personalentwicklung und Arbeitsmarkt, hrsg. v. Staudt, Erich; Emmerich, Knut. Nürnberg 1987, S. 1-36.

Streicher, Heinz (1991): Personalabteilung gewinnt an Einfluß. In: online, H. 11, 1991, S. 55-57.

Twardy, Martin (1987): Neue didaktische und methodische Ansätze für die Weiterbildung in Klein- und Mittelbetrieben. In: Kongreß: Beruf und Weiterbildung 1987, hrsg. v. Göbel, Uwe; Schlaffke, Winfried. Köln 1987, S. 466-472.

Ulrich Eberhard; Frei, Felix (1980): Persönlichkeitsförderliche Arbeitsgestaltung und Qualifizierungsprobleme. In: Beiträge zur Psychologischen Handlungstheorie, hrsg. v. Volpert, W. Bern 1980, S. 7-86.

Weltz, Friedrich; Bollinger, Heinrich (1990a): Nutzerbeteiligung oder kooperative Systementwicklung? In: Office Management, H. 3, 1990, S. 26-32.

Wollmann, Helmuth (1990): Betriebliche Weiterbildung von Fachkräften. In: Tendenzen betrieblicher Weiterbildung, hrsg. v. Schlaffke, Winfried; Weiß, Reinhold. Köln 1990, S. 238-269.

Konzept für eine Unternehmens-Dokumentenarchitektur (UDA)

Petra Schmidt*

* Dr. Petra Schmidt, ehemalige wiss. Mitarbeiterin am BIFOA.

Konzept für eine Dokumentenarchitektur

Die Entwicklung einer Unternehmensdokumentenarchitektur (UDA) bedarf einer ganzheitlichen Betrachtungsweise, von denen die folgenden als besonders wichtig erachtet wird:

- die Betrachtung des Dokumentes an sich als eine Art der Darstellung von Wissen und der Bezüge zur Repräsentation von Wissen,
- die Betrachtung des Dokumentes eingebettet in betriebliche Prozesse,
- die Betrachtung der unterschiedlichen Arbeitsplatztypen, die in die Dokumentenbearbeitung eingebunden sind,
- die Betrachtung des Dokumentes im überbetrieblichen Verbund und
- die Betrachtung von Medienbrüchen.

Die im folgenden entwickelte Dokumentenarchitektur trägt diesen Einflußgrößen Rechnung. Abbildung 1 repräsentiert die wichtigsten unternehmensabhängigen Einflußgrößen auf Dokumente. Hierbei wird noch einmal kurz skizziert, daß

- die im Zentrum dieser Arbeit stehenden Dokumente solche des Stabsbereiches sind,
- diese Dokumente vorwiegend Produkte nicht standardisierter Prozesse sind und
- diese Dokumente schwerpunktmäßig von Fachkräften erstellt und weiterbearbeitet werden.

Diese Einflußgrößen stellen gewissermaßen die drei Dimensionen dar, die die Unternehmensdokumentenarchitektur unter Berücksichtigung der Unternehmensziele primär bestimmen. Neben diesen Dimensionen kann es weitere geben wie z.B. die unternehmensübergreifende Dimension. Eine Integration in das Prinzipbild würde jedoch nicht zur besseren Veranschaulichung beitragen, daher wird auf eine Darstellung verzichtet.

Abb. 1:
Dokumente und ihre Einordnung in das betriebliche Geschehen

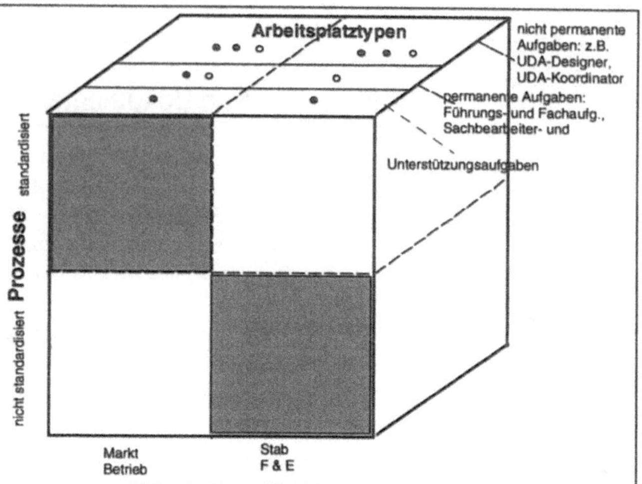

Einträge in den Feldern werden bestimmt durch:

1: Dokumentenart
2: Zweck (Def.)
3: Tätigkeiten: Routine - nicht Routine
4: Attribute, die dafür wichtig sind (formal - inhaltlich)

1 Zusammenfassung der wesentlichen Gestaltungsziele der Unternehmensdokumentenarchitektur

Betrachtet man die wesentlichen Einflußfaktoren (Prozesse, Aufgaben und Arbeitsplätze, Kommunikation in offenen Systemen) auf Dokumente, so werden wesentliche Schwachstellen der derzeitigen Dokumentenverarbeitung aufgedeckt, die an dieser Stelle noch einmal erläutert werden:

- Medienbruchproblematik in horizontaler Richtung (Austausch elektronisch erstellter Dokumente zwischen verschiedenen Hard- und Software-Herstellerwelten).

In einer Umfrage im Rahmen einer Dissertation konnte ermittelt werden, daß über 80% der befragten Institutionen über 80% der genannten Dokumente elektronisch erstellen, wohingegen elektronische Archivierungsmedien nur zu einem geringen Teil eingesetzt wurden. Es wurde deutlich, daß das Ausmaß der Problematik harter Medienbrüche beträchtlich ist, deren Bedeutung vor dem Hintergrund der erst geringen elektronischen Speicherung noch nicht in dem ihnen gebührenden Maße erkannt worden ist. Es wurde jedoch ersichtlich, daß die reine Speicherung von Fließtext nur als unbefriedigende Notlösung verwendet wird. Die Tatsache, daß für die Probanden Volumen- wie auch Zeitabschätzung mit erheblichen Schwierigkeiten der Bemessung verbunden waren, deutet jedoch auch darauf hin, daß die Dokumentenverarbeitung unter dem Aspekt der Wirtschaftlichkeit bisher nur unzureichend betrachtet wurde.

- Medienbruchproblematik in vertikaler Richtung (Einbindung von Dokumenten in unterschiedliche Prozesse, Ablage und Wiedergewinnung von Wissen aus Dokumenten).

Im Rahmen der Umfrage wurde auf die wachsende Bedeutung der Gruppenkommunikation hingewiesen. Dabei wurde ein hohes Kommunikationsaufkommen erkennbar. Da es sich hier vorwiegend um flexibel strukturierte Dokumente handelt, die in steigendem Maße Nichttextelemente enthalten, ist anzunehmen, daß das Medienbruchproblem und die Wiederverwendbarkeit von Dokumenten eine immer größer werdende Rolle spielen wird, obwohl der Anteil der elektronischen Post am Dokumentenaustausch derzeit noch so gering ist, daß die Medienbruchproblematik noch nicht akut ist.

- Unternehmensziele und Corporate Identity (einheitliche Dokumentengestaltung in logischer Struktur und hinsichtlich des Layouts).

In der Untersuchung wurde eine sehr starke Betonung auf Informationsqualität, Nutzerakzeptanz und Schnelligkeit der Verarbeitung ermittelt. Dies sind gute Gründe für eine Neugestaltung der Dokumentenverarbeitung, wobei die Bedeutung des Aspektes der Informationsqualität Motivation genug gibt zum Aufbau einer UDA, die den geforderten Zielen gerecht wird.

- Einheitliche Formate zur Förderung der Verfügbarkeit des strategischen, in Dokumentform repräsentierten, Wissens.

Die Untersuchung zeigt, daß die Unterstützung von Austauschformaten mit großer Mehrheit als mindestens wichtiges Kriterium für den Kauf von Software angesehen wird. Die eindeutigen Ergebnisse für die Nutzung von Austauschformaten und die klare Einstufung des Supports von Austauschformaten als wichtiges bis sehr wichtiges Kriterium beim Kauf von Software, wiesen auf ein beginnendes bis vorhandenes Problembewußtsein für die Gewährleistung der Austauschmöglichkeiten und Wiederverwendbarkeit von Dokumenten hin.

Eine Unternehmensdokumentenarchitektur ist nun unter dem Leitbild dieser Ziele aufzubauen. Dabei wird die Notwendigkeit einer Unternehmensdokumentenarchitektur bestimmt durch:

- die Unternehmensziele,
- den Nutzeneffekt, den eine Dokumentenverarbeitung auf der Basis einer Unternehmensdokumentenarchitektur erzielt.

Die inhaltliche Ausgestaltung einer UDA wird bestimmt durch:

- den Zweck, dem ein Dokument(typ) dienen soll (z.B. Darstellung von Arbeitsanweisungen) und dem zu wählenden Medium (z.B. Hypermedia),
- den Prozess/die Prozesse, den/die ein Dokument durchläuft bzw. durchlaufen,
- die Nutzeranforderungen an die Schnittstelle und ggf. unternehmensübergreifenden Nutzeranforderungen.

2 Entwurf einer Dokumentenarchitektur - Ein Projekt

Eine umfassende Dokumentenarchitektur trifft nahezu alle Bereiche eines Unternehmens. Da fast alle Arbeitsplätze und fast alle Abläufe mit Dokumenten zu tun haben, ist leicht einzusehen, daß die Auswirkungen einer Unternehmensdokumenten-architektur ein bedeutendes Ausmaß annehmen werden. Der Entwurf einer Dokumentenarchitektur erfordert größte Sorgfalt. Dies umfaßt sowohl die Auswahl des Anwendungsbereiches, mit dem begonnen werden soll, wie die Berücksichtigung der Einflußfaktoren auf die Dokumentenarchitektur und die Auswahl der Instrumente zur Dokumentenanalyse. Die daraus resultierenden Ergebnisse sind Grundlage für den Aufbau der Dokumentenarchitektur.

2.1 Aufbau einer Dokumentenarchitektur - Eine befristete Aufgabe

Dokumente sind gewachsene Objekte eines Unternehmens. Ihr Inhalt und ihr Layout wurden bisher auf der Basis des Trägermediums Papier festgelegt. Eine zukünftige Dokumentenverarbeitung muß Dokumente jedoch unter dem Aspekt der elektronischen Erstellung, Verarbeitung und Verwaltung sehen. Dies erfordert einen Umdenkensprozeß im Umgang mit Dokumenten und eine den zukünftigen Anforderungen an die Dokumentenverarbeitung angepaßte Gestaltung, wie bereits dargelegt wurde. Die Gestaltung einer Unternehmensdokumentenarchitektur ist eine konzeptionelle Aufgabe und als solche von befristeter Dauer. Befristete Aufgaben werden in der Organisationslehre als Projektaufgaben verstanden[1].

Die Konzipierung einer Dokumentenarchitektur stellt ein Projekt dar, das im Grenzbereich Bürokommunikation - prozedurale Datenverarbeitung - Nutzer anzusiedeln ist. Im Extremfall sind sogar unternehmensübergreifende Restriktionen (vgl. ODA-Problematik) zu berücksichtigen. Dementsprechend individuell wird ein solches Projekt zu organisieren sein. Klassische Bürosystemprojekte[2] sind als Vorlage eher ungeeignet, da ihre Aufgabe die Entwicklung von Rahmenkonzepten ist. Die Entwicklung

1 Vgl. Frese (1987) S. 430.

2 Vgl. dazu Höring (1990) S. 102 f.

einer Unternehmensdokumentenarchitektur ist eher vergleichbar mit Softwareprojekten, insbesondere für den Bereich der Entwicklung von Datenmodellen.

Generell läßt sich ein Entwicklungsprojekt in vier Hauptabschnitte einteilen[1]:

- Projektdefinition
- Projektplanung
- Projektdurchführung
- Projektabschluß.

Selbstverständlich kann diese Aufteilung weiter verfeinert werden[2], insbesondere ist es sinnvoll, eine Vorstudie zur Ermittlung der Wirtschaftlichkeit durchzuführen. Wenn hier auf eine weitere Verfeinerung verzichtet wird, so deshalb, weil es sich hierbei nicht um eine Systementwicklung handelt, sondern um eine infrastrukturelle Maßnahme im organisatorischen Vorfeld. Eine Analogie ergibt sich vielmehr zur Datenmodellierung wie z.B. die von Seibt übernommene Abbildung 2 zeigt.

Die Entwicklung einer Unternehmensdokumentenarchitektur lehnt sich an diese Vorgehensweisen an. Zentrale Aufgabe in der Projektdefinition ist die Festlegung der Anwendungsbereiche. Von besonderer Bedeutung in der Planungsphase ist die Festlegung der Analyseinstrumente. Die Durchführungsphase ist gekennzeichnet von der Dokumententypisierung und Modellierung, die auf den Erfahrungen der Datenmodellierung[3] aufbaut. Für einen erfolgreichen Projektabschluß ist eine Validierung durch die Nutzer unentbehrlich. Auf eine Kostenberechnung wird an dieser Stelle aus Vereinfachungsgründen verzichtet.

---

1 In Anlehnung an Burghardt (1988) S. 12.

2 Vgl. z.B. Seibt (1982) S. 53 ff.

3 Vgl. Seibt (1989) S. 10.

Abb. 2a:
Entwurfsebenen der Datenmodellierung[1]

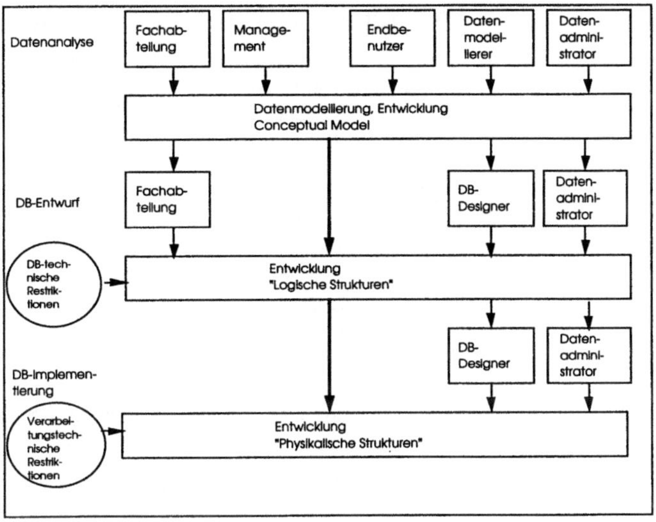

Abb. 2b:
Entwurfsebenen der Dokumenten-Modellierung

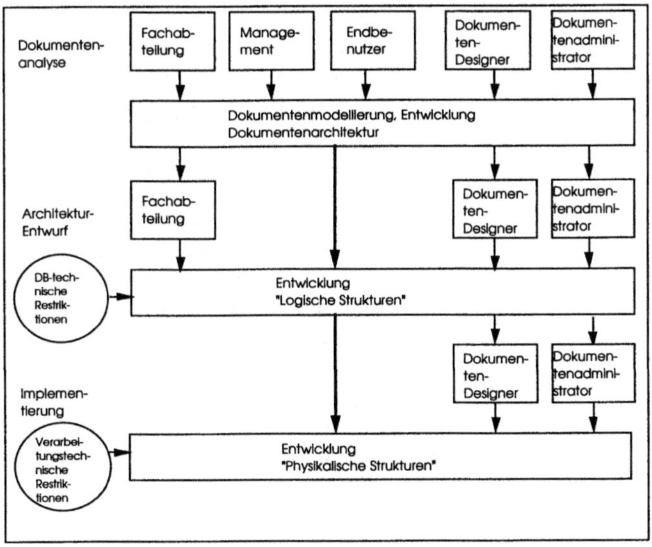

1 Vgl. Seibt (1989) S. 10.

2.2 Projektteam und Entscheidungskompetenz

Das Entscheidungsfeld für den Aufbau einer Unternehmensdokumentenarchitektur besteht im wesentlichen aus den Komponenten Organisation, Datenmodellierung, Hard- und Software-Einsatz insbesondere unter dem Aspekt der Objektorientierung und Nutzeranforderungen. Die Zusammensetzung des Projektteams sollte dieses Entscheidungsfeld widerspiegeln und mit entsprechendem Know how ausgestattet sein. Da der Erfolg der Einführung einer Dokumentenarchitektur stets von der Nutzerakzeptanz abhängig ist, empfiehlt sich ein interaktives Arbeiten. Über die Durchsetzung entscheidet der Lenkungsausschuß, der wegen der unternehmensweiten Tragweite im Topmanagement angesiedelt sein sollte.

2.3 Strategische Festlegung der Anwendungsbereiche

Für den Aufbau einer Unternehmensdokumentenarchitektur wird ein iteratives Verfahren vorgeschlagen, da bei einer späteren Implementierung der Umstellungsaufwand entsprechend groß ist, d.h. mit entsprechend hohen Kosten und entsprechender Migrationszeit verbunden ist. Der Hard- und Softwareaufwand setzt Untergrenzen, die sich an DTP-Systemen orientieren. Die Entwicklung der Bürosystemsoftware in den letzten Jahren zeigt jedoch, daß die Grenzen zwischen Textverarbeitung, Dokumentenverarbeitung und DTP mehr und mehr verschwimmen.

Sicher braucht nicht jeder Arbeitsplatz umfassende DTP-Funktionalitäten, doch inwieweit sich Kosten durch eine Verringerung des Funktionsvorrats vermindern lassen, ist letztendlich eine Frage der Vertragsgestaltung und kann daher an dieser Stelle nicht abgeschätzt werden. Wenn an dieser Stelle auf die Technikanforderungen eingegangen wird, so deshalb, weil der relativ hohe Aufwand an den Arbeitsplätzen am ehesten zu begründen ist, wo diese Funktionalitäten in vollem Umfang notwendig sind.

Die grobe Abschätzung der Kosten für die bei einer Implementierung sinnvolle Arbeitsplatzausstattung impliziert bereits die Wahl der Arbeitsplätze und des Unternehmensbereiches, mit denen beim Entwurf einer Dokumentenarchitektur sinnvollerweise begonnen werden soll. Es wird sich hierbei um Fachkräfte aus dem Stabsbereich handeln.

Die Pilotierung mit Arbeitsplätzen im Stabsbereich hat dabei folgende Vorteile:

- Im Stabsbereich sind vorwiegend Fachkräfte tätig. Ihre Aufgaben bestehen vorwiegend im Erstellen von Berichten, Gutachten, Auswertungen und Präsentationen. Stabsmitarbeiter sind gegenüber Mitarbeitern in den übrigen Bereichen am umfassendsten mit Hard- und Software ausgestattet, da sie für ihre Aufgaben umfassende Bürosystemsoftware benötigen.

- Mitarbeiter in den Stabsabteilungen nehmen eine gewisse Vordenkerstellung ein und sind Neuerungen gegenüber sehr aufgeschlossen.
- Meist sind im Stabsbereich DTP-Programme ohnehin im Einsatz, so daß der Umgang damit gewohnt ist, und der Aufwand für die Bearbeitung von Dokumenten auf der Basis einer Dokumentenarchitektur als niedrig einzuschätzen ist.
- Im Stabsbereich werden vorwiegend flexibel strukturierte Dokumente erstellt. Diese Dokumente sind in keine starren Abläufe eingebunden. Vielmehr handelt es sich hier um Tätigkeiten wie Informationssammlung, Informationsauswertung, Erstellung und Überarbeitung von Dokumenten. Diese Prozesse sind nur unzureichend elektronisch unterstützt, da die zur Verfügung stehende Software meist Schnittstellenprobleme aufgrund unterschiedlicher Datenstrukturen aufweist.
- Stabsbereiche sind gekennzeichnet durch Gruppenkommunikation. So erstellen z.B. mehrere Stabsmitarbeiter einen gemeinsamen Bericht. Dabei spielt die Einheitlichkeit in der Struktur und in der Gestaltung der Dokumente eine besondere Rolle.
- Im Stabsbereich gibt es verhältnismäßig wenig unterschiedliche Dokumentenarten. Dadurch wird der Analyseaufwand relativ gering gehalten.

Insgesamt verspricht der Stabsbereich somit ein vergleichsweise hohes Rationalisierungspotential. Gleichzeitig sind die vorzunehmenden Investitionen im Verhältnis zu den in diesem Bereich üblicherweise notwendigen Investitionen (Ausstattung der Fachkräfte ist ohnehin sehr hoch) relativ gering.

Die Einführung einer Unternehmensdokumentenarchitektur ist darüber hinaus mit Schulung, der Einrichtung eines Nutzerservices und der Integration in die bestehenden Anwendungen verbunden, die bei der Auswahl des Pilotanwendungsbereiches und der Erweiterungsstrategie eine Rolle spielen.

2.4 Festlegung der Instrumente zur Dokumentenanalyse

Die weitreichende Bedeutung einer zukünftigen Dokumentenarchitektur für das gesamte Unternehmen macht es erforderlich, große Sorgfalt bei der Analyse der Dokumente walten zu lassen. Dazu gehören eine umfassende Beleuchtung der Einflußfaktoren auf den Aufbau von Dokumenten anhand geeigneter Analyseinstrumente.

Eine etablierte Vorgehensweise zur Dokumentenanalyse mit dem Ziel einer Unternehmensdokumentenarchitektur gibt es nicht. Ein wesentlicher Grund mag wohl darin liegen, daß die derzeit vorhandene Technik zur Dokumentenverarbeitung, die auf Dokumenttypkonzept und Dokumentenarchitektur basiert, noch nicht ausgereift ist. Eine breite Einsatzfähigkeit in der Praxis, die die kreativen Kräfte der Organisatoren herausfordern wird, ist derzeit noch nicht zu verzeichnen. Dennoch sind technische Lösungen in greifbare Nähe gerückt, so daß sich eine Beschäftigung mit diesem Thema durchaus lohnt. Organisatorische Lösungen existieren in bezug auf eine elektronische Vordruckgestaltung nicht. Technische Analysemethoden aus dem Bereich der Objektorientierung[1] sind für die Erhebungsphase, die auf den Input der Anwender angewiesen ist, zu technisch und damit zu unhandlich. Hingegen sind aus dem Bereich der Datenmodellierung[2] Anregungen auf konzeptioneller Ebene nützlich. Insbesondere in den Entwurfsphasen, in denen Anwender aktiv beteiligt sind, können Kreativitätstechniken und Methoden aus den Bereichen Dokumentationswesen[3] und Knowledge Engineering[4] von Vorteil sein.

Einflußfaktoren

So facettenreich wie die Betrachtungsweisen des Dokumentes sind, so facettenreich muß auch die Dokumentenanalyse sein. Diese muß möglichst alle Einflußfaktoren auf Dokumente erfassen. Während in der Vergangenheit eine Dokumentenanalyse hauptsächlich einem einzelnen Zweck, z.B. dem Zweck der Rationalisierung einzelner Abläufe (klassische Formulargestaltung zur Rationalisierung des mit dem Formular verbundenen Prozesses) diente, muß die zukünftige Dokumentengestaltung gleichzeitig mehreren Zecken dienen (z.B. Vermeidung der horizontalen und vertikalen Medienbruchproblematik). Für die Gestaltung der Analyseinstrumente ist daher weniger in die Vergangenheit denn in die Zukunft der Dokumentenverarbeitung zu sehen. Diese baut ihrerseits auf wissensbasierten, objektorientierten und Hypertext-Technologien auf, da diese insbesondere im ausgewählten Pilotanwendungsbereich "Stabsabteilung" eine beson-

1 Vgl. z.B. Graham (1991) S. 222 ff. oder Breutmann (1992) S. 73 ff.

2 Vgl. Spang (1991) S. 39, Oesinghaus (1991), Reindl (1991) S. 282 ff., Ortner (1988) S. 30 f. und Ortner (1994) S. 271 ff.

3 S.a. Laisiepen (1972) S. 116 ff.

4 S.a. Karbach (1988) S. 59 ff.

dere Rolle bei den Aufgabenerfüllungsprozessen der Fachkräfte spielen. Die Analyse sollte daher auf Erfahrungen und Vorgehensweisen dieser Technologien eingehen.

In Anlehnung an Fragestellungen der Hypertext-Technologie und des Knowledge Engineering werden daher folgende Einflußfaktoren zu beachten sein[1]:

- Attribute (Eigenschaften des Dokumentes),
- Bestandteile (Teile des Dokumentes),
- Prozesse (Abläufe, die auf das Dokument einwirken und Abläufe, auf die das Dokument einwirkt),
- Aktion (Tätigkeit, die an dem Dokument ausgeführt wird),
- Personen (Arbeitsplatztypen, die mit dem Dokument zu tun haben),
- Zweck des Dokumentes,
- Empfänger,
- Dokumentenstatus (z.B. Entwurf),
- Bedingungen (organisatorische Regelungen).

Diesen Aspekten und gegebenenfalls weiteren wie z.B. besonderen Sicherheitsanforderungen muß durch entsprechende Analysen Rechnung getragen werden.

Dokumentenstrukturanalyse

Die Dokumentenstrukturanalyse befaßt sich mit der Art der im Unternehmen vorkommenden Dokumente und ihrem strukturellen Aufbau. Im einzelnen wird nach den Elementen gefragt, aus denen ein Dokument besteht, ihrem Zweck und der Flexibilität ihrer Zusammensetzung. Es kann sich hierbei um Basiselemente, d.h. Elemente, die nicht weiter zerlegbar sind, oder um zusammengesetzte Elemente handeln. Hier sind die Gemeinsamkeiten und Unterschiede der Dokumente herauszufiltern, um später eine Typenbildung vornehmen zu können.

Dokumentenanwendungsanalyse

Die Dokumentenanwendungsanalyse befaßt sich mit der Frage, wer in welcher Weise mit dem Dokument umgeht[2]. Sie fragt damit zum einen nach den eingebundenen Arbeitsplätzen und

---

1 Vgl. Duncan (1989) S. 159 f.

2 Auch hier gibt es Analogien zur Datenmodellierung vgl. z.B. Reindl (1991) S. 282.

betrachtet zum anderen die Prozesse[1], die die Dokumente durchlaufen.

Dokumente sind Träger der Ergebnisse unterschiedlicher Prozesse in einer Organisation. In der Regel durchläuft ein Dokument mehrere organisatorische Einheiten, wobei jede dieser Einheiten ein Dokument unter seinem spezifischen Aufgabenblickwinkel betrachtet und entsprechend bearbeitet. Dieser "Blickwinkel" stellt bestimmte Anforderungen an das Dokument und seine Elemente. Bei der Entwicklung eines Dokumenttypes müssen somit all diese unterschiedlichen Anforderungen berücksichtigt werden.

Im Zentrum der Betrachtungen muß aus Akzeptanzgründen die jeweilige Nutzersicht stehen, denn es darf nicht vergessen werden, daß die jeweiligen Nutzer nur an den für ihre Aufgabe wichtigen Kennzeichen interessiert sind. Wird dieser Sachverhalt nicht berücksichtigt und statt dessen werden alle möglichen oder notwendigen Kennzeichen in den aufzubauenden Dokumenttyp aufgenommen, so entsteht ein unübersichtliches Bild, das auf enorme Akzeptanzschwierigkeiten stoßen kann. Eigene Untersuchungen haben dies am Beispiel einer in einer Behörde entwikkelten Datenbank zur Verfolgung der Ein- und Ausgangspost[2] bestätigt. Doch gerade die Akzeptanz einer unternehmensweiten Dokumentenarchitektur ist wichtig für die zukünftige Nutzung von standardisierten Dokumenten und einen erst dann möglichen effizienten Dokumentenbearbeitungsprozeß.

Bei der Durchführung der Dokumentenanwendungsanalyse können aufgabenbezogene und funktionale Analyse in unterschiedlicher Reihenfolge durchgeführt werden. Die Reihenfolge "funktionale Dokumentenanalyse" und anschließend "aufgabenbezogene Analyse" entspricht einem Top-down Vorgehen, die umgekehrte Reihenfolge entspricht einem bottom-up Vorgehen. Da die Nutzerakzeptanz von essentieller Bedeutung ist, sollten die Nutzer möglichst früh aktiv in den Gestaltungsprozeß eingebunden werden. Im folgenden wird ein bottom-up Vorgehen vorgeschlagen, das recht früh zu konstruktiven Ergebnissen führt.

2.5 Typisierung von Dokumenten

Nach Abschluß der Analysen wird mit der Konzeptbildung begonnen. Die in der Analyse bereits begonnene Dokumenttypisierung ist nun weiter zu vervollkommnen. Ziel ist die systematisierte und detaillierte Beschreibung von Dokumenten.

1 Hier gibt es Analogien zur Funktionsstrukturanalyse als Teil der Datenmodellierung, vgl. z. B. Seibt (1989) S. 51.

2 Vgl. ADMDOC (1989).

Typisierungen von Dokumenten können nach unterschiedlichen Aspekten durchgeführt werden. Jeder, der mit der Bearbeitung von Dokumenten in irgendeiner Weise verbunden ist, wird eine Einteilung von Dokumenten in der für ihn zweckmäßigsten Weise vornehmen. Dabei hat jeder Nutzer eine mehr oder weniger individuelle Sicht auf das Dokument. Eine allgemeingültige Typisierung von Dokumenten kann es daher nicht geben. Diese Schwierigkeit wird an folgendem Beispiel erläutert.

Beispiel:

Der primäre Zweck eines Sitzungsprotokolls ist die Dokumentation einer Sitzung eines Gremiums, eines Arbeitskreises oder ähnlichem. Dies kann z.B. in Form eines Ablauf- oder Ergebnisprotokolls geschehen. Das Protokoll hält Themen, Inhalte und evtl. Ergebnisse der Sitzung fest. Adressaten dieses Protokolls sind primär die Teilnehmer der Sitzung. Dennoch kann ein solches Protokoll auch für andere Personengruppen, wichtig sein. Sekundäre Adressaten können z.B. Teilnehmer aus anderen Arbeitskreisen sein, mit denen es inhaltliche Berührungspunkte gibt. Es kann sich aber auch um Verantwortliche für ähnliche Projekte in Schwesterverbänden des gleichen Dachverbandes oder in Schwesterunternehmen des gleichen Konzerns handeln. Es ist zunächst einmal unbekannt, wer diese sekundären Adressaten sind, dennoch ist es zur Vermeidung von Doppelarbeiten wichtig, die Sitzungsprotokolle so aufzubereiten, daß eine thematische, inhaltliche Suche möglich wird.

Ziele einer Typisierung sind die Anpassung an den Arbeitsplatz, die Layoutgestaltung für Bildschirm, die Strukturierung der zukünftigen Dokumente im Hinblick auf ihre manuelle wie maschinelle Verarbeitung und die Zuordnung von Bearbeitungshilfen.

Zweckbestimmung von Dokumenten

Beim Entwurf eines Dokumenttyps oder eines Dokumentes sind in erster Linie die Ziele zu berücksichtigen, die mit dem Dokumenttyp bzw. dem Dokument erreicht werden sollen. Diese Ziele leiten sich aus dem Informationsbedarf ab. Dieser wiederum muß abgestimmt werden mit der strategischen Unternehmensplanung und Geschäftszielen[1]. Ziele sind nicht immer eindeutig und können sich überschneiden. So überlappen sich beispielsweise das Ziel des Erstellers (der beim Empfänger antizipierte Informationsbedarf) und der tatsächliche Informationsbedarf des/der Adressaten in der Regel nicht vollständig.

---

1 Vgl. Höring (1989).

Insbesondere Dokumente des Stabsbereiches wie z.B. Präsentationen oder Vorlagen können verschiedenen Zwecken dienen und dies oft auch gleichzeitig: Information und Unterrichtung, Erklärung und Anschauung, Überzeugung, um nur einige Zwekke aufzuzählen. In Abhängigkeit der Zweckbestimmung der Dokumente sind bei der Entwicklung von Dokumenttypen feste und optionale Bausteine zu benennen und in die Struktur des Dokumenttyps einzubringen.

Die Hauptzielsetzung eines Dokumentes wird durch dessen Art[1] und damit durch dessen charakteristische Merkmale (Attribute) sowie deren Anordnung bestimmt. Dabei versteht man unter den charakteristischen Merkmalen eines Dokumenttyps diejenigen Attribute, die nur in diesem Dokumenttyp vorkommen, ihn damit also definieren.

Strukturelle Kriterien

Üblicherweise sind Dokumente strukturiert. Die Art der Strukturierung eines Dokumentes hängt dabei in der Regel mit dem Zweck des Dokumentes zusammen. Ein Brief, dessen Zweck eine einfache, informative Mitteilung ist, hat meistens auch eine einfache, sequentielle Struktur. Ein Projektbericht, der eine Dokumentation von Arbeitsergebnissen ist, wird in der Regel in Kapitel aufgeteilt sein, die unterschiedliche Aspekte und Phasen des Projektes beschreiben. Strukturen eines Dokumentes haben also eine bestimmte Bedeutung, die mit der Zielsetzung des Dokumentes verbunden sind. Strukturinformationen geben somit die logische und bei entsprechender Umsetzung in Formatierbefehle auch die Layoutstruktur eines Dokumentes wieder. Strukturinformationen können somit zur Informationsgewinnung in Dokumentenbeständen und Dokumenten verwendet werden. Bei der Festlegung einer Dokumentenstruktur spielen insbesondere folgende Aspekte eine Rolle:

- Unterstützung des Dokumentenzwecks (logische Struktur),
- Unterstützung der Lesbarkeit (Layoutstruktur).

Die Art und die Anordnung der Elemente sind wesentliche Bestandteile der Dokumenttypdefinition.

1 Entspricht in der hier verwendeten Terminologie dem Dokumenttyp.

Formale bzw. organisatorische Kriterien

Formale Kriterien eines Dokumentes spielen für die Ablage, die Verwaltung und die Verfolgung von Dokumenten eine große Rolle. Zur Informationsgewinnung tragen sie bei, wenn eine gezielte Suche möglich ist (Fragestellungen: Gesucht wird die Kreditakte "Meier" oder das Rundschreiben 231 dieses Jahres). Statt formaler Attribute wird deshalb auch von organisatorischen Attributen gesprochen[1]. Organisatorische Attribute verwalten Information zur Entstehung eines Dokumentes bzw. einer Version und regeln alle Aspekte des Zugriffs[2].

Es ist leicht einzusehen, daß der Formalisierungsgrad von Prozessen und der Formalisierungsgrad von Dokumenten in enger Beziehung stehen. Straff durchorganisierte Prozesse werden somit hauptsächlich von Dokumenten mit einem dominierenden Anteil an organisatorischen Attributen (Formularen) durchlaufen. Prozesse mit einem höheren Anteil an inhaltlicher Arbeit, wie Stabsprozesse, werden dagegen hauptsächlich von Dokumenten mit einem geringeren Anteil an organisatorischen Attributen durchlaufen.

Nicht alle der genannten Attribute sind in jedem Dokument vorhanden. Ebenso wird nicht jeder Prozeß oder jede Verwaltungstätigkeit von allen Attributen Gebrauch machen. Ein Vorschlag für den hier betrachteten Pilotanwendungsbereich wird im Kapitel "Allgemeine Dokumentenarchitektur" gemacht.

Inhaltliche Kriterien

Viele der o.a. Dokumenttypen sind Träger von unternehmensrelevantem, strategischem Wissen, wie z.B. Projektberichte oder Studien, die für die Facharbeit im Stabsbereich besonders bedeutsam sind. Bei der Betrachtung von Dokumenten aus dem Stabsbereich sind zwei Blickwinkel zu unterscheiden. Die eine Sicht befaßt sich mit der Erstellung solcher Dokumente und dem Zweck, der damit erreicht werden soll (siehe oben). Der andere Blickwinkel befaßt sich mit der Informationsgewinnung aus diesen Dokumenten.

Dokumente aus dem Stabsbereich müssen für die Informationsgewinnung gut vorbereitet sein, da bei der Arbeit im Stabsbereich, z.B. das Anfertigen von Stellungnahmen zu bestimmten Themen oder die Erstellung von Rundschreiben, auf vorhandene

1 Vgl. Hanschke (1989) S. 496.

2 Vgl. Hanschke (1989) S. 496.

Dokumentenbestände zugegriffen werden muß, deren Dokumente aber nicht notwendigerweise für die Aufgabenstellung des Informationssuchenden erstellt worden sind. Die Aufgabenstellungen, die an die Fachkräfte gerichtet sind, sind stark themenbezogen. Ein gezielter Zugriff (anhand von Formalkriterien) ist nur möglich, wenn der Informationssuchende genau weiß, wo seine Informationen zu finden sind. Ansonsten wird er eine inhaltliche oder konzeptionelle Suche vornehmen, je nachdem, wie präzise er seinen Suchraum abgrenzen kann. Bei einer inhaltlichen Suche weiß der Suchende nach welchen Inhalten er suchen muß. Bei einer konzeptionellen Suche ist der Suchraum nicht so genau spezifiziert und dem Suchenden müssen Hilfestellungen für eine Informationsgewinnung gegeben werden[1].

Eine Unternehmensdokumentenarchitektur kann die Informationsgewinnung präparierend unterstützen, indem sie Attribute vorsieht, die eine inhaltliche Suche ermöglichen.

2.6 Gestaltungshilfsmittel

Der Aufbau einer Unternehmensdokumentenarchitektur (UDA) ist detailliert zu dokumentieren. Die Dokumentation muß eine genaue Beschreibung der Dokumenttypen, ihres Zwecks, ihrer Zielsetzungen, ihrer Struktur und der sie beschreibenden Attribute und Elemente enthalten. Die Dokumentation im Anschluß an die Attribut- und Elementspezifikation wird das Grundkonzept sein, auf dem alle folgenden Arbeiten bis hin zur endgültigen Dokumentenarchitektur aufbauen. Die Dokumentation unterscheidet zwischen einem Dokumentgrundtyp, der gewissermaßen die allen Dokumenten gemeinsamen Attribute und Elemente enthält, und den herausgebildeten Dokumenttypen, die spezifische Besonderheiten aufweisen.

Zunächst ist der Dokumentgrundtyp zu beschreiben. Im Anschluß daran erfolgt die Beschreibung der herausgebildeten Dokumenttypen in iterativer Weise. Hilfreich ist es bei der Entwicklung des ersten Dokumenttypes ein entsprechendes Wörterbuch (ein Document Dictionary in Anlehnung an das Data Dictionary) anzulegen und mit den folgenden Dokumenttypen fortzuführen. So wie ein Data Dictionary ein Verzeichnis ist, das Meta-Information[2] über den Umfang, die Struktur und die Speicherungsform sowie die Verwendung der in einem Datenbestand vorhan-

---

1 Zu Suchstrategien und Retrievalwerkzeugen vgl. auch Freiburg (1987) S. 93 ff., Laisiepen (1972) S. 177 ff.

2 Vgl. Seibt (1989) S. 23.

denen Daten gibt[1], so wird ein Document Dictionary ein Verzeichnis als Teil eines Organisationshandbuches sein, das Informationen über die in einem Dokumentenbestand vorhandenen Dokumenttypen gibt. Das hier vorgeschlagene Wörterbuch muß zu jedem vorkommenden Element eine Begriffsfestlegung (Definition) sowie die mit den Dokumenten, Elementen oder Attributen verbundenen Verarbeitungsvorschriften und deren Auswirkungen und die einbezogenen Arbeitsplätze enthalten.

In Analogie zu Datenkatalogen, die neben einer ausführlichen Definition weitere Merkmale wie z.B. Suchkriterien, Verwendungsnachweis[2], einbezogene Handlungs- und Entscheidungsträger[3] enthalten können, sind Dokumentenkataloge (Document dictionaries) aufzubauen, die die in Abbildung 3 angegebenen Merkmale aufweisen.

Abb. 3: Aufbau des Document Dictionary

Markup name	Definition	Verwendungsumgebung	Verwendungszweck	Arbeitsplatztypen	Funktionen

Die Beziehungen zwischen Dokumentenkatalogen und Data Dictionaries sind nicht zufällig, denn Dokumente speichern Informationen (wenn auch in allgemeinerer Form) ebenso wie die aus der Software-Technologie bekannten Datenbanken. Viele der Gründe, die für die Verwendung von Data Dictionaries sprechen[4], treffen daher in angepaßter Weise auf ein Document Dictionary zu. Ein sorgfältig aufgebautes Dictionary wird wie auch das Data Dictionary zum Steuerungsinstrument des Informationsmanagements[5].

2.7 Modellierung von Dokumenten

Die Modellierung von Dokumenten hat vor dem Hintergrund einer geplanten Implementierung zu erfolgen. Diese kann auf der Basis herkömmlicher Datenbanktechnologie oder zu-künftiger Technologien erfolgen. Entscheidend für die Wahl der Technologie sind Aspekte wie:

---

1 Vgl. Schneider (1986).

2 Vgl. Stülpnagel (1987) S. 40 f.

3 Vgl. Ortner (1988) S. 28.

4 Vgl. Heuer (1988) S. 118 ff., Meier (1989) S. 67 und Biethahn (1990) S. 747, Seeler (1990) S. 63.

5 Vgl. Ortner (1988) S. 33.

- Flexibilität der Dokumentenstrukturen (Formulare oder flexibel strukturierte Dokumente),
- Implementierungszeitpunkt und Verfügbarkeit der erforderlichen Software,
- Umfang des zu implementierenden Dokumentenaufkommens (beeinflußt die Dauer des Planungs- und Implementierungszeitraumes).

Wie wichtig es ist, eine Dokumentenarchitektur offen zu gestalten, wird offensichtlich, wenn man die folgende Aussage von v. Bechtolsheim auf Dokumente überträgt: "Für die Nutzbarkeit der Datenbank-Anbindung ist es entscheidend, wie die von der Datenbank gelieferten Ergebnisse in der Wissensbasis dargestellt werden können"[1].

Eingesetzte Beschreibungstechnik

Bei der Festlegung der Dokumentenstruktur können Zielkonflikte auftreten. Einerseits müssen dem Ersteller von Berichten und anderen Dokumenten des Stabsbereiches Freiräume zur Förderung der Kreativität gelassen werden, andererseits verlangt die Forderung nach einer Corporate Identity auch eine gewisse Einheitlichkeit in der Dokumentengestaltung. Hier ist eine Beschreibung zu wählen, die beide Forderungen miteinander vereinbart.

Die technische Umsetzung einer Dokumentenarchitektur muß sich auf bekannte Beschreibungsmittel stützen, die zur Darstellung von Dokumenten und Dokumenttypen geeignet sind. Beschreibungsmittel können sein:

- (Objektorientierte) Daten- und Datenbankstrukturen
- grafische Darstellungen (Bäume)
- Formale Sprachen
- Methode des tagging (markups)
- Standards zur Beschreibung von Dokumentenarchitekturen.

Wichtig ist, ein Mittel auszuwählen, das mit standardisierter Software zu implementieren ist. Dies ist einerseits möglich über Datenbankstrukturen in einer der etablierten (nicht objektorientierten) Datenbanksprache wie z.B. DB2 von IBM. Dann aber kann die entworfene Struktur nicht in allen Bereichen der Dokumentenverarbeitung, wie z.B. der Textverarbeitung, genutzt werden (übrig bleiben nur die Verwaltungsaufgaben über das Do-

1 Vgl. Bechtolsheim (1991) S. 27.

kument). Solche Verfahren werden bereits praktiziert, wie eigene Untersuchungen bestätigen[1].

Andererseits kann man sich an internationale Standards halten, die früher oder später von der Bürosystem-Standardsoftware übernommen werden. Hierdurch wird ein echter Rationalisierungseffekt entstehen, wenn die beschreibenden Elemente direkt in das eigene System übergeleitet werden können. Ziel ist es also, Dokumente als Objekte dergestalt zu beschreiben, daß im Inneren des Objektes die für die jeweiligen Bearbeitungsvorgänge notwendigen Elemente in der Weise "eingebaut" werden, daß sie nur für diese Vorgänge sichtbar werden.

Wie sehr auch die neuere Forschung im Bereich der Dokumentenverarbeitung im weiteren Sinne vorhandene Standards in bestimmten Anwendungsgebieten nutzt, zeigen Forschungen bei der GMD[2], die beispielsweise syntax-gesteuerte Editoren auf SGML-Basis nutzt, um Dokumente inhaltlich auszuwerten.

Syntaxdiagramm

Da der sprachliche Ansatz sehr allgemein ist, wird hier ein Beschreibungsmittel verwendet, das aus der Entwicklung von Programmiersprachen kommt. Als Darstellungsmittel für die im folgenden beschriebenen Dokumenttypen werden Syntaxdiagramme eingesetzt. Syntaxdiagramme werden häufig zur Beschreibung der Syntax von Programmiersprachen verwendet. Die im folgenden für die Beschreibung der Elementtypen oder Dokumenttypen verwendeten Syntaxdiagramme sind gerichtete Graphen, mit einer Eingangs- und einer Ausgangskante. Die Knoten repräsentieren Attribute und Elementtypen. Die Attribute beschreiben Eigenschaften von Dokumenttypen/Elementtypen und können spezielle Werte annehmen. Die repräsentierten Elementtypen können durch sich selbst beschrieben werden oder durch andere Elementtypen oder sind nicht weiter auflösbar (diese Elementtypen werden Basistypen oder Basiselemente genannt). Basistypen und Attribute sind nicht schraffiert gezeichnet. Bei der Beschreibung der Elementtypen ist darauf zu achten, daß jeder Elementtyp auf Basistypen zurückführbar ist. Die Kanten verbinden die Knoten. Durchläuft man den Graphen entlang der gerichteten Kanten, so erhält man die zulässigen Alternativen der Dokument- bzw. Elementstrukturen. Läßt sich eine Kante in

1 So wurde bspw. in einer internationalen Behörde eine Datenbank entwikkelt, in der Profildaten eingehender Dokumente aufgenommen wurden. Die einzelnen Datensätze sind physisch nicht mit den Dokumenten, die sie beschreiben, verbunden; vgl. ADMDOC 1989.

2 Gesellschaft für Mathematik und Datenverarbeitung.

mehrere Richtungen fortsetzen, so stellt jeder Weg eine zulässige Strukturalternative dar. Abbildung 4 skizziert noch einmal die Lesevorschrift für Syntaxdiagramme.

Abb. 4: Lesevorschrift für Syntaxdiagramme

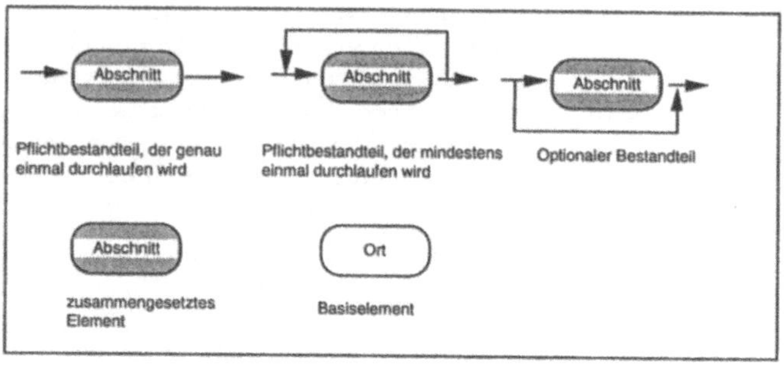

3 Allgemeine Dokumentenarchitektur

Die Unternehmensdokumentenarchitektur baut auf folgenden Prinzipien auf:

- einer formalen Sprache, wie z.B. SGML, dargestellt durch Syntaxdiagramme und
- einer Klammerung, dargestellt durch die Knoten der Syntaxdiagramme, die Anfangs- und Endekennzeichen (Markup) und den Inhalt des Elementes selbst darstellen.

Die gewählte Art der Darstellung ist eine vereinfachte Darstellung von Strukturen. Durch diese Abstraktion wird die logische Struktur der Dokumenttypen klar herausgestellt. Die Darstellung wurde unter Berücksichtigung internationaler Standards gewählt. Sie gewährt eine Flexibilität in der Struktur, um dynamisch verändernde Prozesse berücksichtigen zu können. Die Struktur muß daher beliebig erweiterbar und verschieden interpretierbar sein.

Beim Aufbau der allgemeinen Dokumentenarchitektur werden zunächst die Dokumenttypen festgelegt, wobei die allen gemeinsamen Elemente den Dokumentgrundtyp beschreiben. Die Typdefinition wird dabei am Dokumentenzweck ausgerichtet.

3.1 Ebene 1: Festlegung von Dokumenttypen

Zunächst, beginnend auf einer obersten Ebene, erfolgt die Ausarbeitung von Dokumenttypen auf der Basis des Dokumentgrundtyps. Unterschiedliche Dokumenttypen zeichnen sich durch charakteristische Merkmale aus, d.h. durch Elemente und Strukturen, die nur zu diesen Dokumenttypen gehören.

Die im folgenden (vgl. Abbildung 5) zugrunde gelegte Typeneinteilung erfolgt in Anlehnung an eine empirische Analyse in einem Verband des Kreditgewerbes[1]. Basis der Typeinteilung ist der Dokumentenzweck.

Festlegung der logischen Elemente

Festlegung der Bestandteile eines Dokumentes, die einer logischen Struktur angehören. Unter einer logischen Struktur versteht man das Ergebnis der Unterteilung des Inhaltes eines Do-

[1] In Anlehnung an BIFOA (1990).

kumentes in immer kleiner werdende Teile auf der Basis der Bedeutung ihres Inhaltes[1].

Abb. 5: Pilot-Dokumenttypen der Unternehmensdokumentenarchitektur

Festgelegt werden die Elemente, die in jedem Typ vorkommen, sowie diejenigen Elemente, die zu spezifischen Dokumenttypen gehören.

- Diejenigen Merkmale, die in allen Dokumenten auftreten, werden als Pflichtbestandteile aller Dokumenttypen in das Konzept aufgenommen und charakterisieren den Dokumentgrundtyp.
- Die dabei analysierten Spezifika bilden die charakteristischen Eigenschaften der Typen.

Es wird festgelegt, inwieweit diese Elemente zwingend oder optional zu behandeln sind. Hierbei gilt, daß die Festlegung der logischen Reihenfolge der Elemente grundsätzlich zwar beliebig ist, im Interesse der Lesbarkeit sollte sie jedoch bei allen Dokumenttypen einheitlich gehalten werden.

Festlegung der zulässigen Funktionen auf Dokument- bzw. Elementtyp und organisatorische Regelungen in Abhängigkeit der jeweiligen Arbeitsplatztypen

Für jeden Dokumenttyp muß in Abhängigkeit der jeweils betroffenen Arbeitsplatztypen festgelegt werden, welche der Funktionen Erstellen, Archivieren, Ablegen, Löschen, Verändern, Versenden erlaubt sind.

Festlegungen inhaltlicher Art betreffen die Vorschriften zur inhaltlichen Erschließung der Dokumente, wie z. B. Mindestanzahl von Suchbegriffen, zwingende Vergabe von Leitzahlen, Angabe von Zusammenfassungen.

1 Vgl. ISO (1986) S. 13.

Layout-Struktur

Im Rahmen dieser Arbeit wird die Layout-Struktur nur in Form eines erläuternden Beispiels behandelt, da das Layout auf die Architektur selbst keinen Einfluß hat und damit für die folgenden Ausführungen ohne Belang ist. Für eine reale Implementierung ist das Layout allein hinsichtlich der Nutzerakzeptanz von großer Bedeutung. Die Gestaltung des Layouts ist gemeinsam mit den Nutzergruppen zu erarbeiten.

3.2 Ebene 2: Aufbau der Dokumente-Grundelemente

Aus Gründen der Übersichtlichkeit und der Einheitlichkeit wird folgender modularer Aufbau für alle Dokumente vorgeschlagen (vgl. Abbildung 6)[1]. Damit wird der Grundtyp beschrieben.

Abb. 6: Grundelemente

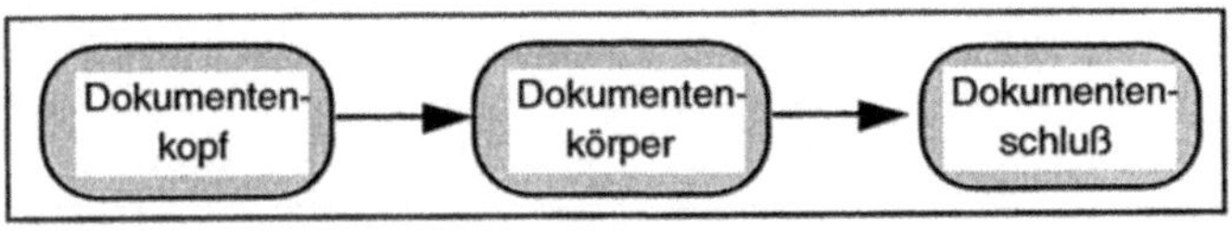

Diese drei Dokumentelemente unterscheiden sich untereinander im wesentlichen durch die Flexibilität ihrer Struktur.

Für die Struktur des Dokumentenkopfes und des -schlusses gilt ein relativ starrer Aufbau (feste Elemente, feste Reihenfolge und inhaltliche Festlegungen), während der Dokumentenkörper flexibler gestaltet werden kann.

3.2.1 Konventionen

Aus Gründen der Übersichtlichkeit und zum besseren Verständnis der im folgenden beschriebenen Unternehmensdokumentenarchitektur (UDA) wird die UDA nicht bis in jeden Basistyp spezifiziert. Wenn es das Verständnis zuläßt und die Übersichtlichkeit gefördert wird, werden Aggregationen von Elementtypen vorgenommen, die durch Schraffur gekennzeichnet sind. Die schraffierten Elemente sind zusammengesetzte Elemente aus weiteren Elementen (z. B. besteht das Element "Absender" aus Name, Vorname, Straße, Hausnummer, Postleitzahl, Ort). In der Beschreibung des Elementes werden jedoch die Details angegeben. Analog zur Lesevorschrift bei Syntaxdiagrammen gelten folgende Konventionen:

- Pfeile geben die Reihenfolge der Elemente an.
- Ein Pfeil unterhalb eines Elementes und nach rechts gerichtet deutet an, daß das Element optional ist.

1 In Anlehnung an BIFOA (1990).

- Ein Pfeil oberhalb eines Elementes und nach links gerichtet deutet an, daß das Element mehrfach hintereinander vorkommen kann.

Aus Gründen der Vereinfachung und Verkürzung der folgenden Beschreibung wird vereinbart, daß Elementtypen und deren Beschreibungen nur dann in den jeweiligen Dokumenttypbeschreibungen angegeben werden, wenn die für sie gültigen Festlegungen abweichend vom übergeordneten Dokumenttyp bzw. den allgemeinen Festlegungen des Dokumentgrundtyps festgelegt werden. Eigenschaften und Strukturen werden somit vererbt, wenn nicht explizit andere Festlegungen getroffen werden.

3.2.2 Ebene 3: Dokumentenkopf und Dokumentenprofil

Der Dokumentenkopf enthält folgende, für die Verarbeitung, die Verteilung, die Archivierung und das Retrieval des Dokumentes relevanten Angaben (vgl. Abbildung 7).

Abb. 7: Angaben zum Dokumentenkopf

Absender	(P*)
Dokumentenbezeichnung	(PD*)
Kennzeichen	(W*)
Datum	(W*)
Empfänger (Verteiler bei Mitteilungen oder Vorstandsinformationen)	(W*)
Erschließungsmerkmale (z. B. Leitzahlen)	(P*)
Zugeordnete Dokumente	(W*)
Tag und Ort der Sitzung (bei Sitzungsunterlagen, nicht Bestandteil des allgemeinen Dokumentenkopfes)	(PD*)
Ablageort (bei zugeordneten Dokumenten)	(PD*)
Verwaltende Stelle (bei zugeordneten Dokumenten)	(PD*)

P*: Pflichtbestandteil ,
PD*: Pflichtbestandteil bei einzelnen Dokumenttypen,
W*: Wahlbestandteil

Abbildung 8 veranschaulicht noch einmal die Elemente des allgemeinen Dokumentenkopfes. Dokumentenkopf und Dokumentenprofil (document profile) sind Sammlungen von Elementen. Während der hier beschriebene Dokumentenkopf Bestandteil des Dokumentes selbst ist, wie z.B. ein Briefkopf Bestandteil eines Briefes ist, so ist das Dokumentenprofil eine Sammlung von Informationen über das Dokument und aus diesem. Das Dokumentenprofil enthält somit alle Elemente des Dokumentenkopfes, kann darüber hinaus aber auch zusätzliche Informationen enthalten, die für die Verarbeitung der Dokumente im allgemeinen als wichtig erachtet werden. Eine Änderung des Dokumentenkopfes entspricht einer Änderung des Dokumentes selbst, da ja ein Bestandteil des Dokumentes manipuliert wird. Eine Änderung des Dokumentenprofils entspricht dagegen einer Bearbeitung an einem sonst unveränderten Dokument. Diese Unterscheidung ist insbesondere für den Dokumentenaustausch wichtig, da der Dokumentenkopf als ein Element eines Dokumentes für Sender und Empfänger dieselbe rechtliche Bedeutung hat, während das Dokumentenprofil von den jeweiligen organisatorischen Belangen von Sender bzw. Empfänger abhängt. Eine Änderung im Dokumentenprofil hat daher eine andere Bedeutung als eine Änderung im Dokumentenkopf.

Abb. 8: Allgemeiner Dokumentenkopf

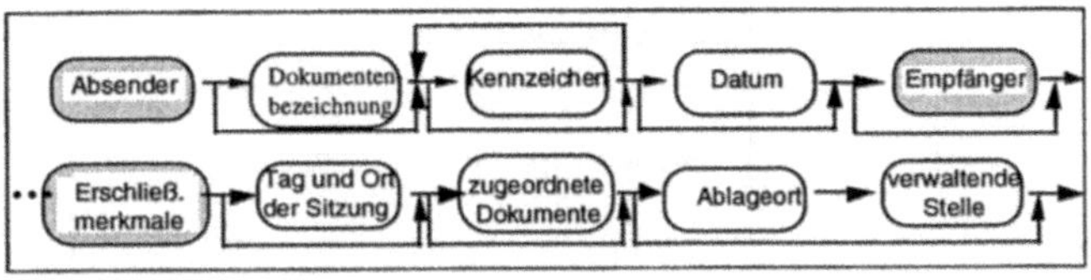

Aus Gründen der Allgemeinheit der folgenden Beschreibung wird daher der Dokumentenkopf beschrieben. Werden Bearbeitungen auf Dokumenttypen im ganzen oder Elementtypen im einzelnen angegeben, so geschieht dies beispielhaft für die das jeweilige Dokument erstellende Organisation.

Ebene 4: Elemente des Dokumentenkopfes

Im folgenden werden die wesentlichen Elemente des Dokumentenkopfes näher beschrieben. Soweit sie sich auf Abbildung 6 beziehen, werden Symbole aus 6 als Icons verwendet und durch ihre Numerierung (6a, 6b, usw.) als Teil von 6 kenntlich gemacht. Die Darstellung hat Formularcharakter, da sie nach einem einheitlichen Schema aufgebaut ist.

Abb. 8a:
zusammengesetztes
Element "Absender"

Absender	
Inhalt	• Name, Anschrift und Telefonnummer der sendenden Organisation • Vollständiger Name, Abteilung und Telefonnummer des Ansprechpartners, evtl. Diktatzeichen
Verwendung	• Eindeutige Identifizierung des Absenders
Zweck	• Gezieltes Wiederauffinden eines Dokumentes beim Empfänger • Verbessertes Feedback des Empfängers zum Autor

Arbeitsplatztypen und Prozesse

Arbeitsplatztypen	**Prozesse**	**Restriktionen**
Führungskraft	Dokumentenerstellung und Abstimmung	Element ist für Schreibzugriff gesperrt.
Fachkraft	Dokumentenerstellung und Abstimmung	Element ist für Schreibzugriff gesperrt.
Sachbearbeiter	Dokumentenerstellung und Abstimmung	Element ist für Schreibzugriff gesperrt.
Allgemeine Unterstützungskraft	Dokumentaufbereitung für Versand und Archiv	Element ist für Schreibzugriff gesperrt.
spezielle Unterstützung	Kontrolle und Verwaltung	Element sollte bei Generierung des jeweiligen Dokumenttyps

Abb. 8b:
Basiselement
"Dokumentenbezeichnung"

Dokumentenbezeichnung	
Inhalt	Das Element Dokumentenbezeichnung enthält: 1) Dokumenttyp, 2) eindeutige Bezeichnung (Bsp: Rundschreiben Nr. 20)
Verwendung	• eindeutige Identifizierung des Dokumentes und des Dokumenttyps
Zweck	• Unterstützung des gezielten Retrievals • Verbesserung der Information • Da mit jedem Dokumenttyp ein bestimmter Zweck verbunden ist, ist für den Empfänger anhand der expliziten Kennzeichnung des Dokumenttypes der Zweck direkt aus der Dokumentenbezeichnung erkennbar.

Arbeitsplatztypen und Prozesse

Arbeitsplatztypen	**Prozesse**	**Restriktionen**
Führungskraft	Dokumentenerstellung und Abstimmung	vordefiniertes Element ggf. mit Überschreibungsmöglichkeit
Fachkraft	Dokumentenerstellung und Abstimmung	vordefiniertes Element ggf. mit Überschreibungsmöglichkeit
Sachbearbeiter	Dokumentenerstellung und Abstimmung	vordefiniertes Element ggf. mit Überschreibungsmöglichkeit
Allgemeine Unterstützungskraft	Archivierung und Versendung	Verwendung als Ablagekriterium
spezielle Unterstützung	Kontrolle und Verwaltung	Vordefinition bei Generierung des jeweiligen Dokumenttyps im Hinblick

3.2.3 Ebene 3: Dokumentenkörper

Der Dokumentenkörper besteht aus der zu übermittelnden Information und ist entsprechend dem Dokumenttyp spezifiziert. Eine klare Strukturierung ist für die zukünftige elektronische Bearbeitung sehr wichtig, um:

- eine bessere Lesbarkeit und schnellere Aufnahme des Inhaltes zu ermöglichen,
- eine klare Trennung zwischen Dokumentenelementen einerseits und den ihnen zugeordneten Prozessen andererseits zu schaffen,
- eine Weiterverarbeitung einzelner Dokumentenbausteine - z. B. Textabschnitte oder Bilder - zu vereinfachen,
- eine Übertragung zwischen verschiedenen Hardware- und Software-Systemen einfach zu gestalten.

In Anlehnung an DIN 1422 (Gestaltung von Berichten), DIN 1421 (Gliederung in Texten) und DIN 31 630 (Grundlagen und formale Gestaltung von Registern) können folgende Strukturierungselemente unterschieden werden:

- Titelblatt,
- Inhaltsverzeichnis und Verzeichnisse von Bildern, Tabellen, Begriffen und Definitionen,
- Vorwort, Einleitung, Hauptteil und Schluß, jeweils aufgeteilt in Abschnitte, bestehend aus Abschnittüberschrift, Texten, Tabellen, Grafiken,
- Literaturverzeichnis, Register und Anhänge.

Diese Bestandteile können optional verwendet werden, ohne daß dadurch die Gestaltungsfreiheit des Autors eingeschränkt wird. Das in Abbildung 9 dargestellte Syntaxdiagramm zeigt eine sehr allgemeine Variante eines Dokumentenkörpers.

Abb. 9: Allgemeiner Dokumentenkörper

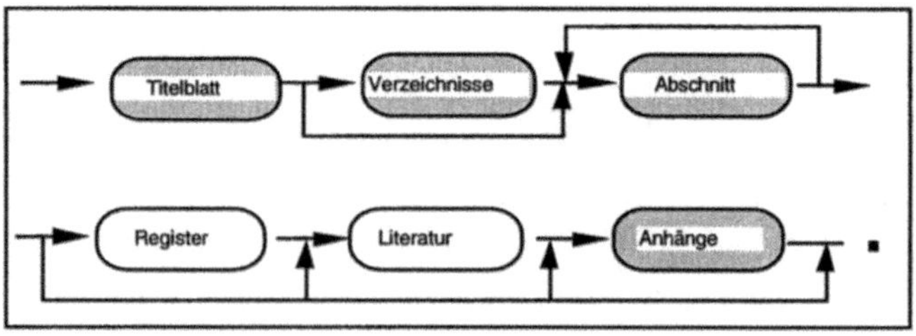

Wichtig ist bei einer Implementierung, daß Anfang und Ende jedes einzelnen Elementes des Körpers eindeutig sind. Es muß klar sein, welches Element vorliegt, z.B. ob ein Abschnitt oder nur ein Textabschnitt existiert und welchen Zusammenhang er mit den anderen Elementen hat. Dies ist insbesondere deshalb wichtig, weil einzelne Elemente, wie z.B. das Element "Abschnitt", durchaus rekursiv, d. h. durch sich selbst definiert sein können.

Elemente des Dokumentenkörpers

In Abbildung 10 wird beispielhaft eines der wesentlichen Elemente beschrieben, die ein Dokumentenkörper enthalten kann. Es wird dabei auf Allgemeingültigkeit Wert gelegt, die es erlaubt, diese Elemente zur Strukturierung aller längeren Dokumente zu nutzen. Das Beispiel des Abschnittes wurde gewählt, weil hieran die Rekursivität der Dokumentenstruktur erkennbar ist.

3.2.4 Ebene 3: Dokumentenschluß

Der Dokumentenschluß dient in erster Linie dazu, ein Dokument abzuschließen. Anhand dieser Markierung ist für den Leser erkennbar, ob er das Dokument vollständig vorliegen hat. Er kann aus der Unterschrift und/oder der Unterschrift im Klartext oder der Institutsbezeichnung bestehen.

3.3 Spezielle Dokumenttypen am Beispiel des Rundschreibens

In Abbildung 11 wird exemplarisch der Dokumenttyp Rundschreiben beschrieben. Dabei werden Elemente nur dann detailliert beschrieben, wenn ihre Handhabung innerhalb dieser Dokumenttypen von der Handhabung innerhalb des Dokumentgrundtyps verschieden ist.

Im folgenden werden Dokumentenzweck sowie inhaltliche und formale Hauptmerkmale beschrieben, die den Dokumenttyp definieren.

Abb. 10:
Allgemeine Struktur des zusammengesetzten Elementes Abschnitt

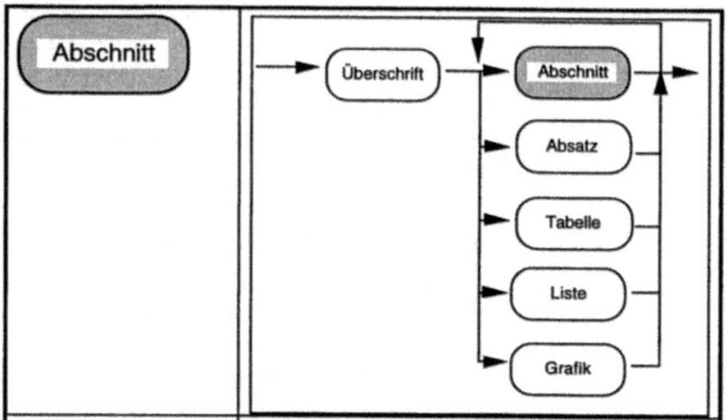

Inhalt	Inhaltlich unter einer Überschrift zusammengefaßter Teil eines Dokumentes.
Verwendung	In längeren Dokumenten
Zweck	•Förderung der Übersichtlichkeit •Verbesserung der Inhaltserschließung •Unterstützung der Gewinnung von Information aus dem Dokument •gedankliche Strukturierung des Inhalts der zu vermittelnden Botschaft •Unterstützung des Retrievals

Arbeitsplatztypen undProzesse		
Führungskraft	Dokumentenerstellung und Abstimmung	•Lese- und Schreibzugriff
Fachkraft	Dokumentenerstellung und Abstimmung	•Lese- und Schreibzugriff
Sachbearbeiter	Dokumentenerstellung und Abstimmung	•Lese- und Schreibzugriff
Allgemeine Unterstützungskraft	Erfassen und Dokument-aufbereitung zum Versand und Archiv	•Lese- und Schreibzugriff zu Korrekturzwecken
spezielle Unterstützung Dokumentenmanagement	Kontrolle und Verwaltung	Einrichtung der Dokumente, so daß sie abschnittsweise zugreifbar werden.

Abb. 11:
Rundschreiben als Beispiel eines speziellen Dokumenttyps

Beispiel: Rundschreiben

Dokumentenzweck	Rundschreiben dienen der Unterrichtung bestimmter Nutzerkreise.
Hauptmerkmale	• fester Verteiler • formaler Aufbau • fachliche Verbindlichkeit des Inhaltes

Arbeitsplatztypen und Prozesse

Arbeitsplatztypen	Prozesse	Restriktionen
Führungskraft	Dokumentenerstellung und Abstimmung	Lese- und Schreibzugriff auf alle Elemente
Fachkraft	Dokumentenerstellung und Abstimmung	Lese- und Schreibzugriff auf alle Elemente
Sachbearbeiter	Dokumentenerstellung und Abstimmung	Lesender Zugriff zur Information. Da dies für den Dokumenttyp vereinbart wird, gilt dies auch für alle Elemente
Allgemeine Unterstützungskraft	Archivierung und Versendung	Lese- und Schreibzugriff auf alle Elemente
spezielle Unterstützung Dokumentenmanagement	Kontrolle und Verwaltung	Festlegung von Voreinstellungen zur vereinfachten Verarbeitung

Es ist möglich, diesen Dokumenttyp durch Bildung von Subtypen untergliedern zu können, z. B. nach dem Empfängerkreis oder nach Themengebieten.

Beispiel 1: Subtypbildung nach dem Empfängerkreis

Es kann sich hierbei z.B. um Subtypen für spezielle Empfängerkreise wie Institutionen, Stellen, Organisationseinheiten oder sonstige[1] handeln.

Beispiel 2: Subtypbildung nach Themengebieten

Es kann sich hierbei um spezielle Fachrundschreiben für einzelne Sparten handeln.

Die Struktur des Rundschreibenkopfes wird in Abbildung 12 beschrieben, wobei detailliert nur diejenigen Felder beschrieben werden, die in ihrer Handhabung vom Grundtyp abweichen (vgl. Abbildungen 13 und 14).

Abb. 12: Struktur des Rundschreiben-Kopfes

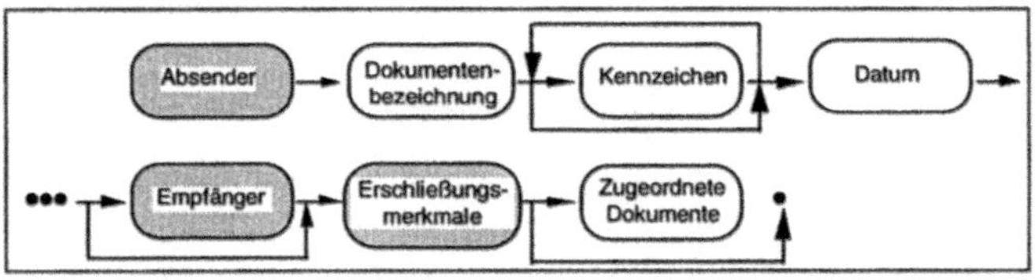

1 Zu den Rundschreiben zählen unter anderem folgende Dokumente:
- Allgemeine Rundschreiben zur allgemeinen Unterrichtung der angeschlossenen Institute.
- Fachrundschreiben mit Informationen, die nur für spezielle Fachabteilungen von Bedeutung sind.
- Mitteilungen und Vorstandsinformationen mit vorstands- und geschäftspolitischen Themen.

Abb. 12a: Zusammengesetztes Element "Empfänger"

Empfänger

Inhalt	Es werden spezifische Zielgruppen , z.B. Vorstände oder Fachkräfte angesprochen. In der Regel handelt es sich um Themenkreise, die nur für diese Zielgruppen relevant sind. Daher ist bei diesen Dokumenten eine Empfängerangabe notwendig. Beispiele für Empfängerangaben sind bei Mitteilungen und Vorstandsinformationen Geschäftsleitungen und Vorstände.
Verwendung	Analog zum Dokumentgrundtyp
Zweck	Analog zum Dokumentgrundtyp

Arbeitsplatztypen und Prozesse

Arbeitsplatztypen	Prozesse	Restriktionen
Führungskraft	Dokumentenerstellung und Abstimmung	Keine Anzeige oder lesender Zugriff
Fachkraft	Dokumentenerstellung und Abstimmung	Keine Anzeige oder lesender Zugriff
Sachbearbeiter	Dokumentenerstellung und Abstimmung	Keine Anzeige oder lesender Zugriff
Allgemeine Unterstützungskraft	Archivierung und Versendung	Keine Anzeige oder lesender Zugriff
spezielle Unterstützung Dokumenten-management	Kontrolle und Verwaltung	Festlegung des Empfänger-kreises bei Erstellung des Dokumenttyps zur Unterstützung eines auto-matisierten Versandes

Abb.12b: Zusammengesetztes Element "Erschließungsmerkmale"

Erschließungsmerkmale	
Inhalt	• 1 oder mehrere Leitzahlen aus einem Aktenplan • 1 oder mehrere standardisierte Suchbegriffe aus einem Thesaurus • n freie Suchbegriffe, deren Aufbau beliebig ist (kann evtl. weiter strukturiert werden). • Ein Betreff und / oder eine Zusammenfassung: Der Umfang und Aufbau der Zusammenfassung: 1 - 10 Zeilen; kurzer, nicht weiter strukturierter Text. Eine Zusammenfassung wird bei Dokumenten mit 2 und mehr Seiten zwingend vorgeschrieben. (vgl. Abstract nach DIN 1422).
Verwendung	Analog Dokumentgrundtyp
Zweck	Analog Dokumentgrundtyp
Arbeitsplatztypen und Prozesse	
Im wesentlichen vergleichbar mit dem Dokumentgrundtyp, nur Beschränkung auf Lesezugriff beim Sachbearbeiter (vgl. Vereinbarung zum Dokumenttyp Rundschreiben als Ganzes).	

Abb. 13:
Aufbau des Rundschreibenkörpers

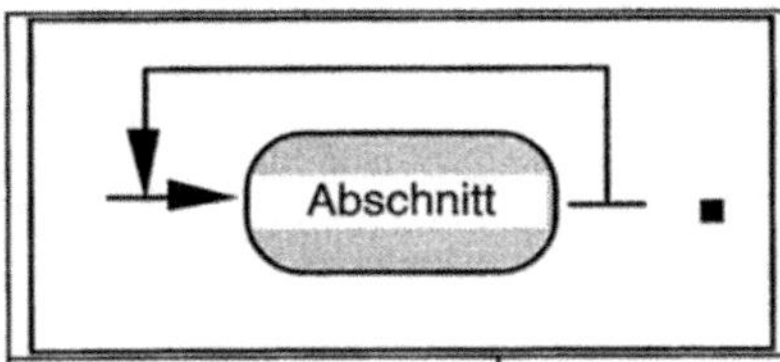

Restriktion	Rundschreiben sollten nur maximal zwei Ebenen tief geschachtelt werden.

Abb. 14:
Layout-Struktur für Rundschreiben

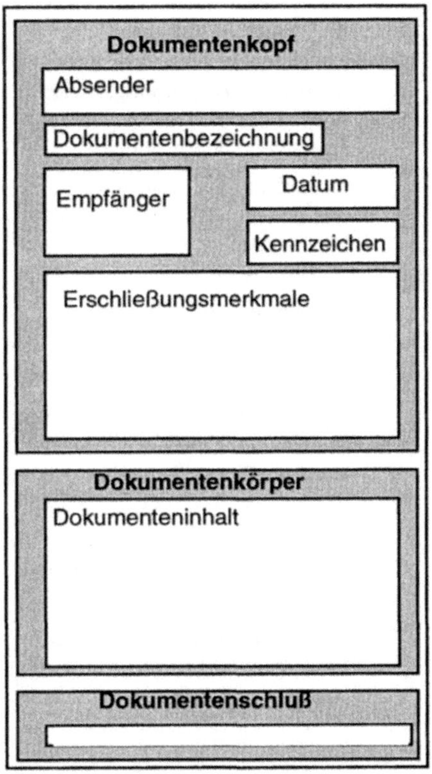

4 Literatur

ADMDOC (1989): Document administrating system, User manual. Commission of the European Communities, Directorate General, Telecommunications, Information Industries and Innovation DG XIII. Brussels 1989.

Bechtolsheim, Mathias von (1991): Der gordische KI-Knoten - Die technische Integration von Expertensystemen. In: Information Management, o. Jg. 1991, Heft 1, S. 24-31.

Biethahn, Jörg; Rohrig, Norbert (1990): Datenmanagement. In: Kurbel, Karl; Strunz, Horst (Hrsg.): Handbuch der Wirtschaftsinformatik. Stuttgart 1990, S. 737-755.

BIFOA (1990): Einheitliche Informationsaufbereitung und -darstellung im Rahmen der S-Dokumentenarchitektur (SDA). Hrsg. vom BIFOA im Auftrag des Deutschen Sparkassen- und Giroverbandes. Köln 1990.

Breutmann, Bernd; Burkhard, Rainer (1992): Objektorientierte Systeme - Grundlagen - Werkzeuge - Einsatz. München 1992.

Burghardt, Manfred (1988): Projektmanagement - Leitfaden für die Planung, Überwachung und Steuerung von Entwicklungsprojekten. Siemens AG München, 1988.

Duncan, Elizabeth B. (1989): A Facet Approach to Hypertext?. In: Mc Aleese, Ray (Hrsg.): Hypertext: theory into practice. Oxford 1989, S. 157-163.

Freiburg, Dietmar (1987): Ergonomie in Retrievalsystemen. New York 1987.

Frese, Erich (1987): Grundlagen der Organisation - Die Organisationsstruktur der Unternehmung. 3. Auflage, Wiesbaden 1987.

Graham, Ian (1991): Object Oriented Methods. Reading 1991.

Hanschke, Winfried; Kobialka, Hans-Ulrich; Timm, Michael (1989): Dokumentverwaltung in modernen Software-Entwicklungsumgebungen. In: Angewandte Informatik, 31. Jg. 1989, S. 493-499.

Heuer, Klaus (1988): Die Rolle von Dictionary-Systemen in Software-Produktionsumgebungen. In: Österle, Hubert (Hrsg.): Anleitung zu einer praxisorientierten Software-Entwicklungsumgebung. Hallbergmoos 1988, S. 117-133.

Höring, Klaus: Technikeinsatz - wirtschaftlicher Erfolg und Unternehmensstrategie. In: Bullinger, Hans-Jörg (Hrsg.): Integrations-Management. Tagungsbericht, Office-Media 1989, S. 81-91.

Höring, Klaus: Theoretische und konzeptionelle Grundlagen der Bürosystemplanung. Bergisch Gladbach 1990.

ISO: Information Processing - Text and Office Systems - Office Document Architecture and Interchange Format. International Standardization Organisation. Genf 1988.

Karbach, Werner: Methoden und Techniken des Knowledge Engineering. Arbeitspapier Nr. 388 der GMD, Gesellschaft für Mathematik und Datenverarbeitung. St. Augustin 1988.

Laisiepen, Klaus; Lutterbeck, Ernst; Meyer-Uhlenried, Karl-Heinrich: Grundlagen der praktischen Information und Dokumentation. München - Pullach - Berlin 1972.

Meier, Andreas: Datenmanagement: Herausforderung an das Management. In: io Management Zeitschrift, 58. Jg. 1989, S. 67-69.

Oesinghaus, Volker: Das UDM macht Zusammenhänge zwischen Informationen deutlich. In: Computerwoche, Nr. 15 vom 12. April 1991, S. 14-16.

Ortner, Erich: Unternehmensweite Datenmodellierung als Basis für integrierte Informationsverarbeitung in Wirtschaft und Verwaltung. In: Wirtschaftsinformatik, 33. Jg. 1991, S. 269 -280.

Ortner, Erich; Söllner, Bernhard: Data Dictionary - ein Werkzeug des Information-Resource Management. In: Information Management, o. Jg.1988, S. 26-33.

Reindl, Manfred: Re-Engineering des Datenmodells. In: Wirtschaftsinformatik, 33. Jg. 1991, S. 281-288.

Schneider, Hans-Jochen (Hrsg.): Lexikon der Informatik und Datenverarbeitung. 2. Auflage, München 1986.

Seeler, Jochen: Data-dictionary-gestützte Datenmodellierung bei der Effem GmbH. In: Handbuch der modernen Datenverarbeitung (HMD), 27. Jg. 1990, Heft 152, S. 55 -65.

Seibt, Dietrich: Methodengestütztes Controlling des Lebenszyklus von DV-Anwendungen. In: Maurer, Gerhard (Hrsg.): DV-Controlling - Externes und Internes Auditing der DV-Abteilung. München 1982, S. 50-89.

Seibt, Dietrich: Datenmodellierung - Aufgaben, Voraussetzungen und Konsequenzen. In: BIFOA-Fachseminar "Anwendungserfahrungen mit Methoden und Werkzeugen für die Datenmodellierung". Köln 1989.

Spang, Stefan: Modellierung internationaler Organisationen - Ein methodischer Ansatz für die Datensicht. In: Information Management, o. Jg. 1991, S. 36-44.

Stülpnagel, Alexander von: Repositories - Konzepte, Architekturen, Standards. In: Handbuch der modernen Datenverarbeitung (HMD), 28. Jg. 1991, Heft 161, S. 10-25.

Zukunftsorientiertes Dokumentenmanagement - Gestaltungsmöglichkeiten und Unterstützungspotentiale mit Konzept-Retrieval*

Heinz-Martin Hett, Dieter Klagge, Walter Nett**

* Teile des Beitrags wurden im Rahmen des BIFOA-Projektes "Zukunftsorientiertes Dokumentenmanagement (ZUDOM)" im Auftrag von Verity Europe erarbeitet.

** Dipl.-Inform. Heinz-Martin Hett, Gruppenleiter am BIFOA.
Dipl.-Kfm. Dieter Klagge, wiss. Mitarbeiter am BIFOA.
Dipl.-Inform. Walter Nett, wiss. Mitarbeiter am BIFOA.

1 Informationsversorgung in den Unternehmen - Herausforderungen der 90er Jahre

Die Unternehmen der 90er Jahre befinden sich in einem "Informationsdilemma". Die Anforderungen an die Entscheidungsträger steigen rapide. Fehlentscheidungen können zahlreiche Arbeitsplätze oder sogar das gesamte Unternehmen gefährden. Die Entscheidungsträger sind sich dieser Verantwortung bewußt, Entscheidungen "aus dem hohlen Bauch" sind heute eine Seltenheit, in der Regel werden umfangreiche Informationsbestände konsultiert, bevor eine Entscheidung getroffen wird. Auf der anderen Seite steigen aber auch die Anforderungen an die Schnelligkeit von Entscheidungen. Für lange Entscheidungswege - von der Informationssammlung über die Informationsverdichtung bis hin zur Konsultation zahlreicher Experten - ist in den meisten Entscheidungssituationen nicht viel Zeit. Gefordert ist statt dessen ein Verhalten, bei dem schnell und flexibel auf neue Umweltzustände reagiert und entschieden wird[1].

Das enorme Bedürfnis der Unternehmen nach Informationen ist von der "Angebotsseite" her nicht unbeantwortet geblieben. Ständig werden neue Informationsdienstleistungen geschaffen, die Menge an Informationen steigt exponentiell. Dieses Wachstum betrifft sowohl Daten, die von außen in das Unternehmen fließen, als auch intern erzeugte Informationen (z. B. Berichte). Das Anwachsen der Informationsbestände hat die Lage der Unternehmen jedoch nicht erleichtert. Sie sehen sich einer Flut an Daten ausgeliefert, die sie durch traditionelle Techniken der Informationsvermittlung kaum noch beherrschen können und aus der gezielte Informationen oder gar Wissen nur aufwendig herausgefiltert werden können.

Es bestehen noch weitere Herausforderungen an die Informationsversorgung: Durch die Einführung "flacher Organisationen", d. h. durch den Wegfall von Positionen der mittleren Entscheidungsebenen, erhalten auch Mitarbeiter der unteren Hierarchie-Ebenen Entscheidungskompetenzen. Diese Mitarbeiter verfügen jedoch im Gegensatz zum Top-Management nicht über Assistenten oder Stäbe, die Entscheidungen vorbereiten. Gleichwohl sind die Anforderungen an ihre Entscheidungen hoch. Wichtig für diese Mitarbeiter ist daher eine Informationsversorgung, die nicht

1 Bullinger, Hans-Jörg: Informationsmanagement und Organisation eines Unternehmens am Ausgang des 20. Jahrhunderts. In: Jaspersen, Thomas; Warsch, Christian (Hrsg.): EDI in der Praxis. Bergheim 1994, S. 34-67.

auf persönlich zugeordnete Informationsvermittlungsstellen angewiesen ist und dennoch die Sammlung, Verdichtung und Aufbereitung relevanter Informationen sicherstellt[1].

Führungskonzepte, die die Motivation der Mitarbeiter steigern sollen, wie beispielsweise die Erweiterung der Entscheidungskompetenz oder die ganzheitliche Vorgangsbearbeitung[2], können ebenfalls nur funktionieren, wenn eine Infrastruktur zur Verfügung steht, die den Zugriff auf die relevanten Informationen ermöglicht. Auch aus Sicht des einzelnen Mitarbeiters ist die Bereitstellung aktueller und präziser Informationen zwingend: Die Unternehmen erwarten von ihren Mitarbeitern - zu Recht - lebenslange Fortbildung und ständige Erneuerung ihres Wissens. Dann ist es aber auch unabdingbar, die zur Aufgabenerfüllung notwendigen Informationen zur Verfügung zu stellen.

Mit dem Auftreten von Vorgangsmanagementsystemen als besonderer Facette des Dokumentenmanagements zu Beginn der 90er Jahre entsteht eine weitere Herausforderung an die unternehmensweite Informationsversorgung[3]: Während es bislang noch vorrangig um die Speicherung und Wiedergewinnung von sog. "non-coded information" ging, also von Dokumenten, die nicht maschinell interpretiert werden können und nur als Bild vorliegen, verknüpfen Vorgangsmanagementsysteme diese Archivierungslösungen mit strukturierter Vorgangsbearbeitung. Durch Funktionen wie beispielsweise automatische Weiterleitung von Dokumenten, Lastausgleich zwischen Bearbeitern und systemgenerierte Zusammenführung gesplitteter Teilabläufe wird dem Bürobereich ein Rationalisierungspotential erschlossen, wie es bisher nur dem Fertigungsbereich vorbehalten schien. Gleichzeitig wird die Informationsbasis des "Büromanagers" beträchtlich erhöht, so daß beispielsweise Spitzenbelastungen besser ausgeglichen oder "Langläufer" im Vorgangsbestand der Mitarbeiter aufgefunden werden können. Eine effiziente Vorgangsbearbeitung - insbesondere wenn sie durch ein Vorgangsmanagementsystem unterstützt wird - setzt immer voraus, daß Bearbeiter die für den aktuellen Vorgang notwendigen Informationen im schnellen Zugriff haben.

---

1 Mertens, Peter; Plattfaut, Eberhard: Informationstechnik als strategische Waffe. In: Information Management, 1986, Heft 2, S. 6-17.

2 Bullinger, Hans-Jörg; Fähnrich, Klaus-Peter; Niemeier, Joachim: Informations- und Kommunikationssysteme für "schlanke Unternehmungen". In: Office Management, 42. Jg. 1993, Heft 1-2, S. 6-19.

3 BIFOA-Marktübersicht: Vorgangsmanagementsysteme. Köln 1993.

Abbildung 1 faßt die Herausforderungen an die Informationsversorgung zusammen:

Abb.1:
Herausforderungen an die Informationsversorgung

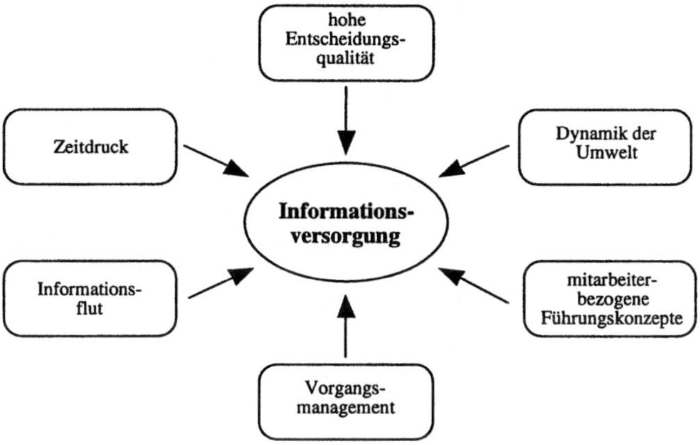

2 Konsequenzen für die betriebliche Informationsversorgung

Daß der Informationsbedarf durch rechnergestützte Informationsdienste befriedigt werden kann, ist unstreitig. Begünstigt wird diese Art des Zugriffes dadurch, daß sich der Anteil an Informationen, die elektronisch verfügbar sind oder auf einfache Weise elektronisch verfügbar gemacht werden könnten, im Vergleich zu den papiergebundenen Informationen wesentlich erhöht hat. Trotzdem ist der Großteil (mehr als 80 %) der Informationen, die Mitarbeiter zur Aufgabenerfüllung benötigen, nach wie vor auf Papier festgehalten.

Die Handhabung der Informationen, insbesondere ihre Wiedergewinnung, hat sich im betrieblichen Umfeld in den letzten zwanzig Jahren kaum verändert. Herkömmliche Retrievaltechniken wie Stichwortsuche, Boolesches Retrieval und Statistisches Ranking (siehe unten) werden den Herausforderungen aber heute nicht mehr gerecht. Oftmals produzieren sie ein Suchergebnis, das entweder die wichtigsten Informationen nicht enthält, weil sie nicht exakt in der Suchabfrage abgebildet sind, oder sie überladen mit einer Flut von Dokumenten, deren Relevanz erst nach gründlicher Überprüfung der Inhalte eingeschätzt werden kann. Hinsichtlich der Bearbeitungszeit unterscheidet sich ein irrelevantes Dokument jedoch kaum von einem relevanten: Die Feststellung der Irrelevanz ist meist nicht weniger aufwendig als die Auswertung eines relevanten Dokumentes. Es ist daher nicht verwunderlich, daß in vielen Fällen die Informationssuche immer noch mehr Zeit beansprucht als die tatsächliche Nutzung der gefundenen Informationen.

Gefordert sind daher Systeme, die den Mitarbeiter besser, häufiger und schneller informieren. Ein modernes Retrievalsystem kann als die dritte "Säule" einer ausgereiften IT-Ausstattung des qualifizierten, eigenverantwortlichen Mitarbeiters aufgefaßt werden - neben benutzerfreundlichen und aufgabenadäquaten Werkzeugen der individuellen Datenverarbeitung (wie Tabellenkalkulation, Textverarbeitung u. ä.)[1] sowie einer Bürokommunikations-Unterstützung, wie sie beispielsweise mit einem unternehmensweiten Electronic Mail realisiert werden kann[2].

1 Wuppertaler Kreis e. V. (Hrsg.): Individuelle Datenverarbeitung: Ein Leitfaden für mittelständische Unternehmer. Köln 1995.

2 Picot, Arnold; Reichwald, Ralf: Bürokommunikation: Leitsätze für den Anwender. 3. Aufl., Hallbergmoos 1987.

Um jedoch einer Informationsüberflutung entgegenzuwirken, müssen die Informationsströme gefiltert und an den richtigen Arbeitsplatz geführt werden. Das Hol-Prinzip der Informationsvermittlung im Unternehmen ist über"holt"; vielmehr ist es das Gebot der zukunftssicheren Informationsversorgung, die richtige Information zur rechten Zeit in der richtigen Form an den richtigen Arbeitsplatz zu bringen.

Ein modernes Retrievalsystem, das die Beschränkungen konventioneller Techniken durchbricht, kann zugleich die Informationsverarbeitung in eine neue strategische Dimension heben. Bisher wurden Daten und Dokumente weitgehend isoliert verwaltet. Während Datenbanksysteme den Zugriff auf strukturierte Informationen nach einer Vielzahl von Kriterien möglich machten, waren die Dokumente in gesonderten Archiven abgelegt und entzogen sich häufig dem gezielten inhaltlichen Zugriff. Durch ein modernes Retrievalsystem kann es gelingen, Daten und Dokumente - interne wie externe - zu einem integrierten Informationspool zusammenzuführen und damit den hohen Anforderungen an die Informationsversorgung gerecht zu werden.

Immer bedeutender wird auch der überbetriebliche Informationsaustausch: Unternehmenspartnerschaften, die für die Entwicklung neuer Produkte aufgebaut werden, oder Lieferanten-Kunden-Beziehungen, die nicht nur materielle Güter und finanzielle Mittel, sondern auch Information austauschen, erhöhen die im Unternehmen vorhandenen Informationsbestände zusätzlich. Typische Beispiele sind Versuchsberichte, Marktanalysen, Besprechungsprotokolle u. ä. Besondere Bedeu-tung erhält dabei der Zugriff auf entfernte Datenbestände über Datennetze[1].

---

1 Kubicek, Herbert: Der überbetriebliche Informationsverbund als Herausforderung an die Organisationsforschung und -praxis. In: Information Management, 1991, Heft 2, S. 6-15.

3 Positionierung und Marktverfügbarkeit ausgewählter Technologien zur Handhabung von Dokumenten

Weithin bekannte und verbreitete Technologien für die Handhabung von Dokumenten sind Imagingsysteme für Faksimiledokumente und Textretrieval für Volltextdokumente. Diese beiden Systemkatagorien wachsen künftig enger zusammen, da zur Verwaltung der Images Textinformationen eingebracht werden müssen. Andererseits werden diese Systeme durch sog. Textfilter- und Verteilsysteme ergänzt, die die bisher eher statischen Dokumentenbestände um dynamische Informationsströme ergänzen.

3.1 Imagingsysteme

Imagingsysteme[1] bilden die Plattform zur Verwaltung und Bearbeitung insbesondere nicht-digitaler Medien mit Hilfe digitaler Technologien. Papierdokumente werden durch Scanner abgetastet und auf großvolumigen laseroptischen Speicherplatten aufgezeichnet, die in sog. Jukeboxen zusammengefaßt werden. Nach dem Abtastvorgang liegt das Dokument als Faksimile in nicht-codierter Form vor und kann durch OCR-Verfahren in maschinenlesbare Form überführt werden. Die gescannten Dokumentenabbilder werden in eine spezielle Image-Datenbank, die daraus erzeugten Textdokumente in eine Text-Datenbank eingestellt. Textdokumente können mit den ihnen zugehörigen Dokumentenabbildern mittels sog. Hyperlinks verbunden werden, so daß es möglich ist, nach einem Textdokument zu recherchieren und - dem Hyperlink folgend - zu den dazugehörigen Faksimiles zu gelangen, um zum Beispiel eine Unterschrift zu prüfen oder eine Abbildung zu betrachten.

3.2 Textretrievalsysteme

Textretrieval[2] zielt darauf ab, dem Benutzer diejenigen Dokumente zur Verfügung zu stellen, die am ehesten seinem Informationswunsch in einer bestimmten Problemsituation (Ziele,

---

1 Gulbins, Jürgen; Seyfried, Markus; Strack-Zimmermann, Hans: Elektronische Archivierungssysteme: Image-Management-Systeme, Dokument-Management-Systeme. Berlin [u.a.] 1993.

2 Bain, Malcolm et al.: Free Text Retrieval Systems - A Review and Evaluation. London 1989.

Aufgaben, Absichten) gerecht werden. Ausgangspunkt ist ein Informationsbedürfnis, das in einer Anfrage an ein Retrievalsystem ausgedrückt wird. Die Anfrage wird häufig in einer formalen Retrievalsprache formuliert und zeichnet ein ungefähres und unvollkommenes Bild des eigentlichen Informationsbedürfnisses. Ein Abgleich zwischen der Anfrage und den gespeicherten Dokumenten führt zur Auswahl möglicherweise relevanter Dokumente als Suchergebnis.

3.3 Integrierte Textmanagementsysteme

Auch wenn eine Datenbank nur Images (Faksimiles, Bilder, Videosequenzen, Grafiken) enthält und nicht für OCR-Konvertierung vorgesehen ist, ist im allgemeinen ein Textmanagementsystem[1] als Verwaltungskomponente für diese Images erforderlich (vgl. Abbildung 4). Die Textinformationen bilden hierbei das Medium, um den Inhalt der Images zu beschreiben und die Indexinformationen für eine schnelle Suche bereitzustellen. Textmanagementsysteme haben eine Reihe von Gemeinsamkeiten mit On-line-Retrieval-Systemen, wie sie in Bibliotheken oder Informationszentren im Einsatz sind. Darüber hinaus sind sie speziell darauf ausgelegt, große Textmengen - auch Volltext - zu verarbeiten und von Benutzern ohne spezifische DV-Kenntnisse bedient bzw. benutzt zu werden. Die grundlegenden konzeptionellen Möglichkeiten (Retrievaltechnologien), auf denen Textmanagementsysteme beruhen können, werden im folgenden Kapitel gemäß ihrer historischen Entwicklung beschrieben.

Abb. 2: Integriertes Textmanagement

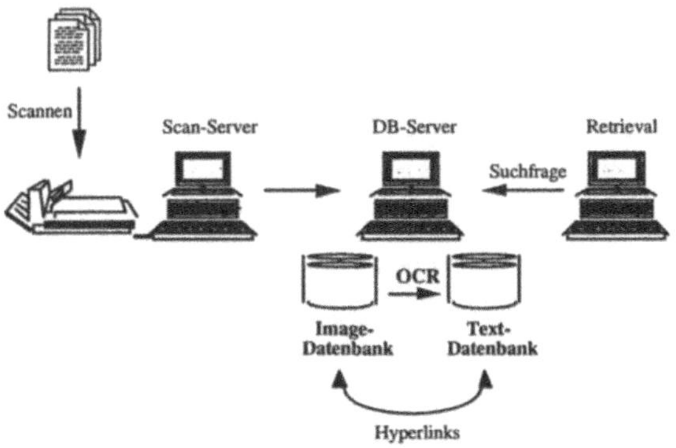

[1] Locke, Christopher: The Dark Side of DIP [Document Image Processing]. In: Byte, Vol. 16, 1991, No. 4, S. 193-204.

3.4 Informationsfilter- und -verteilsysteme

Informationsfilter- und -verteilsysteme[1] (vgl. Abbildung 3) unterstützen die Benutzer bei der Selektion relevanter Informationen aus kontinuierlichen oder diskreten Textinformationsströmen, wie Tickerdiensten von Nachrichtenagenturen[2] oder Electronic Mail-Services[3].

Abb. 3: Informationsfilter- und -verteilsysteme

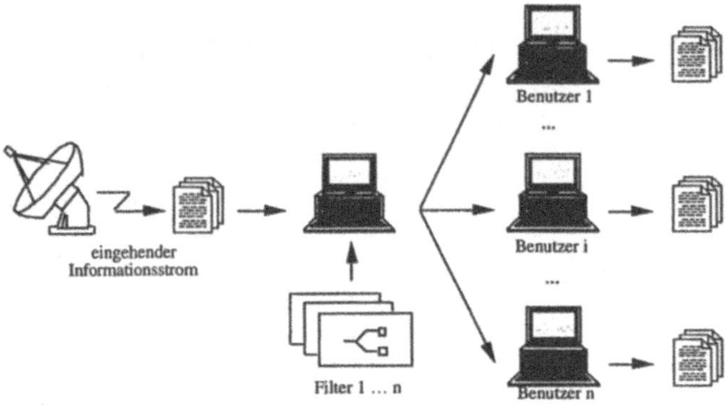

Adressaten der Informationen sind Benutzer(gruppen), die ein relativ stabiles, auf längere Zeit ausgerichtetes oder periodisch wiederkehrendes Informationsinteresse haben. Dieses Informationsinteresse wird in sog. Filterprofilen beschrieben, die in die Informationsströme eingebracht werden und potentiell relevante Informationen extrahieren oder irrelevante Informationen ausblenden.

1 Belkin, Nicholas J.; Croft, Bruce W.: Information Filtering and Information Retrieval: Two Sides of the Same Coin? In: Communications of the ACM, Vol. 35, 1992, No. 12, S. 29-38.

2 Ballou, Melinda-Carol: Real-Time Text Manager Accesses Wire Services. In: digital review, June 19, 1989. Pollack, Andrew: Computers That Read, Analyze and Sort Data. In: The New York Times, Vol. 138, 1989, No. 47888. Masand, Brij; Linoff, Gordon; Waltz, David: Classifying News Stories using Memory-Based Reasoning. In: SIGIR'92 - Proceedings of the Fifteenth Annual International ACM SIGIR Conference on Research and Development in Information Retrieval, hrsg. von Nicholas Belkin, Copenhagen, 1992, S. 59-65.

3 Robinson, Mike: Through a Lens Smartly. In: Byte, Vol. 16, 1991, No. 5, S. 177-187.

4 Entwicklungsstufen des Textretrieval

4.1 Stichwortsuche

Stichwortsuche[1] (gelegentlich auch Volltextsuche oder Freitextsuche genannt) ist die einfachste Form des Retrieval nach Worten: der Benutzer gibt zur Suche eine Zeichenkette - ein Stichwort - ein und der Rechner findet alle Dokumente, in denen diese Zeichenkette vorkommt. Explizite logische Verknüpfungen von Suchworten werden zunächst außer acht gelassen; die Zeichenkette kann ein oder mehrere Suchworte (beispielsweise getrennt durch Leerzeichen, was meist einer logischen UND-Verknüpfung entspricht) umfassen. Stichwortsuche ist geeignet für überschaubar große Dokumentenbestände und liefert dann schnelle Suchergebnisse. Aufgrund der Einfachheit des Verfahrens ist keine besondere Schulung der Benutzer erforderlich. In Abhängigkeit von der Bedeutung einer Zeichenkette (d. h. eines Wortes) im Kontext (z. B. "Raum" im Sinne von "Lokation", "Weltall" oder "strukturierte Menge") kann es jedoch bei der Suche zu unpräzisen Ergebnissen kommen.

4.2 Boolesches Retrieval

Boolesches Retrieval[2] ist allgemein bekannt geworden durch Online-Datenbanken. Es erweitert den Ansatz der Stichwortsuche dadurch, daß es die explizite Verknüpfung der Suchworte mit logischen Operatoren (UND, ODER und NICHT) gestattet. Boolesche Suchtechniken entsprechen nicht unbedingt dem Allgemeinwissen, und ihre umfassende Anwendung setzt eine intensive Schulung voraus. Die Formulierung einer Suchfrage kann leicht zu einem aufwendigen Arbeitsschritt werden, da eine Vielzahl von Kombinationen der Suchbegriffe zu prüfen ist. Ihre Verwendung bleibt somit meist den Retrievalexperten vorbehalten. Um eine schnelle Abarbeitung von booleschen Suchfragen zu gewährleisten, muß das Suchsystem invertierte Dateien im Hintergrund verwalten. Nach der Abarbeitung der Suchfrage ist der Dokumentenbestand in zwei disjunkte Teilmengen segmen-

---

1 Gebhardt, Friedrich: Dokumentationssysteme. Berlin [u.a.] 1981. Gaus, Wilhelm: Dokumentations- und Ordnungslehre. Berlin [u.a.] 1983.

2 Gebhardt, Friedrich: Dokumentationssysteme. Berlin [u.a.] 1981. Rijsbergen, C. J. van: Information Retrieval. 2. Auflage, London [u.a.] 1981.

tiert: in Dokumente, die die Suchfrage erfüllen, und solche, die dies nicht tun. Abstufungen zwischen diesen beiden Punkten, etwa "das Dokument ist von möglichem Interesse", werden nicht erbracht. Die gefundenen Dokumente werden in der Regel in der Reihenfolge angezeigt, wie sie in den Dokumentenbestand aufgenommen wurden, und können nur nach formalen Kriterien sortiert werden (z. B. Autor, Datum).

4.3 Statistisches Ranking

Statistisches Ranking[1] stellt einen alternativen Ansatz dar und zielt darauf ab, Dokumente nach ihrer mutmaßlichen Relevanz im Hinblick auf die Suchfrage zu ordnen. Es basiert auf der Häufigkeit der Textworte und ihrer Position im Dokument und zeichnet ein statistisches Bild des Dokuments, um seinen Inhalt zu charakterisieren. Zur Suche wird eine im allgemeinen unverknüpfte Liste von Suchworten spezifiziert oder ein bekanntes Beispieldokument vorgegeben. Für die Bestandsdokumente werden nun statistische Maßzahlen berechnet, die ihre inhaltliche Ähnlichkeit mit dem Thema des Musterdokuments widerspiegeln. Zur Berechnung der Maßzahlen wurden eine Reihe von Verfahren (Ähnlichkeitskoeffizienten) vorgeschlagen. Die Ergebnisanzeige erfolgt meist in absteigender Rangfolge der berechneten Maßzahlen, so daß die mutmaßlich relevanten Dokumente am Beginn der Liste stehen. Die Defizite dieser Systeme liegen darin, daß die formulierten Suchfragen nicht flexibel geändert werden können. Statistisches Ranking wurde seit den 70er Jahren in Forschung und Labortests ausführlich behandelt, und eine Reihe kommerzieller Retrievalsysteme wurde um die entsprechende Funktionalität ergänzt. Zum Umgang mit dem statistischen Ranking in der Praxis liegen - zumindest im deutschsprachigen Raum - kaum Erfahrungsberichte aus Praxis-Anwendungen vor.

4.4 Konzept-Retrieval

Konzept-Retrieval[2] (auch themenorientiertes Dokumentenretrieval genannt) basiert auf einer Kombination der genannten Retrievaltechniken und einigen neuen Gesichtspunkten und ist die Anwendung von Erkenntnissen der Künstlichen Intelligenz auf Problemstellungen des Information Retrieval. Wesentliches Merkmal des Konzept-Retrieval ist, daß es nicht mehr nur nach

1 Willett, Peter (Hrsg): Document Retrieval Systems. London 1988.

2 Tong, R. M. et al.: A Knowledge Representation for Conceptual Information Retrieval. In: International Journal of Intelligent Systems, Vol. 4, 1989, No. 3, S. 259-283.

den in einem Dokument enthaltenen Worten sucht, sondern auf den inhaltlichen Gegenstand - das Thema - des Dokuments abzielt. Konzept-Retrieval prüft und gewichtet die Dokumente hinsichtlich der Fragestellung, um so zu einer Bewertung ihrer Relevanz zu gelangen. Je eindeutiger oder gewichtiger die behandelten Aspekte der Fragestellung im Dokument auftreten, um so wahrscheinlicher ist es, daß diese Begriffe den inhaltlichen Gegenstand des Dokumentes gut charakterisieren. Obgleich auch beim Konzept-Retrieval die Dokumente auf Wortebene analysiert werden, wird die Abhängigkeit dadurch reduziert, daß hierarchisch aufgebaute Suchfragen definiert werden (sog. search topics oder concepts). Konzept-Retrieval benötigt jedoch Vorarbeiten dahingehend, daß die search concepts und ihre Beziehungen untereinander zu definieren sind, ein Arbeitsschritt, der i. a. Expertenwissen über den fachlichen Gegenstandsbereich erfordert. Die so definierten Konzepte sind flexibel änderbar und sollten außerdem in bestimmten Zeitabständen auf die (zunehmende oder abnehmende) Relevanz von "Modewörtern" (z. B. "lean") geprüft werden.

Tabelle 1 faßt die historische Entwicklung[1] der Retrievaltechniken bis hin zum Konzept-Retrieval zusammen.

Tab. 1: Historische Entwicklung der Retrievaltechniken

	Stichwortsuche	**Boolesches Retrieval**	**Statistisches Retrieval**	**Konzept-Retrieval**
Entwicklung	ca. 1960	ca. 1965/70	ca. 1970/75	ca. 1985/90
Verfügbarkeit	Eigenentwicklungen, kommerziell verfügbar	in großem Umfang kommerziell verfügbar	Prototypen in Forschung und Entwicklung; ansatzweise kommerziell verfügbar	zunehmend ausgereifte Produkte kommerziell verfügbar
Einsatzkriterien	geeignet für kleine Datenbanken, ad-hoc-Suche, vorbestimmte, typische, definitive Ergebnisse	geeignet für große Datenbanken, ad-hoc-Suche, vorbestimmte, typische, definitive Ergebnisse	geeignet für große Datenbanken, ad-hoc-Suche, unbekannte Ergebnisse, exploratorische Suchläufe	geeignet für große Datenbanken, unbekannte Ergebnisse, detaillierte Einzelaspekte

1 Hawkins, Donald T.: Text Retrieval Technologies for Image (and other) Databases. In: Online, Vol. 16, 1992, No. 1, S. 92-94.

	Stichwortsuche	Boolesches Retrieval	Statistisches Retrieval	Konzept-Retrieval
Eigenschaften	Zeichenkettensuche einfach zu benutzen; unpräzise Ergebnisse möglich	ad hoc nicht einfach zu benutzen, auf Experten beschränkt; strikte Aufteilung in zwei überschneidungsfreie Ergebnisbereiche	Suchfragen einfach aufzubauen, aber nicht flexibel zu ändern	Suchthemenformulierung durch fachbezogene Kompetenz; auch Laien erhalten Expertenergebnisse

4.5 Ansatzpunkte zur Realisierung des Konzept-Retrieval

"Konzepte" oder "Suchthemen" entsprechen einer Gruppierung von Ideen und Begriffen, die mit diesen Ideen assoziiert sind, und gehen erheblich über das hinaus, was zeichenkettenorientierte Stichwortsuche oder boolesche Konstrukte zu leisten vermögen. Ein Suchthema läßt sich anschaulich als hierarchischer Suchbaum darstellen. Ein Suchthema (z. B. "Dokumentenmanagement", vgl. Abbildung 4) kann als Themenbaum dargestellt werden, der wiederum aus geschachtelten Teilbäumen besteht. Den Bestandteilen eines Themenbaums können numerische Werte (im Bereich von 0.00 = irrelevant bis 1.00 = sehr relevant) zugeordnet werden, die ihre Bedeutung für das übergeordnete Konstrukt widerspiegeln. Diese Werte sind ausschließlich relativer und subjektiver Natur und spezifizieren die Relevanz der Teilthemen im Hinblick auf die originäre Suchfrage.

Abb. 4: Konzept-Retrieval mit hierarchischen Suchbäumen

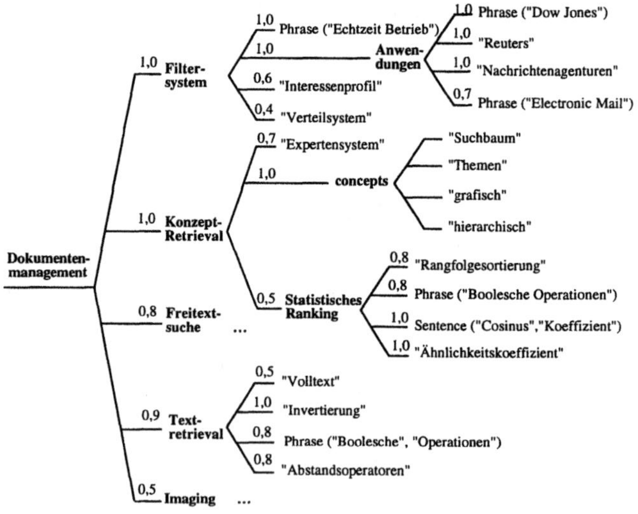

Die Plazierung der Suchbegriffe und Teilthemenbäume sowie ihre relativen Gewichte bilden die Grundlage, auf der für jedes Dokument eine Relevanzkennziffer berechnet wird und die gefundenen Dokumente in der Reihenfolge ihrer absteigenden mutmaßlichen Relevanz angezeigt werden.

Konzept-Retrieval geht weit über das hinaus, was eine einmalige Suche mit ad hoc vorliegenden Stichworten leisten kann; für eine solche einmalige Suche eignen sich die bereits bekannten und verbreiteten Verfahren wie Stichwortsuche oder boolesches Retrieval. Konzept-Retrieval zeigt vielmehr seine Stärke bei Fragestellungen, die in ähnlicher Weise in einer Vielzahl von Anwendungsfällen wiederverwendet werden können. Von besonderer Bedeutung für den Einsatz in der Praxis erscheinen Produkte, die sowohl die konventionellen Verfahren wie auch modernes Konzept-Retrieval unterstützen.

Ein Benutzer, der einen Informationsbedarf zu einem bestimmten Suchthema hat, prüft beim Konzept-Retrieval zunächst, ob bereits eine Suchfrage zu diesem Thema erstellt wurde. Ist dies nicht der Fall, liefert er einige - sein Suchthema beschreibende - Stichworte und ihre (groben) Beziehungen untereinander. Dies kann auch mittels einer sog. Query-by-Example-Komponente erfolgen, bei der ausgehend von einem Dokument, in dem die "interessanten" Begriffe (Suchbegriffe) markiert werden, das Query-by-Example-Modul eine (formale) Suchfrage konstruiert. Aus einer Vorschlagsliste (Thesaurus) fügt der Benutzer weitere verwandte Begriffe hinzu, verfeinert die Beziehungen und gewichtet die Suchworte. Wenn die Vorschlagsliste als statistischer Thesaurus ausgelegt ist, erfolgt eine dynamische Fortschreibung des Thesaurus, indem der ausgewählte Dokumentenbestand mittels statistischer Verfahren ausgewertet wird und Vorschläge für potentiell verwandte Begriffe generiert werden.

Auf diese Weise wird ein Suchthema aufgebaut, das später um weitere Aspekte ergänzt und verfeinert werden kann. Der Vorteil dieses Verfahrens zeigt sich insbesondere bei Themen, bei denen nicht auf eine umfassend abgestimmte Terminologie zurückgegriffen werden kann und die Suchfrage quasi explorativ erarbeitet werden muß. Das zusammengetragene Wissen kann konserviert werden und steht für eine spätere Nutzung zur Verfügung.

Konzept-Retrieval erweitert die bekannten konventionellen Verfahren. Während boolesches Retrieval den Dokumentenbestand in zwei Teile (zur Suchfrage ähnliche und nicht ähnliche Dokumente) partitioniert, die beide nicht weiter geordnet sind, bildet Konzept-Retrieval eine Treffermenge, die alle Dokumente enthält, die von Interesse sein könnten, und ordnet diese Dokumente nach ihrer potentiellen Relevanz. Dies ist insbesondere dann von Vorteil, wenn eine Suche nicht nur darauf ausgerichtet ist, genau ein Dokument, sondern auch dem Suchthema verwandte Dokumente zu finden, die neue Gesichtspunkte zu einem Sachverhalt eröffnen können.

4.6 Bewertung der Retrievaltechniken

Die Leistung von Retrievalsystemen wird oft mit Recall- und Precisionwerten gemessen[1], wobei die Recallwerte die Fähigkeit eines Systems zum Ausdruck bringen, verwertbare Dokumente nachzuweisen, während umgekehrt die Precision die Fähigkeit mißt, nichtverwertbare Dokumente zurückzuweisen.

Abbildung 5 zeigt exemplarisch, wie diese Kennziffern ermittelt werden. UND-Verknüpfungen in booleschen Ausdrücken erhöhen die Precision, während ODER-Verknüpfungen den Recall vergrößern.

Abb. 5:
Recall und Precision als Kenngrößen zur Bewertung der Leistungsfähigkeit von Textretrievalsystemen

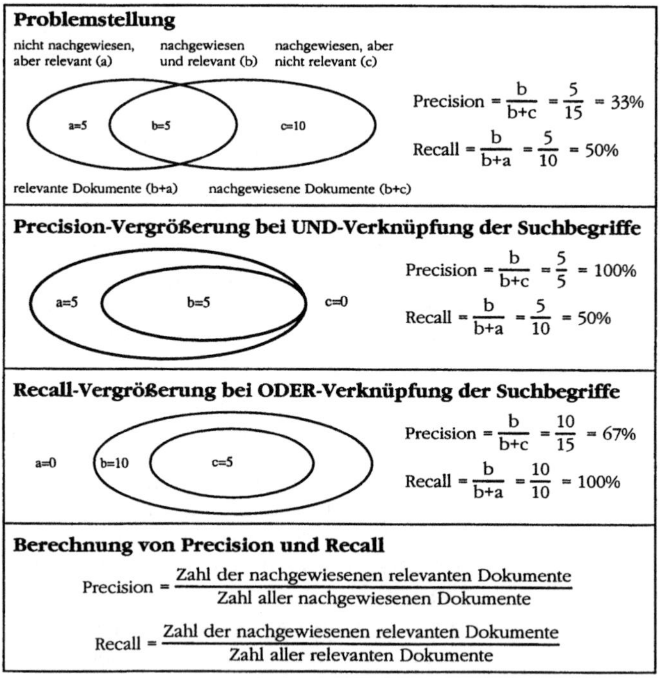

[1] Salton, Gerard; McGill, Michael J.: Information Retrieval - Grundlegendes für Informationswissenschaftler. Hamburg [u.a.] 1987.

Eine beispielhafte Untersuchung im Umfeld eines (booleschen) Volltextretrievalsystems hat gezeigt, daß ein Benutzer annimmt, er hätte ca. 75% der relevanten Dokumente zur Verfügung, obwohl er tatsächlich lediglich 20% vom System zur Verfügung gestellt bekommt[1]. Die Ergebnisse dieser Evaluationsstudie beruhen auf einem Dokumentenbestand mit etwa 40.000 Dokumenten einer Rechtsanwaltskanzlei.

Die Übertragung des Informationsbedarfs in eine Suchfrage und die Formulierung bedeutsamer boolescher Verknüpfungen sind komplexe Vorgänge. Als recall-verbessernde Verfahren haben sich beispielsweise der Einsatz von Thesauruskomponenten (Synonymwörterbücher, Assoziationen, Begriffshierarchien etc.) erwiesen[2]; die Gewichtung von Suchbegriffen wirkt precisionverbessernd.

Diese Überlegungen führen dazu, daß die Leistungsfähigkeit boolescher Systeme - in idealisierter Darstellung - im unteren Drittel des Spektrums liegt und Verbesserungen durch recall-/ precision-steigernde Verfahren[3] erzielt werden können: Eine breit formulierte Suchfrage mit hochspezifischen Suchbegriffen sollte deshalb eine spürbare Vergrößerung von Recall und Precision bewirken (vgl. Abbildung 6).

Abb. 6: Erwartete Leistungsfähigkeit von Retrievaltechniken

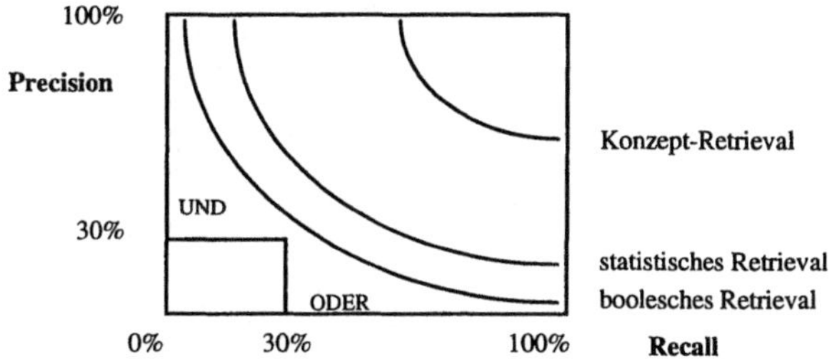

1 Blair, David C.; Maron, M. E.: An Evaluation of Retrieval Effectiveness for a Full-Text Document-Retrieval System. In: Communications of the ACM, Vol. 28, 1985, No. 3, S. 289-299.

2 Keen, E. M.: Evaluation Parameters. In: The SMART Retrieval System - Experiments in Automatic Document Processing, hrsg. von Gerard Salton, Englewood Cliffs (NJ) 1971, S. 74-111.

3 Mauldin, Michael L.: Retrieval Performance in FERRET - A Conceptual Information Retrieval System. In: SIGIR'91 - Proceedings of the Fourteenth Annual International ACM/SIGIR Conference on Research and Development in Information Retrieval, hrsg. von A. Bookstein et al., Chicago (IL) 1991, S. 347-355. Gauch, Susan: Evaluation of an Expert System for Searching in Full Text. In: SIGIR'90 - Proceedings of the 13th International Conference on Research and Development in Information Retrieval, hrsg. von Jean-Luc Vidick, Brussels, 1990, S. 255-277.

5 Exemplarische Anwendungsbereiche für fortschrittliches Textretrieval

Die nachfolgende Tabelle 2 nennt beispielhafte Anwendungsbereiche[1] für ein solches fortschrittliches Textretrieval und zeigt die wesentlichen Nutzenpotentiale auf:

Tab. 2: Einsatzbeispiele für fortschrittliches Textretrieval

Anwendungsbereich	**Informationsbestände**	**Nutzenpotentiale**
Benutzerservice, Kundendienst	Produktinformationen, Produktdokumentation, Handbücher, Informationen über Benutzeranfragen aus der Vergangenheit	Gezielte Ermittlung relevanter Informationen aus verteilten Informationsbeständen, Aufbau von Wissensbanken, Expertise-Sicherung und -Verbreitung, verbesserte Auskunftsfähigkeit auch bei Detailfragen durch Außendienstmitarbeiter, höhere Kundenzufriedenheit
Zulassungsverfahren von Arzneimitteln	Medizinische Veröffentlichungen, Forschungsberichte, klinische Versuchsberichte, Vermerke, Mitbewerberinformationen, Integration von Software zur Chemical-Structure-Speicherung	Zügige Beantwortung von Fragen im Zulassungsverfahren, beschleunigte Marktzulassung
Kundeninformationen für Arzneimittel	Kundeninformationen für Arzneimittelprodukte (sog. Beipackzettel) in verschiedenen Landessprachen, Produktdokumentation der Entwicklungsabteilung	Gewährleistung der Konsistenz der Inhalte, Vermeidung von Auflagen durch die Kontrollorganisationen, sofortige Auskunftsbereitschaft gegenüber Ärzten

1 Anthes, Gary H.: Making U.S. intelligence more intelligent. In: Computerworld, Vol. 25, April 1, 1991, S. 29. Appleton, Elaine L.: Smart Document Retrieval. In: Datamation, Vol. 38, 1992, No. 1, S. 20-23. Churbuck, David: Haystack searching. In: Forbes, February 17, 1992, S. 130-131. Gram, Rüdiger: Volltext-Retrieval in Gesetzestexten - Informations-Inhalte blitzschnell aufspüren. In: Output, 21. Jg. 1992, No. 9, S. 39-41. Morandell, Bruno: Online- und Blitzprofil für die schnelle Volltext- und Feldsuche: Das Nachrichtensystem im Auswärtigen Amt. In: Computerwoche, 20. Jg. 1993, Heft 50, S. 42. O. V.: Help Desk Management - Automated help desk cuts search time 39%. In: Communications News, October 1993. Rücker, Jörg: Airbus fliegt auf Konzept-Retrieval. In: INFOdoc, 3. Jg. 1994, Heft 6, S. 8-12.

Anwendungsbereich	**Informationsbestände**	**Nutzenpotentiale**
Nachrichtenfiltersysteme	Dienste von Nachrichtenagenturen (Reuters, dpa etc.), Verkehrsmeldungen, Electronic Mail, intern und über Mailboxdienste	Top-aktuelle und relevante Informationen zu dringlichen Angelegenheiten, verbesserte Entscheidungsbasis, Vermeidung von Informationsüberflutung
Dokumentation von Fachabteilungswissen	Aufbau, Pflege und Nutzung von Suchthemen (search topics)/ Konzepten (concepts); Etablierung einer fachabteilungsbezogenen Wissensdatenbank	Sicherung des erarbeiteten Wissens; bei der Aktivierung können auch Nicht-Experten eines Fachgebietes Expertenergebnisse recherchieren
Projektteam-Zusammenstellung	Ausbildung, Erfahrungen, Fertigkeiten, Kenntnisse der Mitarbeiter in verteilten Lokalitäten	Zusammenstellung von Suchprofilen aus vorhandenen qualifikationsbezogenen Suchthemen, Anpassung und Tuning, Akquisition hochqualifizierter Mitarbeiter
Polizei und öffentliche Ordnung	Einsatzpläne, Protokolle, Kriminalakten, Gerichtsurteile, Dienstvorschriften	Zeitnahe Weiterleitung wichtiger Informationen an die betroffenen Dienststellen, Gewährleistung der Auskunftsbereitschaft bei eiligen Anfragen, schrittweise Verfeinerung von Suchanfragen entsprechend dem individuellen Informationsbedarf
Kommunalbehörden	Sitzungsvorlagen, Protokolle, Beschlüsse, Aktennotizen, Pressemeldungen	Beschleunigung des Informationsflusses zwischen den kommunalen Einrichtungen, Verkürzung von Abstimmungsprozessen, ausgewogene und fundierte Entscheidungsfindung durch zeitnahe und umfassende Informationsversorgung
Diplomatischer Dienst	Sitzungsprotokolle und -beschlüsse, Pressemitteilungen, Vorträge und Reden, Kommuniqués	Schneller und zuverlässiger Informationszugriff bei der Wahrnehmung diplomatischer Aufgaben, weltweiter Informationsverbund der diplomatischen Vertretungen und Konsulate, zielgerichtete Informationsverteilung

6 Merkmale zukunftsorientierter Dokumentenmanagementsysteme

Zukunftsorientierte Dokumentenmanagementsysteme (DMS) weisen eine Reihe von Merkmalen in unterschiedlichen Bereichen auf. Besondere Fortschritte für zukunftsorientierte Dokumentenmanagementsysteme lassen sich für die Bereiche Dokumentenerfassung, Dokumentenspeicherung, Dokumentenretrieval, Dokumentenverwaltung, Systemverwaltung sowie Hardware- und Softwarearchitektur erkennen. Die nachfolgenden Übersichten stellen die wesentlichen Leistungsmerkmale dieser Bereiche mit ihren Ausprägungen und deren Nutzenpotentialen gegenüber. Die beschriebenen Leistungsmerkmale wurden im Rahmen von BIFOA-Marktuntersuchungen[1] ermittelt, die seit 1988 durchgeführt werden.

6.1 Dokumentenerfassung

Die Dokumentenerfassung (vgl. Tabelle 3) berücksichtigt in zunehmendem Maße Informationen, die nicht im eigenen Haus erstellt worden sind. Selbsterstellte Dokumente werden durch geeignete organisatorische und technische Maßnahmen ohne zusätzlichen Aufwand im Rahmen der laufenden Arbeit direkt durch das Dokumentenmanagementsystem verwaltet.

Tab. 3: Dokumentenerfassung - Leistungsmerkmale, Ausprägungen und Nutzenpotentiale

Leistungsmerkmale	**Ausprägungen**	**Nutzenpotentiale**
Input	Dokumentenerfassung online aus Netzen, im Batchbetrieb von Diskette, CD-ROM, Scanner etc.	Einfache und kostengünstige Sammlung von Informationen aus verschiedenen Quellen
Netzwerkweite Scan-Dienste	Dedizierte Arbeitsstationen im Netz arbeiten als Scanserver	Wirtschaftliches Scannen auf der Ebene von Organisationseinheiten (z. B. Abteilung)
Netzwerkweite OCR-Dienste	OCR-Dienste sind auf ausgewählten Rechnern verfügbar	Keine Beschaffung zusätzlicher OCR-Hardware nötig; Vermeidung von Medienbrüchen
Standard-Dateiformate	ASCII, TIFF, DDIF, CCITT Gruppen III und IV, WordPerfect, Word für Windows etc.	Einfache und flexible Dokumentenerfassung mit weit verbreiteten Standardformaten

1 Vgl. beispielsweise BIFOA Intensive Study: Comparison and evaluation of storage and retrieval software (CAESAR). Köln 1991. BIFOA-Marktstudie: Retrievalsoftware für die elektronische Dokumentenverwaltung. 3. erw. Aufl., Köln 1992. BIFOA-Marktübersicht: Vorgangsmanagementsysteme. Köln 1993.

6.2 Dokumentenspeicherung

Kostengünstige Massenspeicherdaten (vgl. Tabelle 4) mit kurzen Zugriffszeiten machen auch aufwendigere Speicherverfahren und insbesondere die elektronische Ablage komprimierter Images (Faksimiles) sinnvoll.

Tab. 4: Dokumentenspeicherung - Leistungsmerkmale, Ausprägungen und Nutzenpotentiale

Leistungsmerkmale	**Ausprägungen**	**Nutzenpotentiale**
Automatische Volltext-indexierung	Automatische Indexierung der Textbestandteile eines Dokuments, sobald es eingespeichert, geändert oder ergänzt wird	Sofortiges schnelles (indexiertes) Auffinden der Textbestandteile von Dokumenten
Strukturierte Indexierung	Unterstützung marktgängiger relationaler Datenbankmanagementsysteme	Effiziente Organisation strukturierter Informationen
Hierarchische Ablage	Nachbildung hierarchischer Ablagestrukturen unterstützt durch die graphische Schnittstelle	Dokumentenablage in benutzergewohnter Umgebung (Aktenschränke, Mappen, Ordner)
Overhead-arme Indexierung	Verwendung mehrstufiger Indexe, z. B. für Dokumente und gespeicherte Suchthemen	Reduzierung der Kosten für Speichermedien
Image-Komprimierung	Softwaregestützte Komprimierung und Dekomprimierung für Bilder und gescannte Dokumente	Vermeidung von Kosten für spezialisierte (De-)Komprimierungs-Hardware

6.3 Dokumentenretrieval

Neuere Betriebssysteme und Anwendungsprogramme unterstützen einfache Formen des Retrieval (vgl. Tabelle 5). Ausgereiftes Dokumentenretrieval ist allerdings nur durch Einsatz eines dedizierten Dokumentenmanagementsystems möglich.

Tab. 5: Dokumentenretrieval - Leistungsmerkmale, Ausprägungen und Nutzenpotentiale

Leistungsmerkmale	**Ausprägungen**	**Nutzenpotentiale**
Themenorientiertes Retrieval	Unscharfes Suchen mit komplexen, auch vorformulierten Suchthemen über Dokumenteninhalten, -namen oder Ordnernamen	Informationen werden gefunden, auch wenn Dokumente falsch abgelegt sind; OCR-Lesefehler-tolerant
Datenbank-orientiertes Retrieval	Datenbankorientierte Feldsuche	Effizientes Retrieval strukturierter Informationen
Direktes Retrieval	Blättern und Suchen über die graphische Oberfläche in der strukturierten Ablage	Schneller Zugriff auf Dokumente über ihren Standort

Leistungsmerkmale	Ausprägungen	Nutzenpotentiale
Stichwortsuche	Zeichenkettenabgleich über Volltext, Dokumenten- oder Ordnernamen	Exakte Spezifizierung der gesuchten Information
Boolesches Retrieval	Suche mit den logischen Verknüpfungen UND, ODER, NICHT	Flexibles, präzises Retrieval für einfach strukturierbare Sachverhalte
Teilbereichsuche	Einschränkung der Suche auf Teilbereiche eines Dokuments möglich	Verbessert die Genauigkeit des Retrieval
(Statistischer) Thesaurus	Suche mit Synonymen, Ober- und Unterbegriffen möglich; ein Thesausrus kann mittels statistischer Verfahren über den zugrundeliegenden Dokumentenbestand aufgebaut/fortgeschrieben werden	Steigert die Flexibilität des Retrieval, verbessert die Genauigkeit
Query-by-Example-Modul	Ausgehend von einem vorliegenden Dokument erfolgt der Aufbau einer Suchfrage, indem die "interessanten" Begriffe (Suchbegriffe) markiert werden	Vereinfachte Formulierung der Suchfrage

6.4 Dokumentenverwaltung

Zunehmende Austauschbarkeit von Dokumenten zwischen verschiedenen Anwendungen und ferner zwischen Unternehmen erfordern Offenheit der Dokumentenverwaltung hinsichtlich unterschiedlicher Standards und Hardware (vgl. Tabelle 6).

Tab. 6: Dokumentenverwaltung - Leistungsmerkmale, Ausprägungen und Nutzenpotentiale

Leistungsmerkmale	Ausprägungen	Nutzenpotentiale
Dokument-Ordner-Prinzip	Intuitive Arbeitsumgebung für eine hierarchische Ablage mit Dokumenten, Mappen, Ordnern oder Aktenschränken in Form von Sinnbildern	Leicht zu bedienen; für neue und im Umgang mit dem System unerfahrene Benutzer geeignet
Formatunabhängigkeit	ASCII, Standarddateiformate (s. o.), internationale Normen (ODA, SGML etc.)	Einheitliche Anwendungsprogramme für alle Arten von Dokumenten
Telefaxversand	Versand von Dokumenten im Telefaxformat; Direktversand gespeicherter Faksimiles	Einfache Dokumentenverteilung über gängigen Dienst
Drucken	Lokales oder entferntes Drucken von Text- und Faksimiledokumenten	Einfache Papierausgabe von Informationen

6.5 Systemverwaltung

Die Verwaltung eines leistungsstarken Dokumentenmanagementsystems (vgl. Tabelle 7) ist keine "Nebensache". Eine gute Unterstützung der Systemverwaltung ist unverzichtbar.

Tab. 7: Systemverwaltung - Leistungsmerkmale, Ausprägungen und Nutzenpotentiale

Leistungsmerkmale	**Ausprägungen**	**Nutzenpotentiale**
Einfache Installation	Installation der Hardware und systemnahen Software des DMS in kurzer Zeit durch Verwendung abgestimmter Komponenten	Schnelle und kostengünstige Implementierung kompletter Dokumentenmanagementsysteme
Schulung	Intuitive graphische Benutzungsschnittstellen und themenorientierte Suchaspekte	Auch für neue oder im Umgang mit dem System unerfahrene Benutzer einfach zu erlernen und zu bedienen
Sicherheit	Verfügbarkeit umfassender Rechte und Sicherheitsverfahren auf betriebssystemnaher Basis	Gestufter lesender und schreibender Zugriff auf alle Dateien; Rechtssicherheit; Mitarbeiterzufrieden-heit
Speicherkomponente	Back-up- und Recovery-Komponente; kontrollierte Dokumentenaussonderung	Einfache Handhabung der Dokumentenintegrität und der Entfernung veralteter Dokumente

6.6 Hardware- und Systemsoftwarearchitektur

Die Integrierbarkeit des Dokumentenmanagementsystems in verschiedene Plattformen und Anwendungen und eine ausgereifte Benutzungsschnittstelle sichert den Nutzen des Systems auch für die Zukunft (vgl. Tabelle 8).

Tab. 8: Hardware- und Systemsoftwarearchitektur - Leistungsmerkmale, Ausprägungen und Nutzenpotentiale

Leistungsmerkmale	**Ausprägungen**	**Nutzenpotentiale**
Plattformweite Verfügbarkeit	Unterstützung gängiger Hardwareplattformen verschiedener Hersteller	Investitionsschutz für existierende Hardware, skalierbare Lösungen
Client/Server-Architektur	Unterstüzung marktgängiger Komponenten in multivendor-fähigen HW-/SW-Lösungen	Schaffung flexibler und wirksamer Arbeitsumgebungen
LAN-Unterstützung	Unterstützung weitverbreiteter Protokolle (Industriestandards)	Durchgängige Dokumentenverarbeitung am Arbeitsplatz, auf Abteilungs-, Bereichs- und Unternehmens-/Behördenebene
Anwendungsintegration	Integration des DMS in Anwendungen, Integration von Anwendungen in das DMS	Verbesserung des Bedienungskomforts, der Mitarbeiterzufriedenheit und Produktivität

Leistungsmerkmale	**Ausprägungen**	**Nutzenpotentiale**
Graphische Oberfläche	Zeige- und Klick-Kommandos	Einheitliches Erscheinungsbild von Anwendungen auf unterschiedlichen Systemplattformen
Fenstertechnik	Gleichzeitige Anzeige mehrerer Dokumente mit der Möglichkeit ihrer Bearbeitung	Vereinfachung der Bearbeitung

Mit Hilfe eines Dokumentenmanagementsystems, das über die skizzierten Leistungsmerkmale verfügt, kann den zu Beginn aufgezeigten Herausforderungen an die Informationsversorgung entsprochen werden. Die Nutzenpotentiale, die sich durch den Einsatz eines solchen Systems ergeben, sind vielfältig und beträchtlich. Durch den gezielten Informationszugriff werden die Geschäftsprozesse und Durchlaufzeiten verkürzt, die Kunden- und Bürgernähe verbessert und die Motivation der Mitarbeiter gesteigert. Unternehmen und Behörden festigen zudem ihre Auskunftsfähigkeit und Kompetenz in einer dynamischen Umwelt. Um die Nutzenpotentiale auszuschöpfen, sollten zunächst geeignete Arbeitsgruppen in der Organisation identifiziert werden, die mit Priorität durch das System unterstützt werden können. Ausgehend von den hieraus gewonnenen Erfahrungen sollte das System dann schrittweise ausgebaut werden, bis schließlich alle in Betracht kommenden Mitarbeiter von der verbesserten Informationsversorgung profitieren.

7 Literatur

Anthes, Gary H.: Making U.S. intelligence more intelligent. In: Computerworld, Vol. 25, April 1, 1991, S. 29.

Appleton, Elaine L.: Smart Document Retrieval. In: Datamation, Vol. 38, 1992, No. 1, S. 20-23.

Bain, Malcolm et al.: Free Text Retrieval Systems - A Review and Evaluation. London 1989.

Ballou, Melinda-Carol: Real-Time Text Manager Accesses Wire Services. In: digital review, June 19, 1989.

Belkin, Nicholas J.; Croft, Bruce W.: Information Filtering and Information Retrieval: Two Sides of the Same Coin? In: Communications of the ACM, Vol. 35, 1992, No. 12, S. 29-38.

BIFOA-Marktstudie : Retrievalsoftware für die elektronische Dokumentenverwaltung. 3. erw. Aufl., Köln 1992.

BIFOA-Marktübersicht: Vorgangsmanagementsysteme. Köln 1993.

BIFOA Intensive Study : Comparison and evaluation of storage and retrieval software (CAESAR). Köln 1991.

Blair, David C.; Maron, M. E.: An Evaluation of Retrieval Effectiveness for a Full-Text Document-Retrieval System. In: Communications of the ACM, Vol. 28, 1985, No. 3, S. 289-299.

Bullinger, Hans-Jörg: Informationsmanagement und Organisation eines Unternehmens am Ausgang des 20. Jahrhunderts. In: Jaspersen, Thomas; Warsch, Christian (Hrsg.): EDI in der Praxis. Bergheim 1994, S. 34-67.

Bullinger, Hans-Jörg; Fähnrich, Klaus-Peter; Niemeier, Joachim: Informations- und Kommunikationssysteme für "schlanke Unternehmungen". In: Office Management, 42. Jg. 1993, Heft 1-2, S. 6-19.

Churbuck, David: Haystack searching: In: Forbes, February 17, 1992, S. 130-131.

Gauch, Susan: Evaluation of an Expert System for Searching in Full Text. In: SIGIR'90 - Proceedings of the 13th International Conference on Research and Development in Information Retrieval, hrsg. von Jean-Luc Vidick, Brüssel 1990, S. 255-277.

Gaus, Wilhelm: Dokumentations- und Ordnungslehre. Berlin [u.a.] 1983.

Gebhardt, Friedrich: Dokumentationssysteme. Berlin [u.a.] 1981.

Gram, Rüdiger: Volltext-Retrieval in Gesetzestexten - Informations-Inhalte blitzschnell aufspüren. In: Output, 21. Jg. 1992, No. 9, S. 39-41.

Gulbins, Jürgen; Seyfried, Markus; Strack-Zimmermann, Hans: Elektronische Archivierungssysteme: Image-Management-Systeme, Dokument-Management-Systeme. Berlin [u.a.] 1993.

Hawkins, Donald T.: Text Retrieval Technologies for Image (and other) Databases. In: Online, Vol. 16, 1992, No. 1, S. 92-94.

Keen, E. M.: Evaluation Parameters. In: The SMART Retrieval System - Experiments in Automatic Document Processing, hrsg. von Gerard Salton, Englewood Cliffs (NJ) 1971, S. 74-111.

Kubicek, Herbert: Der überbetriebliche Informationsverbund als Herausforderung an die Organisationsforschung und -praxis. In: Information Management, 1991, Heft 2, S. 6-15.

Locke, Christopher: The Dark Side of DIP [Document Image Processing]. In: Byte, Vol. 16, 1991, No. 4, S. 193-204.

Masand, Brij; Linoff, Gordon; Waltz, David: Classifying News Stories using Memory-Based Reasoning. In: SIGIR'92 - Proceedings of the Fifteenth Annual International ACM SIGIR Conference on Research and Development in Information Retrieval, hrsg. von Nicholas Belkin, Copenhagen 1992, S. 59-65.

Mauldin, Michael L.: Retrieval Performance in FERRET - A Conceptual Information Retrieval System. In: SIGIR'91 - Proceedings of the Fourteenth Annual International ACM/SIGIR Conference on Research and Development in Information Retrieval, hrsg. von A. Bookstein et al., Chicago (IL) 1991, S. 347-355.

Mertens, Peter; Plattfaut, Eberhard: Informationstechnik als strategische Waffe. In: Information Management, 1986, Heft 2, S. 6-17.

Morandell, Bruno: Online- und Blitzprofil für die schnelle Volltext- und Feldsuche: Das Nachrichtensystem im Auswärtigen Amt. In: Computerwoche, 20. Jg. 1993, Heft 50, S. 42.

O.V.: Help Desk Management - Automated help desk cuts search time 39%. In: Communications News, October 1993.

Picot, Arnold; Reichwald, Ralf: Bürokommunikation: Leitsätze für den Anwender. 3. Aufl., Hallbergmoos 1987.

Pollack, Andrew: Computers That Read, Analyze and Sort Data. In: The New York Times, Vol. 138, 1989, No. 47888.

Rijsbergen, C. J. van: Information Retrieval. 2. Aufl., London [u.a.] 1981.

Robinson, Mike: Through a Lens Smartly. In: Byte, Vol. 16, 1991, No. 5, S. 177-187.

Rücker, Jörg: Airbus fliegt auf Konzept-Retrieval. In: INFOdoc, 3. Jg. 1994, Heft 6, S. 8-12.

Salton, Gerard; McGill, Michael J.: Information Retrieval - Grundlegendes für Informationswissenschaftler. Hamburg [u.a.] 1987.

Tong, R. M. et al.: A Knowledge Representation for Conceptual Information Retrieval. In: International Journal of Intelligent Systems, Vol. 4, 1989, No. 3, S. 259-283.

Willett, Peter (Hrsg.): Document Retrieval Systems. London 1988.

Wuppertaler Kreis e. V. (Hrsg.): Individuelle Datenverarbeitung: Ein Leitfaden für mittelständische Unternehmer. Köln 1995.

C. Management

Total Quality Management in der Softwareentwicklung

- Warum die ISO 9000 für Softwareproduzenten höchstens ein Schritt, aber nicht das Ziel sein kann -

Georg Herzwurm, Werner Mellis, Dirk Stelzer*

* Dr. Georg Herzwurm, ehem. freier Mitarbeiter am BIFOA.
Prof. Dr. Werner Mellis, Direktor des BIFOA.
Dr. Dirk Stelzer, ehem. wiss. Mitarbeiter am BIFOA.

1 TQM - Ein Motor für umfassende Verbesserungen

Wie die Entwicklung in anderen Märkten zeigt, werden "weniger leistungsfähige" Softwarehäuser zunehmend Probleme bekommen, sich am Markt zu behaupten. Laut einer Untersuchung von Capers Jones in den USA gehören ca. 90 % aller Softwareanbieter zu diesen "weniger leistungsfähigen" Unternehmen.[1] Sie unterscheiden sich von "exzellenten" Wettbewerbern sowohl im Hinblick auf die erzielten Ergebnisse als auch im Hinblick auf ihre Leistungserstellungsprozesse. Exzellente Unternehmen entdecken und beseitigen z. B. prozentual mehr Fehler vor Auslieferung ihrer Produkte als ihre weniger leistungsfähigen Konkurrenten. Sie setzen andere Methoden und Werkzeuge ein, haben eine andere Qualitätskultur und ein anderes Qualitätsmanagement. Unter diesen Umständen kommen immer mehr Softwareunternehmen zu der Einsicht, daß grundlegende Verbesserungen in Bezug auf die Qualität der Produkte und die Produktivität der Prozesse notwendig sind.

Viele Softwareunternehmen orientieren sich dabei - wie Hersteller in anderen Bereichen vor ihnen - an der DIN EN ISO 9000: 1994 Normenfamilie (im folgenden kurz mit ISO 9000 bezeichnet)[2]. Erste Erfahrungen zeigen allerdings, daß die ISO 9000 nicht zu signifikanten Verbesserungen führt. Für die Softwareentwicklungspraxis wird deshalb ein anderes Leitbild benötigt.[3]

Das modernste, umfassendste und durch seinen Erfolg bestätigte Qualitätskonzept ist das in Japan optimierte Total Quality Management (TQM). Ihm wird ein wesentlicher Anteil am wirtschaftlichen Erfolg Japans beigemessen.

Es liegt deshalb nahe, dieses Konzept in Betracht zu ziehen, wenn Qualitätsverbesserungen in der Softwareentwicklung ange-

1 Vgl. Jones (1994).

2 Für die Softwareentwicklung sind insbesondere die Normen DIN, EN, ISO (1992) und DIN, EN, ISO (1994) relevant.

3 Vgl. Bellin/Stelzer (1995).

strebt werden.[1] Der vorliegende Beitrag versucht, neben der Beschreibung der wichtigsten Gestaltungsprinzipien des TQM der Frage nachzughen, inwieweit die ISO 9000 in diesem Zusammenhang eine Hilfestellung leisten kann.

1 Eines der wenigen TQM-Bücher, das speziell für die Softwarebranche geschrieben wurde, ist Arthur (1992).

2 ISO 9000 und TQM - Widerspruch oder ein möglicher Verbesserungspfad?

Die ISO 8402 definiert Qualität als die Gesamtheit von Merkmalen einer Einheit bezüglich ihrer Eignung, festgelegte und vorausgesetzte Erfordernisse zu erfüllen. Diese Definition ist gleichermaßen auf Produkte wie auf Prozesse anwendbar.[1]

Zur Zeit sind im Softwarequalitätsmanagement zwei gegenläufige Tendenzen absehbar: Einerseits wird versucht, mit Hilfe von unternehmensübergreifenden Standards und Normen, wie beispielsweise der ISO 9000 Teil 3, die Softwareentwicklung über die Definition von allgemein anerkannten Gestaltungs- und Vorgehensempfehlungen nach dem Beispiel der Ingenieurwissenschaften auszurichten.[2] Andererseits gibt es unter dem Namen Total Quality Management (TQM) propagierte Ansätze, nach denen nicht statisch beschriebene Organisationsformen oder Vorgehensmodelle zu mehr Produktivität und Qualität führen; vielmehr soll sich die Organisation einem ständigen Lern- und Verbesserungsprozeß stellen, dessen Ziel es ist, den (Softwareentwicklungs-)Prozeß permanent zu optimieren.[3]

Das Verhältnis von ISO 9000 und TQM wird daher in Wissenschaft und Praxis sehr kontrovers diskutiert: Während man auf TQM-Seminaren beispielsweise Vorträge mit dem Titel "Aufbau eines QM-Systems nach ISO 9000" findet, d. h. ISO 9000 und TQM quasi gleichgesetzt werden, glauben einige Unternehmen, daß eine ISO 9000 Zertifizierung auf dem Weg zum TQM-System ein Rückschritt wäre, da der eher bürokratische ISO 9000 Ansatz im Widerspruch zur flexiblen TQM-Philosophie steht. Die nachfolgenden Ausführungen sollen zeigen, daß der Aufbau eines Qualitätsmanagementsystems nach ISO 9000 für Softwareproduzenten höchstens ein Schritt, aber nicht das Ziel sein kann.

2.1 Stellenwert der ISO 9000 für die Softwareentwicklung

Kaum eine Norm hat in den letzten Jahren für soviel Aufmerksamkeit gesorgt wie die ISO 9000 für Qualitätsmanagementsysteme. Schätzungen besagen, daß sich in den nächsten Jahren weltweit über 45.000 Unternehmen nach ISO 900x zertifizieren lassen. Für dieses Phänomen sind eine ganze Reihe von Gründen ausschlaggebend:

1 Vgl. Schmitz (1990) S. 393-395.
2 Vgl. z. B. Schmauch (1994).
3 Vgl. z. B. Arthur (1992).

- Der europäische Binnenmarkt zwingt zu einer Standardisierung. Dabei gewinnt die Qualität immer mehr an Bedeutung. "Made in Germany" hat viel von seiner Zugkraft verloren, seitdem auch die internationale Konkurrenz immer höherwertige Produkte produziert. Gerade im Bereich der Softwareentwicklung ist die Qualitätssicherung auch bei Modethemen wie Objektorientierung und Client-Server-Architekturen etc. in der Vergangenheit zu sehr vernachlässigt worden.
- Gerade die hohe Komplexität moderner Software-Systeme erfordert genau definierte sowie präzise dokumentierte Vorgehensweisen im Rahmen des Qualitätsmanagement.[1] Obwohl die ISO 9000 keine direkte Aussage über die Qualität eines Produktes trifft, soll damit ein prinzipieller Nachweis über das Fehlen systematischer Mängel im Entwicklungsprozeß möglich sein. Dieser Nachweis und die vorgeschriebene, dokumentierte Überprüfung vor Auslieferung sind mittlerweile europaweit anerkannt. Das Produkthaftungsgesetz hat zur ISO 9000 keine direkte Verbindung, jedoch kann davon ausgegangen werden, daß der Nachweis der Einhaltung allgemeiner Qualitätsvorschriften nach ISO 9000 eine wesentliche Vereinfachung im Prozeßfall darstellen könnte.
- Im Gegensatz zu einer Reihe anderer Standards bzw. Normen handelt es sich bei der ISO 9000 um eine herstellerunabhängige und vor allem international (Europa, Asien, USA usw.) erarbeitete und akzeptierte Norm.
- Die ISO 9000 ist branchenneutral gehalten und somit gleichermaßen für Industrie, Dienstleistungsunternehmen und Unternehmen, die Software bzw. IV-Systeme entwickeln, relevant.
- Die ISO 9000 sieht u. a. die externe Beurteilung des Qualitätsmanagementsystems durch neutrale Instanzen vor, die von einer unabhängigen Akkreditierungsstelle anerkannt werden. Diese Instanzen vergeben ein Zertifikat, das die "Qualität" des Softwareentwicklungsprozesses bescheinigt. Bereits jetzt zeichnet sich ab, daß viele Auftraggeber zukünftig einen größeren Softwareentwicklungsauftrag nur noch an einen Lieferant vergeben werden, der über ein (zertifiziertes) Qualitätsmanagementsystem nach DIN ISO 9000 verfügt. Somit geraten oftmals auch solche Unternehmen unter einen Zertifizierungsdruck, die der ISO 9000 eher skeptisch gegenüberstehen.

1 Vgl. Schmitz/Bons/van Megen (1983) S. 1 ff.

2.2 Überblick über die ISO 9000-Normenreihe

Die im folgenden kurz vorgestellte ISO 9000-Normenreihe (Stand: August 1994) besteht aus einer Reihe von Basisnormen sowie Auswahl- und Interpretationshilfen für bestimmte Branchen (vgl. Abbildung 1). Gegenstand der Normung ist nicht die Produktqualität, sondern das QMS, das heißt nach ISO 8402, die Organisationsstruktur, Verantwortlichkeiten, Verfahren, Prozesse und erforderliche Mittel für das Qualitätsmanagement (Qualitätspolitik, -planung, -lenkung, -sicherung und -verbesserung).

Abb. 1:
ISO 9000 Normenfamilie

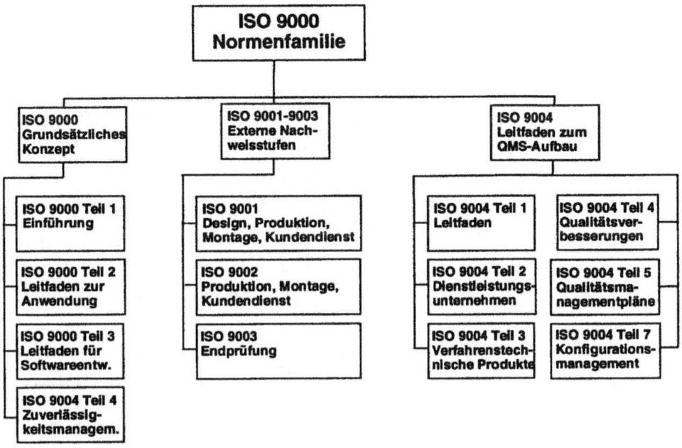

Die ISO 9000 beschreibt das grundlegende Konzept der Normenfamilie. Teil 1 bietet einen Leitfaden zur Auswahl und Anwendung der Normen ISO 9001 bis 9004. Im Teil 2, dem "allgemeinen Leitfaden zur Anwendung von ISO 9001, ISO 9002 und ISO 9003" befinden sich Interpretationshilfen für jedes der Qualitätsmanagementelemente, wie sie in ISO 9001, 9002 und 9003 als Forderungen enthalten sind. Der Teil 3 ist als Leitfaden für die Anwendung von ISO 9001 für die Entwicklung, Lieferung und Wartung von Software gedacht und gibt Hilfestellung für den Fall, daß ein Vertrag zwischen zwei Parteien die Darlegung der Fähigkeit des Lieferanten verlangt, Softwareprodukte zu entwikkeln, zu liefern und zu warten. Schließlich enthält Teil 4 (Entwurf) Hinweise zur Anwendung der Norm auf das Zuverlässigkeitsmanagement ("Qualität auf Dauer").

Bei den Normen ISO 9001, 9002 und 9003 handelt es sich um externe Nachweisstufen, nach denen die Erfüllung der Anforderungen gegenüber dem Vertragspartner oder Dritten nachgewiesen werden kann. Diese Normen bilden die Basis für die Zertifizierung. Für die meisten Unternehmen - auch Softwareproduzenten - ist die ISO 9001 relevant. Wenn keine eigene Entwicklung vorgenommen wird, kommt die ISO 9002 zur Anwendung. Die ISO 9003 ist relevant für Unternehmen, die lediglich eine Endprüfung (z. B. im Handel) vornehmen.

Die ISO 9004 gibt Hinweise zum Aufbau eines QMS. Sie enthält neben einem allgemeinen Leitfaden branchenspezifische Hinweise für Dienstleistungsunternehmen und für den Bereich der verfahrenstechnischen Industrie (z. B. Chemie). Im Zusammenhang mit TQM sei an dieser Stelle insbesondere auf Teil 4 hingewiesen, der praxisnahe Methoden zur Planung, Umsetzung, Kontrolle und Aufrechterhaltung von Qualitätsverbesserungstechniken enthält.

2.3 Anforderungen der ISO 9000-3 an die Softwareentwicklung

Die ISO 9000 Teil 3 interpretiert die ISO 9001 im Hinblick auf die Besonderheiten der Softwareherstellung. Während die ISO 9001 im August 1994 überarbeitet wurde, existiert für die ISO 9000-3 lediglich die Fassung vom 1992, so daß zur Zeit gewisse Inkonsistenzen (z. B. in der Begrifflichkeit) auftreten. Die wichtigsten Forderungen der ISO 9000-3 sind in Abbildung 2 stichwortartig beschrieben.

Abb. 2: Forderungen der ISO 9000-3

QM-Element	Forderung
Verantwortung der obersten Leitung	Festlegung und Umsetzung Qualitätspolitik Bereitstellung der erforderlichen Ressourcen Bewertung der Wirksamkeit des QMS
QM-System	Erstellung eines QM-Handbuchs Erstellung von Verfahrensanweisungen QM-Pläne erstellen und umsetzen
Interne Qualitäts-Audits	Durchführung interner Qualitäts-Audits Verifizierung qualitätsrelevanter Tätigkeiten Feststellung der Wirksamkeit des QMS
Korrektur-maßnahmen	Korrekturmaßnahmen für Kundenreklamationen, Fehlerursachen und deren Überwachung Vorbeugemaßnahmen bezüglich Prozeßqualität und deren Überwachung
Vertragsüber-prüfung	Überprüfung des Vertrages durch Lieferanten Aufzeichnung der Vertragsprüfung
Spezifikation	Vollständiger und eindeutiger Satz von funktionalen Anforderungen für den Lieferanten Validierbarkeit der Anforderungen bei Abnahme Dokumentenlenkung für Spezifikation Konfigurationsmanagement für Spezifikation

Abb. 2:
Forderungen der ISO 9000-3 (Fortsetzung)

QM-Element	Forderung
Entwicklungsplanung	Festlegung und Dokumentation von Terminen, Mitteln, Ergebnissen, Vorgaben Durchführung und Dokumentation der Verifizierung der Phasen
QM-Planung	Erstellung und permanente Anpassung eines Qualitätssicherungsplanes Definition von Qualitätszielen
Design und Implementierung	Festlegung von Designregeln, internen Schnittstellenfestlegungen, Designmethodik Verwendung früherer Designerfahrungen Vorbereitung für nachgelagerte Prozesse Festlegung und Beachtung von Regeln: Programmierregeln, Programmiersprachen, Namenskonventionen, Codier- und Kommentarregeln
Testen und Validierung	Erstellung eines Testplanes Aufzeichnung von Testergebnissen, -konfigurationen für End- und Zwischenprodukte Erprobung des vollständigen Produktes durch den Lieferanten Feldversuch unter Anwendungsumgebung
Abnahme	Methodisches Annahmeverfahren mit festgelegten Kriterien Planung der Annahmeprüfungen (Terminplan, Bewertungsverfahren, Software-/Hardware-Umgebung und Mittel, Annahmekriterien)
Vervielfältigung, Lieferung und Installierung	Festlegung Kopienanzahl, Datenträger, Dokumente, Kopiervorlagen, Sicherungskopien etc.
Vervielfältigung, Lieferung und Installierung (Fortsetzung)	Festlegung Kopienanzahl, Datenträger, Dokumente, Kopiervorlagen, Sicherungskopien etc. Verifizierung der ausgelieferten Kopien Validierung der (Test-)Installation
Wartung	Festlegung der Wartungsobjekte (Programme, Daten und ihre Strukturen, Spezifikationen, Dokumente etc.) Durchführung von Wartungstätigkeiten (Problemlösung, Schnittstellenänderung, Funktionserweiterung, Leistungsverbesserung) Verfahren zur Freigabe neuer Softwareversionen
Konfigurationsmanagement	Eindeutige Identifizierung von Software Versionen Eindeutige Identifizierung der Softwareelemente, die gemeinsam die spezifische Version eines kompletten Produktes bilden Eindeutige Identifizierung des Entwicklungsstatus von Softwareprodukten Identifikation und Rückverfolgbarkeit der Konfiguration Lenkung von Änderungen Konfigurations-Statusbericht
Dokumentenlenkung	Lenkung von Dokumenten für Verfahrensanweisungen, Planungs und Produktdokumenten Prüfung und Genehmigung von Dokumenten vor der Herausgabe bei der Ersterstellung sowie bei jeder Änderung

QM-Element	Forderung
Qualitäts-aufzeichnungen	Identifikation, Sammlung, Indexierung Ordnung, Speicherung/Aufbewahrung, Pflege und Bereitstellung von Qualitätsaufzeichnungen Gewährleistung der Lesbarkeit und Aufbewahrung von Qualitätsaufzeichungen
Messungen	Anwendung von Meßmethoden für die Qualität des jeweiligen Produktes Anwendung quantitativer Meßverfahren für die Qualität des Entwicklungs- und Lenkungsprozesses
Regeln, Praktiken, Übereinkommen	Festlegung von Regeln, Praktiken und Übereinkommen, um ein Qualitätsmanagementsystem wirksam zu machen Überprüfung und ggfs. Überarbeitung dieser Regeln, Praktiken und Übereinkommen
Werkzeugen und Techniken	Nutzung von Werkzeugen, Einrichtungen und Techniken Verbesserung der Werkzeuge und Techniken durch Lieferanten
Beschaffung	Sicherstellung der Erfüllung definierter Forderungen für beschaffte Produkte oder Dienstleistungen Aufzeichnungen über annehmbare Unterlieferanten Validierung von beschafften Produkten
bereitgestellte Softwareprodukte	Möglichkeit der Forderung des Einsatzes bereitgestellter Softwareprodukte Validierung der bereitgestellten Softwareprodukte
Schulung	Verfahren zur Ermittlung des Schulungsbedarfs Schulung durch qualifiziertes Personal unter Berücksichtigung entsprechender Hilfsmittel (u. a. Werkzeuge und Rechnerhilfsmittel)

2.4 Kritik an der ISO 9000-3 für die Softwareentwicklung

2.4.1 Mißverständnisse bezüglich der ISO 9000

Vieles an publizierter Kritik (positiv und negativ) an der ISO 9000 beruht auf Irrtümern bzw. Mißverständnissen oder schlichter Unkenntnis der ISO 9000, was an jeweils zwei Beispielen erläutert werden soll.

- Irrtümer der Kritiker (Pessimisten)
  - "Das Hauptziel der ISO 9000 ist die Zertifizierung vereinheitlichter QMS."

    Die Verfasser der ISO 9000 verfolgen nicht die Absicht, einheitliche und für alle Unternehmen weitgehend identische QMS zu definieren. Vielmehr soll lediglich beschrieben werden, welche Elemente ein QMS enthalten sollte, ohne daß Aussagen darüber getroffen werden, wie diese Elemente innerhalb einer spezifischen Organisation zu verwirklichen sind. Dieser Umstand resultiert nicht zuletzt aus der Tatsache, daß nicht ein unabhängiger Dritter, sondern das Unternehmen selbst sein Geschäft am besten kennt. Zum einen sind viele der geforderten QM-Elemente in den Unternehmen bereits vorhanden (wenn vielleicht auch undokumentiert und nicht explizit). Zum anderen machen nicht alle QM-Elemente in jedem Unternehmen einen Sinn. Einige Zertifizierer lassen sich daher bei Audits auch davon überzeugen, daß bestimmte Praktiken nicht verändert werden müssen, solange es dabei keine Probleme gibt. Diese Flexibilität der ISO 9000 führt aber gleichzeitig zu großen Interpretationsspielräumen, die den Wert eines Zertifikates für Auftraggeber in Frage stellen können.[1]

- "Die ISO 9000 berücksichtigt keine Wirtschaftlichkeitsaspekte."

  Auch diese Aussage ist ein Beispiel dafür, wie oft die Diskussion über die ISO 9000 auf den zertifizierungsrelevanten Teil der Norm reduziert wird. Zwar wird beispielsweise ein vernünftiges Kosten-Nutzen-Verhältnis bestimmter Maßnahmen nicht explizit in den Zertifizierungsnormen ISO 9001, ISO 9002 und ISO 9003 gefordert. Die ISO 9004-1 beschreibt in Abschnitt 6 jedoch finanzielle Überlegungen zur Beurteilung der Angemessenheit und Wirksamkeit von QMS.

- Irrtümer der Euphoriker (Optimisten)

  - "Zertifizierte Unternehmen produzieren qualitativ höherwertige Produkte als nicht zertifizierte Unternehmen."

    Zwar existieren einige Untersuchungen zur Wirksamkeit eines QMS nach ISO 9000, aber es gibt z. B. keinen empirisch nachgewiesenen Zusammenhang zwischen einer Zertifizierung nach ISO 9000 und der erzeugten Produktqualität. Vor allem japanische Unternehmen zeigen, daß man auch ohne ein QMS nach ISO 9000 hohe Qualität produzieren kann.

  - "Mit einem QMS nach ISO 9000 ist man Wettbewerbern überlegen."

    Ähnlich wie bei der Produktqualität konnte auch noch keine Korrelation zwischen ISO 9000 QMS und Unternehmenserfolg nachgewiesen werden. Die ISO 9000 beschreibt nach eigenen Aussagen lediglich Mindestan-

---

1 Vgl. Stelzer (1994).

forderungen an ein QMS. Mit der Erfüllung von Mindestanforderungen kann aber in der Regel nicht die Marktführerschaft erreicht werden.

Die Ausführungen zeigen, daß nicht so sehr die ISO 9000 als solche kritikwürdig ist, sondern das, was aus der ISO 9000 gemacht wird! Nicht die Wirksamkeit des beschriebenen QM-Systems, sondern die Zertifizierung steht im Mittelpunkt der Diskussion und oft auch der unternehmerischen Aktivitäten. Dies wird nicht zuletzt durch unseriöse oder in der Softwareentwicklung unerfahrene Berater und Zertifizierer geschürt, die in der Erwartung gewinnträchtiger Geschäfte bewußt oder unbewußt die Anwender durch Desinformation in die falsche Richtung bringen. Dies führt häufig zur "Schnellzertifizierung", d. h. aufgrund des angeblichen Marktdrucks erfolgt die Zertifizerung alleine wegen des Zertifikates, die eingeleiteten QM-Maßnahmen werden nicht vernünftig eingeführt, und nach der Zertifizierung erfolgt ein Nachlassen der Bemühungen um Qualität. Die ausbleibenden Erfolge könnten letztlich sogar negative Auswirkungen auf die Bewertung des Qualitätsgedanken generell in Unternehmen bewirken.

2.4.2 Mängel des ISO 9000 Ansatzes

Die ISO 9000 wird in der Literatur mit unterschiedlichster Kritik wie "zu kostenintensiv", "geringer Nutzen", "Zertifizierung auch unrationeller Entwicklungsprozesse", "Erzeugung großer nutzloser Papierberge", "zu niedriges Anforderungsniveau", "Prozeßqualität ist keine Garantie für Produktqualität", "die Ausrichtung auf ISO 9000 lenkt von den eigentlichen Geschäftszielen ab", "das Streben nach Zertifizierung überlagert das Streben nach Qualität", "ISO 9000 ist zu stark auf die industrielle Produktion ausgerichtet", "ISO 9000-3 ist bei Produktion von Software für einen anonymen Markt nicht anwendbar", "ISO 9001 leistet keinen Beitrag zur permanenten Prozeßverbesserung" etc. belegt.

Bei der Kritik an der ISO 9000 muß jedoch zwischen behebbaren (z. B. das Hinzufügen oder Streichen bestimmter QM-Elemente) und konzeptionellen Fehlern unterschieden werden. Die nachfolgenden Betrachtungen beziehen sich eher auf die Mängel, die in der Philosophie der ISO 9000 begründet sind. Außerdem ist zwischen der Kritik am ISO 9000 Konzept im allgemeinen und am Zertifizierungsprozeß im speziellen zu differenzieren.

Kritik am Zertifizierungsprozeß

Die Norm bleibt an vielen Stellen allgemein und bietet große Interpretationsspielräume. Dies gilt sowohl für einzelne QM-Elemente als auch für die Frage, was überhaupt zertifiziert wird und was nicht. So gibt es z. B. die Möglichkeit, bei "guter Begründung" einzelne QM-Elemente wie Vervielfältigung, Lieferung und Installierung im QM-Handbuch einfach auszuklammern. In der Zwischenzeit hat sich daher ein beachtlicher Markt für die "Zertifizierungsberatung" entwickelt. Die grundsätzlich zu begrüßenden Interpretationsspielräume der ISO 9000 führen zwar einerseits zu einer gewissen Flexibilität in bezug auf die unternehmensspezifische Anpaßbarkeit, stellen aber anderseits wiederum den Wert des undifferenzierten ISO 9000 Zertifikates in Frage. Für den Außenstehenden wird nämlich nicht ersichtlich, welche QM-Elemente bei einem potentiellen, zertifizierten Lieferanten angepaßt oder gar weggelassen wurden. Auf der Basis von Forschungs- und Praxisprojekten (u. a. einer empirischen Erhebung unter 20 nach ISO 9001 zertifizierten Software-Häusern) sind eine Vielzahl von Widersprüchen zwischen Anspruch und Wirklichkeit der ISO 9000 Zertifizierung deutlich geworden, die in Abbildung 3 stichwortartig zusammengefaßt sind[1].

Abb. 3: Anspruch und Wirklichkeit der Zertifizierung

Anspruch	Wirklichkeit
Bei der Zertifizierung wird die Ausgestaltung der QM-Elemente[2] im Hinblick auf deren Wirksamkeit geprüft.	Bei der Zertifizierung wird die Existenz der QM-Elemente geprüft.
Für die Zertifizierung ist der Wortlaut der zum Zeitpunkt der Zertifizierungsaudits gültigen Version der Norm maßgeblich.	Für die Zertifizierung ist maßgeblich, ob die jeweilige Interpretation der Norm plausibel gemacht werden kann. Zertifizierer nehmen zum Teil geplante Änderungen der Normen vorweg.
In einem nach ISO 9001 zertifizierten QMS eines Softwareherstellers sind die vergleichsweise detaillierteren Hinweise der ISO 9000-3 realisiert.	In einem nach ISO 9001 zertifizierten QMS eines Softwareherstellers sind allenfalls die Anforderungen der ISO 9001 realisiert.
Ein Zertifikat reduziert die Anzahl der externen Audits durch Auftraggeber.	Ein Zertifikat reduziert lediglich die Anzahl der externen Audits durch naive Auftraggeber.

Außerdem wird teilweise die Unabhängigkeit zwischen Beratern und Zertifizierern nicht eingehalten oder es bestehen zumindest sehr enge Verknüpfungen. Gerade im Bereich der Softwareentwicklung ist das Fachwissen bei einigen Zertifizierern aufgrund

1 Vgl. Stelzer (1994).

2 QM-Elemente sind Abschnitte in der Norm, die thematisch abgegrenzte Teilbereiche im Zusammenhang mit einem QMS beschreiben.

mangelnder Erfahrung oft nicht ausreichend, um ein QM-System fundiert beurteilen zu können.

Kritik am ISO 9000 Konzept

Die ISO 9000 ist konsolidierte Expertenmeinung. Johannes Mario Simmel hat einmal gesagt: "Experten sind Leute, die andere daran hindern, den gesunden Menschenverstand zu gebrauchen." Die größte Gefahr für den Anwender besteht in einer kritiklosen ISO 9000 Gläubigkeit. In den ISO 9000 Normungsgremien haben sich - zugegebenermaßen erfahrene Personen aus der Praxis - zusammengesetzt und definiert, welchen Anforderungen ihrer Meinung nach ein "gutes" QMS genügen sollte. Niemand weiß jedoch, ob diese Anforderungen für die Softwareentwicklungspraxis angemessen sind. Die Wirksamkeit der geforderten Maßnahmen ist weder wissenschaftlich noch empirisch nachgewiesen. Zertifzierte Hersteller entwickeln nicht zwangsläufig bessere Software; einige nicht zertifizierte Hersteller entwickeln dennoch Spitzenprodukte. Eine positive Korrelation zwischen ISO 9000 Zertifikat und Wettbewerbserfolg konnte bislang ebensowenig nachgewiesen werden.

Die ISO 9000 paßt sich in einem entscheidenden Punkt der "Tradition" früherer Konzepte der Systementwicklung, wie z. B. der Künstlichen Intelligenz, CASE oder der Objektorientierung an: Sie bietet "Lösungen" an - in diesem Fall für die Gestaltung eines QMS -, statt darauf hinzuwirken, daß Probleme und deren Ursachen untersucht werden, um anschließend zielorientierte Handlungsempfehlungen aussprechen zu können.

Die ISO 9000 sollte nicht als Ersatz für eigene Verbesserungsbemühungen herangezogen werden. Die Zertifizierung kann allenfalls ein Zwischenziel sein, sie ist aber keinesfalls ausreichend für den langfristigen Unternehmenserfolg. Der Zertifizierungsprozeß kann sehr langwierig sein und erfordert hohe Investitionen. Dies gilt v. a. für die Erweiterung des bestehenden QM-Systems gemäß den ISO 9000 Anforderungen. Hier ist insbesondere für kleinere und mittlere Unternehmen eine sorgfältige Abwägung von Kosten und Nutzen erforderlich.

Beim Aufbau eines QM-Systems nach ISO 9000 besteht die Gefahr, durch unflexible bürokratische Regelungen und übermäßige Papierflut ein schwerfälliges und starres System im Unternehmen zu etablieren. Das erreichte Zertifikat kann die falsche Sicherheit erzeugen, ein "optimales" QM-System zu besitzen. Zum einen kann niemand belegen, daß ein QM-System nach ISO 9000 tatsächlich ideal für alle Unternehmen ist, und zum anderen bedarf es trotz eines eventuell erhaltenen Zertifikates ständiger

Verbesserungsbemühungen, um einen Qualitätswettbewerb erfolgreich bestreiten zu können. Die Lösung der Softwareherstellungsprobleme kann nicht in einem starren Katalog von Anforderungen an ein QM-System liegen. Vielmehr gilt es, im unternehmerischen Umfeld unter Ausnutzung der eigenen Stärken, bei Kenntnis seiner individuellen Schwächen seine Leistungsfähigkeit permanent und systematisch zu verbessern. Hierzu müssen Erfahrungen ständig bewertet und gesammelt werden. Das Unternehmen muß aus Erfolgen und Mißerfolgen lernen, zielgerichtet nach Ursachen für Probleme forschen und sich immer wieder neue Ziele setzen, die es zu erreichen gilt. Ein derartig dynamischer Prozeß kann nur schwer in einer Norm beschrieben werden.

Dies mag sich theroetisch anhören, führende japanische Unternehmen haben aber gezeigt, daß ein solches Konzept praktikabel ist. Es kommt weniger auf vorgefertigte Lösungen, als vielmehr auf die richtige Einstellung an. Und hier zeigt sich ein weiterer Schwachpunkt der ISO 9000: Der wichtigste Produktionsfaktor in der Softwareentwicklung - der Mensch - steht außerhalb der Betrachtung - zumindest außerhalb der Zertifizierungsbetrachtung. In den Darlegungsnormen ISO 9001, 9002 und 9003 spielt der Mensch überhaupt keine Rolle, die freiwilligen Anforderungen der ISO 9004 reichen nicht aus, um allen Anforderungen an das soziale Subsystem eines Unternehmens gerecht zu werden.

Bewertung der ISO 9000: nützlich, nutzlos oder schädlich?

Zur Beantwortung dieser Frage ist entscheidend, wie man mit der ISO 9000 umgeht! Sie kann nur eine Plattform sein, von der aus ein Qualitätsmanagementsystem im oben beschriebenen Sinn weiterentwickelt wird. Das Zertifikat mag zwar bald zum Markteintrittskriterium werden, es wird aber kaum zu mehr Wettbewerbsfähigkeit der europäischen Software-Hersteller auf dem Weltmarkt führen.

Die ISO 9000 ist überarbeitungsbedürftig, z. B. sollte das Tailoring in die Norm aufgenommen und mehr zielorientiertes Messen gefordert werden. Nicht alle Forderungen der ISO 9000 sind notwendig und nützlich. Weniger Bürokratie und Papierkrieg sowie stärkere Berücksichtigung der "Human Factors" könnten zu einer über die Zertifizierung hinausgehenden Akzeptanz des QMS führen.

Die ISO 9000 kann vor allem dann nützen, wenn das Zertifikat mehr oder weniger als "Abfallprodukt“ gesehen wird und das Ziel der Aufbau eines geeigneten Qualitätsmangementsystems ist.

In diesem Falle lohnen Investitionen auch für Unternehmen, für die das Zertifikat kein Werbemittel darstellt, sondern die den Kundenanforderungen nach qualitativ hochwertiger Software gerecht werden wollen.

Die ISO 9000 geht aber kaum auf Geschäftsprozesse im Unternehmen ein. Aus diesem Grunde ist bei einer eventuellen Umstrukturierung des Unternehmens die ISO 9000 keinesfalls als ausreichend anzusehen. Sie stellt jedoch eine wichtige Basis für den Ausbau des QM-Systems im Sinne des Total Quality Management Ansatzes dar. Hierzu müssen Unternehmen sich aber in die Lage versetzen, selbst ihre Schwachstellen erkennen und beheben zu können. Wissen im Unternehmen muß expliziter gemacht und besser verteilt werden, aus Erfahrungen muß systematisch gelernt werden.

3 Prinzipien des Total Quality Managements

Die DIN ISO 8402 beschreibt TQM als eine "... auf der Mitwirkung aller ihrer Mitglieder beruhende Führungsmethode einer Organisation, die Qualität in den Mittelpunkt stellt und durch Zufriedenstellung der Kunden auf den langfristigen Geschäftserfolg sowie Nutzen für die Mitglieder der Organisation und für die Gesellschaft zielt".[1] Diese etwas umständliche Definition enthält eine Reihe interessanter Gedanken:

- "Total" bedeutet: TQM ist ein umfassendes Konzept. Es ist nicht auf eine Stelle beschränkt. Es macht Qualität vielmehr zur Sache aller Mitarbeiter und Hierarchieebenen und zum Gestaltungskriterium aller Aufgaben. Niemand und nichts ist ausgenommen; weder die Verwaltung, noch die oberen Ebenen des Managements. TQM integriert die Interessen der Kunden, der Mitarbeiter, des Unternehmens und der Lieferanten.

- "Quality" bezeichnet das Ausmaß, in dem Kundenbedürfnisse befriedigt werden. Qualität ist Mittelpunkt des Konzepts, aber nicht das einzige anzustrebende Ziel. Mit TQM wird vielmehr die Erwartung verbunden, daß entsprechend veränderte Verhaltensweisen auch zu höherer Mitarbeiterzufriedenheit, zu höherer Produktivität, zu sinkenden Kosten und zu verkürzten Entwicklungs- und Herstellungszeiten führen.

- Der Begriff "Management" steht für die Einsicht, daß ein solches Konzept nicht zufällig entsteht oder von alleine wächst. Es muß vielmehr aktiv gestaltet und aufrecht erhalten werden.

Total Quality Management ist kein einheitlicher Plan oder gar eine ausformulierte Handlungsanweisung, sondern eine Grundeinstellung, eine bestimmte Überzeugung davon, wie wirtschaftliches Handeln gestaltet werden sollte. Allerdings lassen sich eine Reihe grundlegender Prinzipien formulieren, die die Essenz des TQM wiedergeben. Einige wichtige Prinzipien werden nachfol-

1 DIN, ISO (1992).

gend kurz erläutert und mit der traditionellen Praxis der Softwareentwicklung konfrontiert, um deutlich zu machen, inwiefern TQM eine Verbesserung der Softwareentwicklung bewirken könnte.

3.1 Prinzip der Kundenorientierung

Traditionelle Ansätze der Softwareentwicklung sind häufig technikgetrieben. Neue technische Möglichkeiten haben einen dominanten Einfluß auf die Entwicklung und Vermarktung von Produkten. In vielen Fällen führt das dazu, daß entwickelt wird, was machbar ist und nicht das, was von den Kunden gewünscht wird. Die Entwicklung von Expertensystemshells und von CASE-Werkzeugen liefert hierfür gute Beispiele.

Anders im Total Quality Management. Hier müssen die Softwareentwickler verstehen, welche Aufgaben der Anwender mit der Software erfüllen will und wie bzw. unter welchen Bedingungen er das tut. Die Umsetzung der neuesten technischen Errungenschaften in Softwareprodukten verliert an Bedeutung gegenüber dem Bemühen, die Bedürfnisse der Kunden zu befriedigen.

Das kann für Softwareunternehmen z. B. bedeuten, daß eine intensive Zusammenarbeit der Forschung und Entwicklung mit den Marketing- bzw. Vertriebsbeauftragten gewährleistet werden muß. Auch die Hotline kann wertvolle Hinweise auf die tatsächlichen Anforderungen der Kunden geben.

Im Bereich der Individualentwicklung sind sich Kunden ihrer Bedürfnisse hinsichtlich Leistung und Qualität häufig nicht bewußt oder können sie nicht formulieren. TQM kann hier z. B. bedeuten, daß dem Kunden bei der Erkennung und Formulierung seiner Bedürfnisse geholfen wird.

Für Hersteller von Standardsoftware stellt sich das Problem, daß die Bedürfnisse verschiedener Kunden nicht identisch sind. Ein Ziel muß deshalb darin bestehen, eine möglichst große Klasse von Kunden zu bestimmen, deren Bedürfnisse befriedigt werden können. Das setzt die Verwendung moderner Marktforschungsmethoden voraus. Einige erfolgreiche Software-Unternehmen machen schon heute ausführliche Untersuchungen über Kundenbedürfnisse in speziellen Labors.

Sind die Kundenwünsche bestimmt, müssen diese in Anforderungen an Softwareprodukte überführt werden. Dazu wurde in Japan eine Methode entwickelt, die sich auch für die Softwareherstellung sinnvoll einsetzen läßt: Quality Function Deployment.[1]

3.2 Prinzip der Prozeßorientierung

Nach älteren Auffassungen sind Fehler in Softwareprodukten unvermeidbar und müssen hingenommen werden. Allenfalls können Fehler in Tests sichtbar gemacht und durch Überarbeitung des Produktes beseitigt werden.

Im TQM werden Fehler in Softwareprodukten als Symptome schwerwiegenderer Mängel verstanden, nämlich als Defizite des Entwicklungsprozesses. Mangelhafte Entwicklungsvorgaben, ungenügende Dokumentation, Zeitdruck, unzureichende Schulung und fehlendes Konfigurationsmanagement werden z. B. als Fehlerursachen erkannt und bekämpft. Die Herstellung von Software wird als ein reproduzierbarer und verbesserungsfähiger Prozeß verstanden. In einem solchen Prozeß ist es möglich, Ursachen von Qualitätsmängeln zu bekämpfen. Qualität ist nicht mehr zufälliges Produkt, sondern Ergebnis eines geplanten und wiederholbaren Prozesses.

Mit der geänderten Sichtweise der Fehlerentstehung ist auch eine geänderte Sicht des Qualitätsmanagements verbunden: Im Vordergrund steht die Beseitigung der Fehlerursachen statt die Beseitigung ihrer Symptome, nämlich der Softwarefehler. Die Handlungsmaxime lautet deshalb "Fehlervermeidung vor Fehlerbehebung". Das bedeutet nicht, daß die Produktprüfung (z. B. durch Software-Tests) überflüssig wird. Allerdings haben diese Prüfungen im TQM einen neuen Stellenwert. Ihre Aufgabe ist die Überwachung der Prozeßqualität. Nur noch in zweiter Linie dienen sie der Überprüfung der Qualität des Produkts.[2]

3.3 Prinzip des Primats der Qualität

Nach älteren Auffassungen wurde Softwarequalität durch zusätzlichen Aufwand beim Testen und Prüfen und der danach erforderlichen Fehlerbehebung erkauft. Das bedeutet, daß Qualitätssteigerungen immer zu Kostenerhöhungen führen.

Nach moderneren Auffassungen, die sich im TQM widerspiegeln, ist dies nicht der Fall. Qualitätsverbesserungen werden durch Verbesserungen der Entwicklungsprozesse erreicht, insbesondere durch Vermeidung von Verschwendung. Das hat zur Folge, daß Qualität zwar Ausgangspunkt aller Bemühungen, aber nicht deren einziges Ergebnis ist. Qualitätsmanagement ist nicht nur ein

1 Vgl. z. B. Akao (1992) oder speziell für Software Zultner (1992) und Herzwurm/Mellis/Stelzer (1995).

2 Vgl. Arthur (1992) S. IV ff.

Hebel zur Erhöhung der Kundenzufriedenheit und zur Ausweitung des Umsatzes, sondern auch zur Senkung der Kosten und zur Steigerung der Produktivität.[1]

Dieses Prinzip ist nicht neu. Neu ist lediglich die Radikalität, mit der es im TQM realisiert wird. Übertragen auf die Softwareentwicklung bedeutet es: Wenn ein Entwickler bei der Codierung z. B. einen Aspekt des Designs oder des Systemmodells findet, den er nicht versteht, oder von dem er vermutet, daß dadurch spätere Erweiterungen behindert werden könnten, dann sollte er sofort die gesamte Projektarbeit stoppen können, bis der Schwachpunkt behoben ist.

Die meisten Softwarehersteller wenden dieses Prinzip zur Zeit nicht an. Der scheinbar störungsfreie Ablauf von Projekten hat häufig Vorrang vor grundlegenden Verbesserungen des Entwicklungsprozesses. Die Konsequenz ist, daß Fehler "mitgeschleppt" werden. Ihre Auswirkungen treten immer wieder auf und erfordern in jedem Einzelfall Nacharbeit. Fehler werden eher an den Symptomen als an den Ursachen bekämpft.

3.4 Prinzip der Zuständigkeit aller Mitarbeiter

Die meisten Softwareentwickler testen ihre Produkte zunächst selbst. Diese Entwicklertests haben in der Regel die Funktion, die eigene Zufriedenheit mit dem erreichten Entwicklungsstand zu überprüfen. Die Prüfung des Produktes gegen die Kundenanforderungen wird häufig - wenn überhaupt - durch organisatorisch unabhängige Stellen wahrgenommen, z. B. von einer Testgruppe oder einem Qualitätssicherungsbeauftragten.

Im Total Quality Management ist eine solche unabhängige Qualitätssicherungsfunktion zur Gewährleistung der Produktqualität überflüssig. Qualität wird im TQM nicht als Sache einer Qualitätsabteilung verstanden, sondern als Aufgabe aller Beteiligten. An der Herstellung und Vermarktung eines Softwareproduktes sind in der Regel viele Mitarbeiter in unterschiedlichen Funktionen wie Marketing, Entwicklung, Vertrieb, Hotline und Support beteiligt. Sie alle müssen einen Beitrag zur angestrebten Qualität des Endproduktes leisten. Die wesentliche Konsequenz der Zuständigkeit aller Mitarbeiter für die Qualität ist ein geringerer Aufwand für die Fehlerbehebung, da jeder Mitarbeiter Qualität als einen integralen Bestandteil seiner Arbeit versteht.[2]

Das bedeutet, daß alle Mitarbeiter die von ihnen erstellten Beiträge nicht (nur) anhand der eigenen Vorstellungen, sondern in

1 Vgl. z. B. die Qualitätskostenanalyse bei Haist/Fromm (1991) S. 60.
2 Vgl. Deming (1992).

erster Linie anhand der Kundenanforderungen prüfen. Bevor das allerdings möglich wird, müssen alle Mitarbeiter entsprechend geschult und motiviert werden. Sie müssen den Einfluß ihrer Leistung auf die Qualität des Endproduktes verstehen. Eine Möglichkeit zur Erreichung dieses Ziels ist, allen Mitarbeitern möglichst häufig plastisch vor Augen zu führen, welche Anforderungen die Kunden haben, z. B. indem Ergebnisse von Kundenbefragungen bekanntgemacht werden. Eine weitere Möglichkeit besteht darin, die Mitarbeiter in Qualitätszirkeln oder ähnlichen Gruppen arbeiten zu lassen und das eigene Handeln gemeinsam zu diskutieren. Das aussichtsreichste Konzept scheint jedoch zu sein, die Beziehungen zu anderen Aufgabenträgern im gleichen Unternehmen als internes Kunden-Lieferanten-Verhältnis zu verstehen.

3.5 Prinzip des internen Kunden-Lieferanten-Verhältnisses

Mitarbeiter der meisten Softwarehäuser betrachten fast ausschließlich unternehmensexterne Personen oder Organisationen als Kunden. Mit diesen Kunden haben Mitarbeiter des Vertriebs, des Supports oder der Hotline zu tun, in der Regel aber nicht die Entwickler. Die Haltung, daß auch die Abnehmer der Zwischenprodukte als Kunden im eigenen Unternehmen angesehen werden könnten, ist sehr unterentwickelt. Innerhalb der Systementwicklung sind deshalb auch formelle Abnahmen und Übergaben von Zwischenprodukten selten.

Das Prinzip des internen Kunden-Lieferanten-Verhältnisses kann allen Mitarbeitern helfen, die eigene Arbeit im Hinblick auf den Gesamterfolg des Unternehmens zu bewerten. Der Erfolgsbeitrag eines Mitarbeiters oder einer Abteilung wird als Erfolg bei seinen internen Kunden definiert. In einem Softwarehaus können sich z. B. die Mitarbeiter, die die Spezifikation erstellen, als Lieferanten der Mitarbeiter verstehen, die auf der Basis der Spezifikation das System-Design anfertigen. Auf diese Weise werden alle an einem Entwicklungsprozeß beteiligten Bereiche auf den Erfolg der jeweils Nächsten in der Wertschöpfungskette verpflichtet. Daraus ergibt sich gleichzeitig eine Verteilung und Lokalisierung der Qualitätsverantwortung. Jeder Mitarbeiter ist für die Qualität seines Teil- oder Zwischenproduktes selbst verantwortlich. Dadurch bekommt er einen Teil der Verantwortung für die Qualität und Produktivität des gesamten Leistungserstellungsprozesses.[1]

[1] Vgl. Haist/Fromm (1991) S. 143.

3.6 Prinzip der kontinuierlichen Verbesserung

Werden Defizite in der Softwareentwicklung erkannt, so versuchen viele Unternehmen heute, diese Probleme durch revolutionäre Veränderungen zu beheben. Ansatzpunkte zur Behebung der Defizite werden häufig in technischen Neuerungen gesucht. Z. B. werden neue Software-Technologien und -Werkzeuge eingeführt. Die typische Quelle für revolutionäre Veränderung ist die Automatisierung, der typische Träger die Maschine. Revolutionäre Veränderungen sind dadurch gekennzeichnet, daß sie die Arbeitsweise grundsätzlich und nicht nur graduell verändern. Als Ergebnis werden substantielle Verbesserungen erwartet. Erfahrene Softwareentwickler wissen aber, daß revolutionäre Veränderungen nicht ohne weiteres zu revolutionären Verbesserungen führen. Z. B. hat die Einführung von Expertensystemen, von CASE-Werkzeugen oder der Objektorientierung in der Regel nicht zu den erwarteten Verbesserungen geführt.[1] Die Masse der Anwender wurde enttäuscht. Dies ist auch keineswegs überraschend. Der scheinbar leichte Weg, durch hohe Investitionen und technische Veränderungen Verbesserungen quasi zu "erkaufen", ist nicht gangbar. Denn Revolutionen schaffen einen neuen Prozeß, dessen Leistungsfähigkeit zuerst in einer Lernphase entwickelt werden muß. Diese prozeßbezogene Sichtweise fehlt vielen Softwareherstellern noch völlig.

Im TQM wird ein völlig anderer Weg vorgeschlagen: das Prinzip der kontinuierlichen Verbesserung (Kaizen). Statt revolutionärer Veränderungen werden inkrementelle Verbesserungen angestrebt. Von jeder dieser evolutionären Veränderungen erwartet man zwar nur geringfügige Verbesserungen. Die Vertreter des TQM gehen aber davon aus, daß viele kleine Veränderungen in der Summe zu weitreichenden Verbesserungen führen können und daß diese Vorgehensweise mit einem weitaus geringeren Risiko verbunden ist. Die typische Quelle der evolutionären Veränderung ist die Vermeidung von Verschwendung, der typische Träger ist die Prozeßoptimierung.

3.7 Prinzip der Stabilisierung von Verbesserungen

In der Softwareentwicklung scheint sich die irrige Annahme festgesetzt zu haben, daß eine Veränderung, z. B. die Einführung eines Vorgehensmodells, zwar in der Einführungsphase hohen Aufwand verursacht, dann aber mehr oder weniger zu einem

1 Schmitz u. a. haben bereits vor dem Aufkommen von CASE darauf hingewiesen, daß eine Automatisierung erst nach Abschluß wesentlicher Teile der Systematisierung voranzutreiben ist. Vgl. Schmitz/Bons/van Megen (1983) S. 4. Diese Erkenntnis hat sich in der Praxis allerdings trotz vieler negativer Erfahrungen vielfach noch nicht durchgesetzt. Vgl. Mellis (1994).

Selbstläufer wird. Tatsächlich müssen Innovationen jedoch ständig gepflegt werden. Wenn nicht laufend Energie aufgebracht wird, um die verbesserte Gestaltung zu erhalten, degeneriert sie langsam. Dafür gibt es verschiedene Erklärungen: Mitarbeiter lernen laufend hinzu und optimieren ihr Verhalten entsprechend den eigenen Zielen. Andere Mitarbeiter verlassen das Unternehmen. Ihre Erfahrung und ihr Wissen steht in Zukunft nicht mehr zur Verfügung. Neue Mitarbeiter bringen andere Erfahrungen, andere Einstellungen und Verhaltensweisen mit. Das hat zur Folge, daß sich Innovationen ungeplant und mehr oder weniger unbemerkt verändern; häufig nicht unbedingt zum Besseren.

Im TQM wird diesem Umstand Rechnung getragen. Die Einsicht, daß Innovationen von den Mitarbeitern dauerhaft angewendet und beherrscht werden müssen, führt dazu, daß deren Stabilisierung permanent betrieben wird. Ein Beispiel dafür ist die Einführung und erfolgreiche Verwendung eines Data Dictionary in einem großen japanischen Konzern. Der Erfolg beruhte im wesentlichen darauf, daß allen Mitarbeitern die Verwendung des Dictionary immer wieder "schmackhaft" gemacht wurde. Über mehrere Jahre hinweg wurde dessen Einsatz bei jeder Einführung von neuen Systemen und Entwicklungstechniken erneut angepriesen. Auftauchende Probleme wie Inkompatibilitäten wurden bekämpft, um den Mitarbeitern das Arbeiten mit dem Werkzeug zu ermöglichen und die langsame Degeneration der Verbesserung zu vermeiden.[1]

3.8 Prinzip der rationalen Entscheidungen

In der Softwareentwicklung werden viele Neuerungen eingeführt, weil sie technisch modern sind, weil "alle es so machen", weil man "den Zug nicht verpassen" will, oder weil "clevere" Berater neue Konzepte unter weitreichenden Versprechungen verkaufen. Selten ist eine plausibel begründete Aussicht auf nachhaltig verbesserte Problemlösungen die treibende Kraft für Neuerungen. Viele Entscheidungen über die Verwendung von Innovationen in der Softwareentwicklung können deshalb getrost als irrational bezeichnet werden.

Im TQM werden Entscheidungen explizit begründet und auf der Basis von Fakten gerechtfertigt. Intuition wird dabei nicht ausgeblendet, sondern kritisch an den Erfahrungen des Unternehmens gemessen. Das setzt voraus, daß entsprechende Erfahrungen gemacht worden sind. Verfechter des TQM empfehlen daher das Sammeln und Analysieren von Daten - oder anders ausgedrückt: die Einführung von Meßkonzepten.

1 Vgl. Yourdon (1993) S. 10-12.

Beispiele von erfolgreichen Unternehmen zeigen, daß die Entwicklungsprozesse dort durch ein engmaschiges System von Messungen begleitet werden. Diese Messungen haben verschiedene Zwecke. Sie zeigen allen am Entwicklungsprozeß beteiligten Mitarbeitern Stärken und Schwächen des Entwicklungsprozesses auf und bilden dadurch eine Basis für Verbesserungen. Entscheidend ist dabei, daß den Messungen klar definierte Erkenntnisziele zugrundeliegen. Es werden Hypothesen über bestimmte Zusammenhänge aufgestellt, z. B. über Fehlerursachen oder über die Effektivität bestimmter Maßnahmen. Diese Hypothesen werden während der täglichen Arbeit ständig überprüft. Die Meßergebnisse werden allen Beteiligten zur Verfügung gestellt und gemeinsam diskutiert. Es geht dabei nicht darum, die Leistungsfähigkeit einzelner Mitarbeiter zu überprüfen, sondern die Produktivität der Gruppe zu erhöhen. Die Messungen verbessern das Verständnis der unternehmensspezifischen Erfolgsfaktoren. Sie tragen dadurch zu einer höheren Produktivität der Prozesse und einer verbesserten Qualität der Produkte bei.[1]

[1] Ein praktikables Meßkonzept beschreiben z. B. Rowe/Whitty (1993) S. 291-296.

4 Von der ISO 9000 zu TQM?

Obwohl der Weg zum TQM im Prinzip auch ohne ISO 9000 zu bestreiten ist, wird aufgrund der momentanen Bedeutung der ISO 9000 nachfolgend diskutiert, ob die ISO 9000 auf dem Weg zum TQM ein erster, sinnvoller Schritt sein kann bzw. ob TQM "trotz" ISO 9000 erreicht werden kann.

4.1 ISO 9000 und TQM - Ein kritischer Vergleich

Vergleich der ISO 9000 mit den vier Geboten des Qualitätsmanagements nach Crosby[1]

- Qualität muß als Erfüllung von Anforderungen definiert werden und nicht als "Güte".

  Wenn diese Definition von Qualität richtig ist (und das sieht im Prinzip auch die ISO so), dann gibt es auch kein "gutes" QMS, sondern die Qualität des QMS hängt von den Anforderungen ab. In diesem Fall kann es allerdings keine Norm geben, die diese Anforderungen unabhängig vom Kontext beschreibt.

- Das Grundprinzip der Qualität ist Vorbeugung, nicht nachträgliche Prüfung.

  Im ersten Abschnitt der ISO 9000-3 wird ausdrücklich auf diesen Aspekt hingewiesen: "Die Anleitungen dieses Teils von ISO 9000 sollen der Beschreibung der vorgeschlagenen Lenkungsmaßnahmen und Methoden zur Produktion von Software dienen, die die Forderungen des Auftraggebers erfüllt. Dies wird in erster Linie durch *Fehlerverhütung* in allen Phasen von der Entwicklung bis zur Pflege erreicht."[2] Bei kritischer Analyse der gesamten Norm ist allerdings festzustellen, daß wenig konkrete Maßnahmen zur Fehlerverhütung gefordert werden. Die ISO 9000 Verfechter scheinen davon auszugehen, daß bei Einhaltung der Norm, Fehler

1 Vgl. Crosby (1986).
2 DIN, EN, ISO (1992).

quasi automatisch vermieden werden, was sich in der Praxis so nicht bewahrheitet hat.

- Der Leistungsstandard muß "null Fehler" heißen und nicht "das tut es auch".

  Aber selbst "null Fehler" heißt nur, das nichts falsch ist. Das bedeutet aber noch lange nicht, daß alles richtig ist. Die ISO 9000 schweigt sich zu diesem Thema aus. Zwar wird die Formulierung von Zielen gefordert, aber es werden keine konkreten Hinweise gegeben, wie diese Ziele gestaltet sein müssen.

- Maßstab für die Qualität sind nicht Indexziffern, sondern die Kosten für die Abweichung von den Anforderungen.

  Ziel muß es sein, Kundenbedürfnisse möglichst exakt zu befriedigen. Werden die Anforderungen untererfüllt, verursacht das Kosten (Fehlerbeseitigung bei Individual-Software, Umsatzrückgang bei Standard-Software), werden sie übererfüllt, so wird dies u. U. nur unzureichend belohnt. Wirtschaftlichkeitsbetrachtungen stehen im Mittelpunkt von TQM, aber nur am Rande (ISO 9004-1) der ISO 9000. Ziel eines Unternehmens ist die Erzielung von Gewinn und nicht das Einhalten von Normen. Die Entlohnung am Markt erfolgt letztlich durch den Kunden, das Wort "Kundenorientierung" taucht in der ISO 9000 allerdings nirgendwo auf.

Vergleich der ISO 9000 mit dem CMM[1]

Auch ein "Assessment" nach ISO 9000 kann eine Methode zur Selbsteinschätzung der Leistungsfähigkeit des QMS eines Unternehmens sein, ähnlich wie es das Cabability Maturity Model (CMM) von Humphrey vorsieht. Das CMM ist ein hierarchisches Modell, das die Reife eines Softwareentwicklungs-Prozesses in fünf Stufen vom Chaos bis zum optimierten Prozeß unterteilt. Es beschreibt für jede Stufe kritische Erfolgsfaktoren (z. B. Projektmanagement, Konfigurationsmanagement, Qualitätssicherung), wodurch Unternehmen bzw. externe Auditoren in die Lage versetzt werden, die gegenwärtige Situation der Software-Entwicklung zu bestimmen und schrittweise durch Erreichen der nächsten Stufe zu verbessern. Neben den vielen Gemeinsamkeiten zwischen ISO 9000 und CMM (z. B. Audits, Schulung, Korrekturmaßnahmen, Prozeßdefiniton, -dokumentation und -standardi-

1 Vgl. Paulk/Curtis/Beth (1993).

sierung) gibt es gravierende Unterschiede. So ist das CMM speziell für die Softwareentwicklung konzipiert und beschreibt mit Hilfe von Schlüsseltechniken im Gegensatz zur ISO 9000 auch, *wie* ein Prozeß gestaltet werden soll. Zwar ist die Vergleichbarkeit beider Modelle (vgl. Abbildung 3) schwierig, da beide Ansätze Aspekte beinhalten, die in dem jeweils anderen fehlen. Insgesamt stehen die Forderungen der ISO 9000 allerdings nicht im Widerspruch zum CMM, so daß zertifizierte Unternehmen teilweise schon Stufe 3 des CMM erreicht haben. Das im Abstand von drei Jahren stattfindene Wiederholungsaudit kann allerdings nicht die vom CMM geforderte permanente Selbsteinschätzung ersetzen und trägt damit nicht in ausreichendem Maße zu einer kontinuierlichen Verbesserung bei.

Abb.3: Vergleich ISO 9000 und CMM

ISO 9000	CMM
branchenneutral	softwarespezifisch
ca. 200-250 Assessmentfragen	ca. 120 Assessmentfragen
Muß- und Kann-Forderungen	kritische und nicht-kritische Forderungen
Zertifizierung ja oder nein	Reifegrad-Level 1, 2, 3, 4 oder 5
Beschreibung "Was"	Beschreibung "Was" und "Wie"

4.2 Der Nutzen eines QM-Systems nach ISO 9000 für TQM

Die Erfahrungen in der Praxis zeigen, daß die Vorbereitung auf die Zertifizierung als Ansporn und Motivation für alle Mitarbeiter gewirkt hat. Das gemeinsame Ziel hat zu einem erhöhten Qualitätsbewußtsein und zu gemeinsamen Aktionen geführt. Das Management war durch den Zertifizierungsdruck am Markt "endlich" bereit, in qualitätsfördernde Maßnahmen zu investieren. Außerdem kann die Chance genutzt werden mit der Einführung des ISO 9000 QMS eine Reihe von Konzepten einzuführen, die zwar nicht explizit von der ISO 9000 gefordert werden, die aber ISO 9000 konform eingeführt werden können und dabei einen wichtigen Schritt in Richtung TQM bedeuten. So gehören Themen wie z. B. Quality Function Deployment, Failure Mode and Effects Analysis (FMEA), Korrekturmaßnahmen, Ursache-Wirkungsanalysen, Statistische Methoden, Statistische Prozeßkontrolle (SPC), Versuchsmethodik, Qualitätsförderung, Qualitätsmotivation, Qualitätskostenanalyse etc. längst zum Ausbildungsprogramm für Auditoren der (Deutschen Gesellschaft für Qualität e. V. (DGQ) und werden daher auch bei der Zertifizierung honoriert.

Wie aber bereits ausgeführt wurde, dürfen die Qualitätsbemühungen nach der Zertifizierung nicht aufhören, sondern es bedarf neben der Erfüllung von Minimalforderungen (ISO 9000) der Einführung kontinuierlicher Verbesserungsprozesse (KVP), um am Markt bestehen zu können (vgl. Abbildung 4). Gegebenenfalls ist sogar an eine radikale Veränderung von Geschäftsprozessen im Rahmen des Business Process Reengineering zu denken, wenn sich die aktuelle Geschäftsprozeßgestaltung z. B. wegen mangelnder Kundenorientierung als nicht konkurrenzfähig erweist.

Abb. 4:
ISO 9000 und kontinuierliche Verbesserung

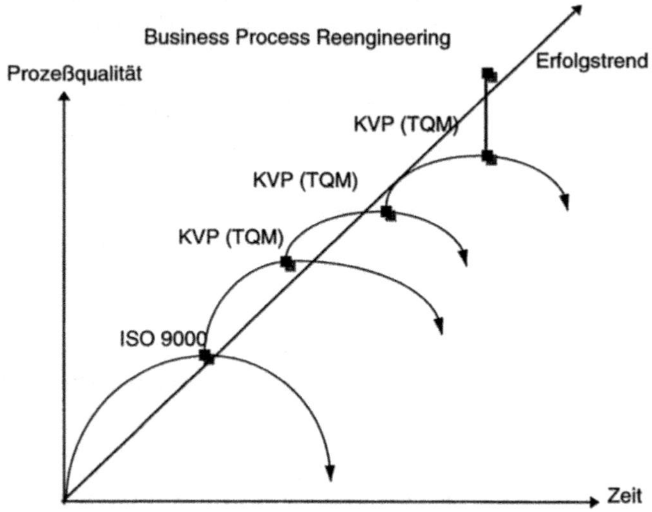

5 TQM - Ein Weg zur Qualitäts- und Produktivitätserhöhung

Das Rationalisierungspotential, aus dem TQM schöpft, ist die Verschwendung. Dieses Potential ist in der Softwareentwicklung unübersehbar. Es werden z. B. häufig Funktionen verwirklicht, die der Kunde gar nicht verlangt. Die entsprechende Entwicklungsarbeit ist überflüssig, sie trägt nicht zur Befriedigung der Kundenbedürfnisse und damit auch nicht zur Qualität bei. Sie treibt lediglich die Entwicklungskosten in die Höhe. Durch Nachbesserung und Überarbeitung von Fehlern wird außerdem häufig wertvolle Arbeitszeit verschwendet. TQM führt dazu, daß verstärkt in die Fehlervermeidung investiert wird. Das scheint zunächst die Entwicklungskosten zu erhöhen. Betrachtet man aber den gesamten Entwicklungsprozeß, so können dadurch erhebliche Aufwände für die Überarbeitung und Beseitigung von Fehlern eingespart werden.

Traditionelle Versuche, die Kosten der Softwareentwicklung zu senken, gingen meist zu Lasten der Qualität. TQM zeigt einen Weg zur Qualitätserhöhung bei gleichzeitiger Kostensenkung. TQM erzwingt eine Konzentration auf das Wesentliche und führt dadurch zu einer wirtschaftlicheren Entwicklung von Software. Positive Effekte auf die Mitarbeiter, die Kunden und letztlich auf den Unternehmenserfolg werden dabei nicht ausbleiben.

Abbildung 5 faßt die wichtigsten Unterschiede zwischen dem TQM-Ansatz und traditionellen Modellen der Softwareentwicklung zusammen.

Abb. 5: Unterschiede zwischen TQM und traditionellen Modellen

Traditionelle Softwareentwicklung	**Total Quality Management**
Technikorientierte Produktentwicklung	Kundenorientierte Produktentwicklung
Produktorientierte Qualitätssicherung	Prozeßorientiertes Qualitätsmanagement
Qualität als zusätzliche Produkteigenschaft	Qualität als zentrale Produkteigenschaft
Qualität als Aufgabe einzelner Mitarbeiter	Qualität als Leitbild für alle Mitarbeiter
Kunden sind externe Einkäufer	Internes Kunden-Lieferanten-Verhältnis
Radikale, revolutionäre Veränderungen	Radikale, revolutionäre und inkrementelle, evolutionäre Verbesserungen
Veränderungen werden nicht stabilisiert	Veränderungen werden stabilisiert
Personenabhängiges Erfahrungswissen als Entscheidungsgrundlage	Nachprüfbare Fakten als Entscheidungsgrundlage

6 Literatur

Akao, Yoji (1992): QFD - Quality Function Deployment - Wie die Japaner Kundenwünsche in Qualität umsetzen. Landsberg am Lech 1992.

Arthur, Lowell Jay (1992): Improving Software Quality. An Insider's Guide to TQM. New York 1992.

Bellin, Georg; Stelzer, Dirk (1995): Softwarequalitätsmanagement gemäß DIN ISO 9000. Ergebnisse einer empirischen Untersuchung zertifizierter Qualitätsmanagementsysteme. Studien zur Systementwicklung des Lehrstuhls für Wirtschaftsinformatik der Universität zu Köln. Band 7, Köln 1995.

Crosby, Philip B (1986): Qualität bringt Gewinn. Hamburg u. a. 1986.

Deming, William Edwards (1992): Out of the crisis: quality, productivity and competitive position. Cambridge 1992.

DIN, EN, ISO (Hrsg.) (1994): Normen zum Qualitätsmanagement und zur Qualitätssicherung / QM-Darlegung. Teil 1: Leitfaden zur Auswahl und Anwendung. DIN EN ISO 9000-1: 1994-08. Berlin 1994.

DIN, ISO (Hrsg.) (1992): DIN ISO 8402. Qualitätsmanagement und Qualitätssicherung. Begriffe. Entwurf März 1992. Berlin 1992.

DIN, ISO (Hrsg.) (1992): Qualitätsmanagement- und Qualitätssicherungsnormen. Leitfaden für die Anwendung von ISO 9001 auf die Entwicklung, Lieferung und Wartung von Software. DIN ISO 9000-3: 1992-06. Berlin 1992.

Haist, Fritz; Fromm, Hansjörg (1991): Qualität im Unternehmen. Prinzipien - Methoden - Techniken. 2. Aufl., München - Wien 1991.

Herzwurm, Georg; Mellis, Werner; Stelzer, Dirk (1995): QFD unterstützt Software-Design. Quality Function Deployment ist das Rückgrat simultaner Produktentwicklung. In: QZ - Qualität und Zuverlässigkeit, Nr. 3, 1995, S. 304-308.

Jones, Capers (1994): Software quality tools, methods used by industry leaders. In: Computer. April 1994, S. 12.

Mellis, Werner (1994): Praxiserfahrungen mit CASE - Eine systematische Analyse von Erfahrungsberichten. In: Mellis, Werner; Herzwurm, Georg; Stelzer, Dirk (Hrsg.): Studien zur Systementwicklung. Band 2: CASE-Technologie in Deutschland. Köln 1994, S. 51-97.

Paulk, Mark C.; Curtis, Bill; Beth, Mary (1993): Capability Maturity Model for Software, Version 1.1. Technical Report CMU/SEI-93-TR-024. Pittsburgh 1993.

Rowe, Alison; Whitty, Robin (1993): Ami: promoting a quantitative approach to software management. In: Software Quality Journal, Nr. 4, 1993, S. 291-296.

Schmauch, Charles H. (1994): ISO 9000 for software developers. Milwaukee 1994.

Schmitz, Paul (1990): Softwarequalität. In: Mertens, Peter (Hrsg.): Lexikon der Wirtschaftsinformatik. 2. Aufl., Berlin u. a. 1990, S. 393-395.

Schmitz, Paul; Bons, Heinz; van Megen, Rudolf (1983): Software-Qualitätssicherung - Testen im Software-Lebenszyklus. 2. Aufl., Braunschweig - Wiesbaden 1983.

Stelzer, Dirk (1994): Interpretation der ISO 9000-Familie bei der Zertifizierung von Qualitätsmanagementsystemen für die Softwareentwicklung. Manuskript zu einem Vortrag während des adi QM/IT Expertentreffens vom 8.-10.12.1994. Köln 1994.

Yourdon, Ed (1993): It's all in the Dictionary: Software Excellence at Kawasaki Motors Corp. In: American Programmer, Nr. 6, 1993, S. 10-12.

Zultner, Richard E. (1992): Quality Function Deployment (QFD): Structured Requirements Exploration. In: Schulmeyer, G. Gordon; McManus, James I. (Hrsg.): Total Quality Management for Software. 1. Aufl., New York - London, 1992, S. 297-319.

Business Reengineering und schlankes Management - Auswirkungen auf die organisatorische Gestaltung und den Einsatz von Standardsoftware -

Robert Fieten*

* Dr. Robert Fieten, Gastforscher am BIFOA.

1 Problemstellung

Die trotz intensiver Bemühungen um Rationalisierung und Reorganisation langwierige Überwindung der Kosten- und mehr noch der Innovationskrise vieler deutscher Industrieunternehmungen hat deutlich gemacht, daß die überkommenen Ansätze einer tayloristisch geprägten Straffung gewachsener Unternehmungsstrukturen an ihre Grenzen stoßen und offenbar zu kurz greifen. Auch Radikalkuren, die sich unter dem Deckmantel der Einführung von Lean Management in vielen Unternehmungen lediglich als drastischer Personalabbau nach der Rasenmähermethode entpuppten, haben keineswegs in allen Fällen die Wettbewerbsfähigkeit der Unternehmungen nachhaltig verbessern können (vgl. zu dieser kritischen Einstellung gegenüber pauschalen modischen Diätrezepten auch Frese/v. Werder 1994).

Ein Handeln nach der Devise "Liquidität geht vor Rentabilität" - wie es in vielen deutschen Unternehmungen in den vergangenen beiden Jahren zu beobachten war - ist Ausdruck eines kurzfristigen Krisenmanagements und als solches nur für eine begrenzte Zeit gerechtfertigt. Statt dessen ist eine nachhaltige und dauerhafte Verbesserung der Position der Unternehmungen bei den wettbewerbsentscheidenden Erfolgsfaktoren erforderlich. Als solche sind zu nennen:

- Kostenwirtschaftlichkeit,
- Qualität,
- Service,
- Schnelligkeit (time to market).

Eine nachhaltige Verbesserung der Wettbewerbsposition erfordert ein Handeln nach der Devise "Wachstum durch Verzicht" (vgl. Kluge u.a. 1994). Verzicht muß geleistet werden durch Abbau von unnötiger Komplexität im Produktprogramm und im Produktdesign, durch Ausrichtung der Produktlinien auf genau definierte Kundensegmente, durch Straffung der Organisation und Entschlackung der Kernprozesse. Zusammengefaßt führen diese Maßnahmen zu einer Konzentration auf das Kerngeschäft und haben den Effekt, daß die Unternehmungen mit weniger Ressourcen deutlich mehr erreichen und zugleich beachtliche Kostensenkungseffekte erzielen können. Immerhin ist die selbst geschaffene Komplexität einer der Hauptkostentreiber in den

Unternehmungen (vgl. Rommel u.a. 1993). Die Weitergabe der niedrigeren Kosten in den Preisen verbessert ihre Stellung in hart umkämpften Märkten und fördert den Absatz. Dadurch gewinnen die Unternehmungen den notwendigen Schwung für eine neue Expansion. Wachstum ist wiederum erforderlich, um in den Genuß von Skaleneffekten in Entwicklung und Produktion zu gelangen und vor allem die aus der Restrukturierung entstehende Beschäftigungslücke schließen zu können und dadurch den Belegschaften in Zeiten gravierender Umstrukturierungen eine Perspektive aufzuzeigen (vgl. zu dieser Argumentation Kluge u.a. 1994).

Wenn deutsche Unternehmungen wieder zu den führenden Wettbewerbern in der Welt aufschließen wollen, so müssen sie ihre Position gleichzeitig bei allen oben genannten Erfolgsfaktoren markant verbessern. Notwendige Voraussetzungen hierfür sind tiefgreifende Veränderungen in der Organisation aber auch in der Kultur der Unternehmungen: Ein an den strategischen Erfolgsfaktoren ausgerichtetes Business Reengineering und schlankes Management sind angesagt.

Die erforderlichen tiefgreifenden Veränderungen unter hohem Zeitdruck durchzuführen, erscheint so schwer wie die Quadratur des Kreises. Der aus den USA stammende Ansatz des Business Reengineering (vgl. Hammer/Champy 1993 sowie Johansson u.a. 1993) verspricht die Lösung dieses Problems und den Einstieg in nicht nur schlanke, sondern vor allem auch effektive Unternehmungsstrukturen, die es möglich machen, im Verdrängungswettbewerb eine Spitzenposition einzunehmen.

Business Reengineering wird in jüngster Zeit auch im deutschsprachigen Raum intensiv und kontrovers diskutiert (vgl. zum Überblick Osterloh/Frost 1994). Es ist zu prüfen, ob es sich hierbei nur um ein weiteres neues Schlagwort handelt, oder ob sich hieraus konkrete Konsequenzen für die organisatorische Gestaltung und den Einsatz von Standardsoftware ergeben.

2 Merkmale von Business Reengineering

Für die Unternehmungen, die einen tiefgreifenden Wandel vornehmen wollen (oder müssen), stellt sich die Frage, auf welchem Wege sie diesen am sinnvollsten erreichen können.

Es bieten sich zwei Alternativen: Zum einen die Bottom-up-Strategie kontinuierlicher Verbesserungsprozesse (KAIZEN), bei der versucht wird, in kleinen, inkrementalen Schritten nachhaltige Steigerungen von Effektivität und Effizienz zu erreichen (vgl. hierzu Imai 1986), zum anderen die Top-down-Strategie des Business Reengineering, bei der versucht wird, durch einen "großen Wurf" zu radikalen Veränderungen zu gelangen. Beide Strategien des Change Managements werden in den Unternehmungen heute verfolgt (vgl. hierzu Servatius 1994).

Die Wettbewerbskraft der führenden japanischen Unternehmungen basiert auf einer konsequenten Anwendung des KAIZEN-Prinzips, das bei diesen fester Bestandteil der Unternehmungskultur ist. Die wiedergewonnene Stärke vieler in den achtziger Jahren noch sehr krisengebeutelter amerikanischer Unternehmungen basiert demgegenüber zum einen sicherlich auf günstigen Wechselkursen, zum anderen aber auch auf einem radikalen Business Reengineering. Dieser Ansatz begnügt sich nicht mit marginalen Verbesserungen, sondern strebt Quantensprünge bei der Steigerung der Wettbewerbsfähigkeit an.

Viele deutsche Unternehmungen etwa in der Automobil- und Elektroindustrie haben in den letzten Jahren durchaus positive Erfahrungen mit den aus Japan stammenden Konzepten Lean Production und KAIZEN gemacht. Dennoch konnten hiermit nennenswerte Effizienzsteigerungen lediglich in der Produktion oder sogar nur in einzelnen Teilbereichen der Produktion erreicht werden. Offenbar genügt dies jedoch nicht, um die Wettbewerbsposition nachhaltig zu verbessern.

Vor diesem Hintergrund wird in jüngster Zeit Business Reengineering in Deutschland stark diskutiert und von vielen als neue "Wunderwaffe" angesehen, obwohl im Hinblick auf ein solches Attribut sicherlich Zweifel angebracht erscheinen. Business Reengineering schließt Lean Production, KAIZEN sowie Total Quality Management keineswegs aus, aber relativiert ihren Stellenwert und bettet sie in den größeren Zusammenhang der Neugestaltung der erfolgskritischen Geschäftsprozesse ein.

Business Reengineering ist eine umfassende Strategie des Change Managements, die einen anderen Ausgangspunkt als die konventionellen Ansätze der organisatorischen Gestaltung wählt. Im Mittelpunkt steht die Neukonfigurierung der erfolgskritischen Geschäftsprozesse; diese wird als Hebel für eine nachhaltige Verbesserung der Wettbewerbsfähigkeit der Unternehmungen angesehen. Als Folgewirkung ergeben sich hieraus grundlegende Veränderungen nicht nur der Organisationsstruktur sondern auch von Informations-, Anreiz-., Planungs- und Controlling-System sowie ebenso der Organisationskultur (Abbildung 1).

Abb. 1:
Business Reengineering umfaßt alle Elemente des organisatorischen Wandels

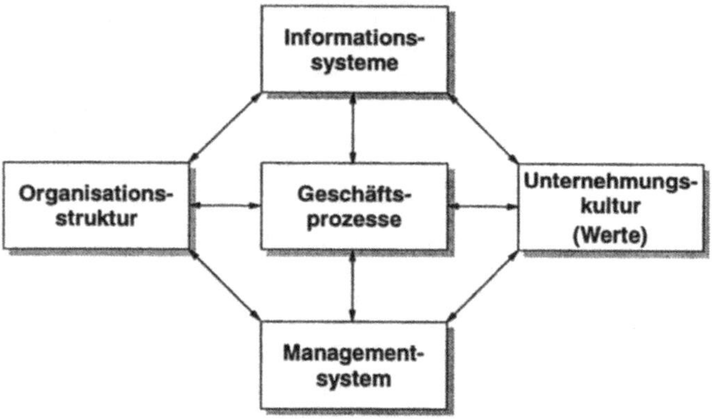

In der Breite des Ansatzes und der Fülle der betrachteten Gestaltungsparameter liegt ein wesentlicher Unterschied zwischen Business Reengineering und den konventionellen Ansätzen der organisatorischen Gestaltung, die sich entweder mit einzelnen Abläufen (Ablauforganisation) oder Aufbaustrukturen (Aufbauorganisation) auseinandersetzen und die anderen Elemente des organisatorischen Wandels weithin vernachlässigen. Business Reengineering unterscheidet sich also von der klassischen Rationalisierung und Reorganisation hinsichtlich des Ausgangspunktes, der Vorgehensweise und vor allem der Tiefe des angestrebten Wandels der Unternehmung.

(1) An die Stelle der Reorganisation der vorhandenen Abteilungen und der Optimierung überkommener Abläufe tritt die Neugestaltung der erfolgskritischen Geschäftsprozesse der Unternehmung.

(2) An die Stelle der Automatisierung überkommener Abläufe tritt die Ablösung alter organisatorischer Abläufe (und Programmsysteme) durch völlig neu konzipierte, optimierte integrierte Arbeitsweisen.

Eine entscheidende Rolle für das Business Reengineering spielt die kreative Nutzung der modernen Informations- und Kommunikationstechnik (I&K-Technik), die die Informationsverarbeitungskapazität der Unternehmung wesentlich erhöht und dadurch die Möglichkeit bietet, daß funktionsübergreifende Prozeßketten überhaupt gebildet und optimiert werden können (vgl. Hammer/Champy 1993). Die kreative Nutzung der modernen I&K-Technik (Software und Hardware) schöpft das dieser immanente Integrationspotential aus und schafft dadurch die Voraussetzungen für eine Optimierung ganzheitlicher, funktionsübergreifender Geschäftsprozesse statt einer Automatisierung unveränderter konventioneller Funktionsabläufe (vgl. hierzu im einzelnen Scheer 1994).

Trotz der hohen Bedeutung der I&K-Technik für Business Reengineering handelt es sich hierbei nicht um einen - wie der Begriff möglicherweise vermuten lassen könnte - rein technokratischen Ansatz; vielmehr tritt der Mensch, dessen Informationsverarbeitungskapazität durch die sinnvolle Nutzung der modernen I&K-Technik wesentlich erweitert wird, wieder in den Mittelpunkt. Eingebunden in eine Lernkultur ist der Mensch die prägende Kraft der durch Business Reengineering geschaffenen prozeßorientierten Organisationsformen.

Den Menschen als Träger und Gestalter der Organisation wiederzuentdecken, ist umso wichtiger, als die auf Taylor und Ford zurückgehenden konventionellen Organisationsstrukturen zu Organisationskulturen geführt haben, die aus heutiger Sicht beachtliche Defizite aufweisen. Im einzelnen ist auf die folgenden Schwachpunkte hinzuweisen:

- "Führung" wird mit "Kontrolle" und "Verwaltung" verwechselt.
- Die Organisationsmitglieder sollen funktionieren.
- Die Organisationsmitglieder blicken *nach innen* auf ihre Abteilungen.
- Die Organisationsmitglieder blicken *nach oben* auf ihre Vorgesetzten.
- Die Organisationsmitglieder blicken <u>nicht</u> *nach draußen* auf die Kunden der Unternehmung.

Den Ausgangspunkt für Business Reengineering bildet die Auseinandersetzung mit den Anforderungen der Kunden und der Märkte an die Unternehmung und die Identifizierung der maßgeblichen Erfolgsfaktoren sowie der angestrebten Wettbewerbsvorteile. Eine zwingende Voraussetzung für das Business Reengineering ist also eine profunde Kenntnis des oder der von der Unternehmung betriebenen Geschäfte und der hierfür gültigen Spielregeln. Der entscheidende Hebel für das Business Reengineering ist die Veränderung der erfolgskritischen Geschäftsprozesse.

Bei allgemeiner Betrachtung sind Geschäftsprozesse eine Folge von Funktionen, die durch ein betriebliches Ereignis gestartet werden und auf ein anderes betriebliches Ereignis - ein Ergebnis - abzielen. Wichtige Merkmale von Geschäftsprozessen sind Zeit, Qualität und Kosten. Diese sind zugleich die Kriterien für eine Optimierung von Geschäftsprozessen.

Bei schematischer Betrachtung (Abbildung 2) besteht eine Unternehmung aus ca. vier bis sechs *Megaprozessen*, ca. zwanzig *Hauptprozessen* und einer Vielzahl von *Subprozessen* (vgl. Dangel 1994).

Abb. 2:
Typen von Geschäftsprozessen

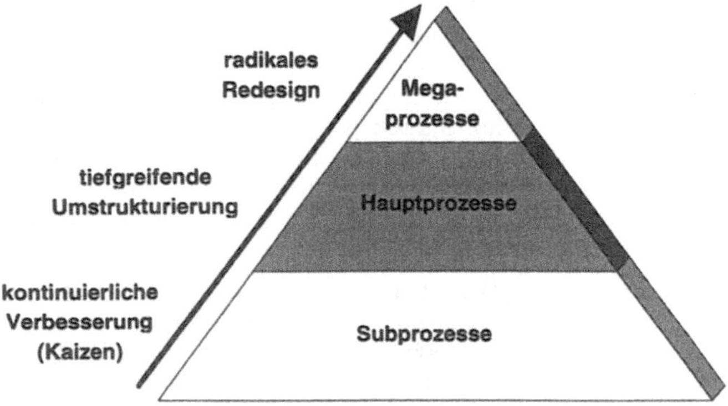

Zu den Megaprozessen einer Unternehmung, die über Erfolg oder Mißerfolg entscheiden, gehören Geschäftsprozesse wie "neue Produkte einführen", "Aufträge abwickeln", "neue Geschäfte akquirieren". Das Besondere der Megaprozesse ist, daß sie nicht an den Grenzen von konventionellen Abteilungen enden, sondern sich über Funktionsbereiche wie Forschung & Entwicklung, Marketing, Produktion und Logistik hinweg erstrecken. Das Redesign der Megaprozesse und der daraus unmittelbar abgeleiteten Hauptprozesse bildet den Schwerpunkt des Business Reengineering. Demgegenüber sind die unterlegten Subprozesse Gegenstände von kontinuierlichen Verbesserungsprozessen, die vor allem von den hiermit täglich befaßten Mitarbeitern ausgelöst werden.

Business Reengineering ist also durch einen Top-down-Ansatz gekennzeichnet. Ausgehend von den strategischen Zielen der Unternehmung, den strategischen Erfordernissen des oder der betriebenen Geschäfte und den Ergebnissen von Benchmarking (Vergleich mit den "Klassenbesten") werden die erfolgskritischen Geschäftsprozesse unabhängig davon, wie sie organisatorisch zugeordnet sind, identifiziert, sodann grundlegend überdacht und gegebenenfalls neu konfiguriert.

In Business-Reengineering-Projekten sind im einzelnen die folgenden Schritte in der hier genannten Reihenfolge erforderlich:

- Formulierung anspruchsvoller quantifizierter Verbesserungsziele für die erfolgskritischen Geschäftsprozesse auf der Grundlage von Benchmarking (Vergleich mit den Klassenbesten),
- Redesign der Megaprozesse,
- Veränderungen bei den Hauptprozessen,
- Organisatorische Veränderungen und Anpassung der Programmsysteme.

Nur wenn diese Reihenfolge eingehalten wird, ist es möglich, nicht nur einzelne Abläufe und Funktionen zu optimieren, sondern die im Zuge der tayloristischen Arbeitsteilung in Einzelschritte fragmentierten Geschäftsprozesse wieder zusammenzuführen und Bürokratie und Verschwendung, d.h. Aktivitäten, die nicht dem Kundennutzen dienen und keine Kundenbindung induzieren, konsequent zu eliminieren. Business Reengineering ist insofern eine unverzichtbare Voraussetzung dafür, daß sich in den Unternehmungen schlanke Organisationsstrukturen herausbilden können.

3 Auswirkungen von Business Reengineering auf die organisatorische Gestaltung

Business Reengineering hat gravierende Konsequenzen für die organisatorische Gestaltung. Im Mittelpunkt stehen die folgenden organisatorischen Gestaltungsmaßnahmen:

- Vereinfachung der Prozesse,
- Reduktion der funktionalen Spezialisierung,
- Einführung von Teamarbeit, bei der Case-Teams die komplette Verantwortung für Geschäftsprozesse übernehmen,
- Unternehmungssegmentierung, die zur Herausbildung von kleinen Quasi-Unternehmungen (Profit Center oder Cost Center) in der Unternehmung führen,
- Einführung unterstützender Technologien (Workflow, EDI. Groupware etc.),
- Anpassung der Hierarchien und Führungsstrukturen.

Diese Maßnahmen führen zu schlanken und effektiven Unternehmungsstrukturen, die durch die in Abbildung 3 aufgeführten Merkmale gekennzeichnet sind.

Abb. 3:
Merkmale von schlanken und effektiven Unternehmungsstrukturen

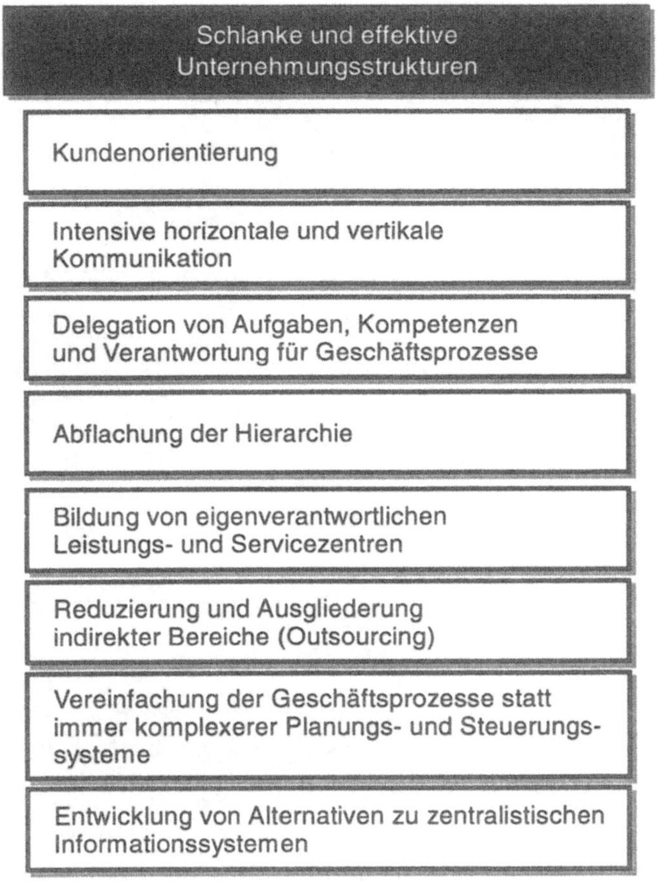

Die Einführung von schlanken und effektiven Unternehmungsstrukturen verändert alle Positionen in der Unternehmung und dadurch auch die Arbeitswelt für die Organisationsmitglieder.

Die prozeßorientierte Unternehmung (der Zukunft) ist kein nach Abteilungen gegliedertes, streng hierarchisches Gebilde sondern ein Netzwerk von Geschäftsprozessen, die kompetenten Prozeßmanagern und Case-Teams zugeordnet sind.

Die Zusammenarbeit im Netzwerk vollzieht sich weniger durch hierarchische Eingriffe und bürokratische Richtlinien als durch das gezielte Zusammenbringen der sachkompetenten Personen in Projekt- und Problemlösungsgruppen (Team-Organisation) (Abbildung 4).

Abb. 4:
Wandel der Organisation: Von der hierarchischen Organisation zur vernetzten Team-Organisation

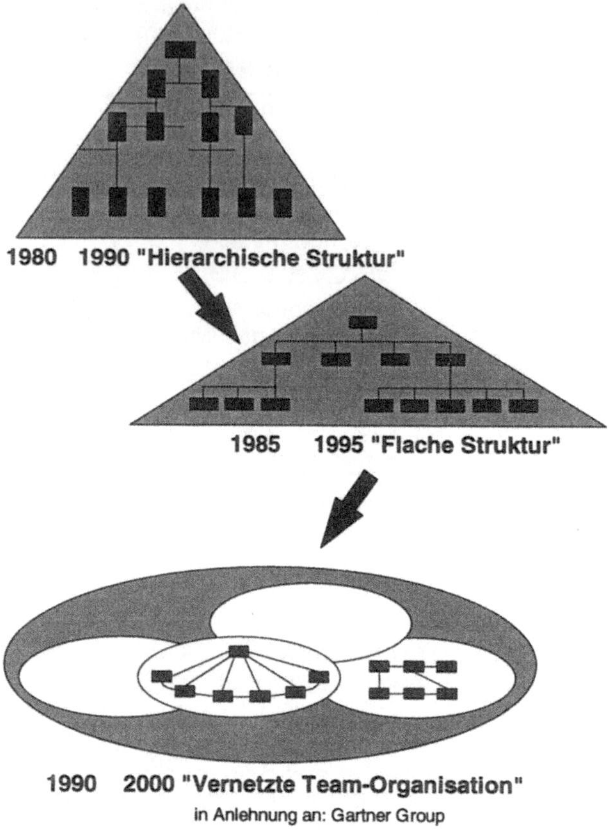

Im Vergleich zu der heutigen Situation verändert sich für die Mitarbeiter das organisatorische Umfeld grundlegend:

- An die Stelle von funktionalen Fachabteilungen treten Prozeßteams.
- Aus eng definierten Spezialistenpositionen werden mehrdimensionale Positionsprofile.
- An die Stelle einer permanenten Beaufsichtigung der Mitarbeiter und einer Steuerung über Anweisungen von Vorgesetzten aus dem mittleren Management tritt das "Empowerment" (Befähigung) der Mitarbeiter. Dementsprechend gewinnt die Personalentwicklung eine ausschlaggebende Bedeutung.

- Die überkommene Vergütung nach Stellung in der Organisation wird von einer Vergütung nach Beitrag zur Wertschöpfung abgelöst.
- Die Rolle der Führungskraft wandelt sich von der des Aufsehers zu der des Coachs einer Hochleistungsorganisation.

Die Erfahrungen der letzten beiden Jahre haben gezeigt, daß Business Reengineering zu gravierenden Veränderungen vor allem im Bereich des mittleren Managements führt (vgl. hierzu Müller 1995): Ganze Hierarchieebenen werden obsolet; die Aufgabeninhalte der Führungspositionen werden neu definiert; die Verantwortungsbereiche der Prozeßmanager sind breiter und für unternehmerisch veranlagte Führungskräfte attraktiver; Karrierewege müssen neu definiert werden.

Hieraus resultieren neue Herausforderungen für die Personal- und Organisationsentwicklung, die zur Zeit große Mühe haben, mit der Reengineering-Welle und vor allem dem Zeitdruck, unter dem entsprechende Projekte in den Unternehmungen stehen, Schritt zu halten. Eines der Haupthindernisse für Reengineering-Projekte besteht darin, daß die in den Unternehmungen vorhandenen Führungskräfte und Mitarbeiter zum großen Teil mit den Anforderungen prozeßorientierter Organisationsformen überfordert werden (vgl. hierzu Servatius 1994). Die informations- und kommunikationstechnischen Möglichkeiten sind indessen vorhanden und stellen - richtig eingesetzt - keine Restriktion dar. Im Gegenteil: Sie ermöglichen eine Optimierung, aber auch eine Standardisierung der Geschäftsprozesse und unterstützen insofern ein Reengineering.

4 Auswirkungen von Business Reengineering auf den Einsatz von Standardsoftware

Viele Unternehmungen stehen heute vor der Notwendigkeit, ihre veralteten und über Jahre hinweg historisch gewachsenen Informationssysteme neu zu konzipieren. Einige erkennen und nutzen dabei die Chance zur Optimierung der Geschäftsprozesse und unterstützen damit das Reengineering der Ablauforganisation, das als Business Process Reengineering bezeichnet wird. In der Tat können Business-Process-Reengineering-Projekte nur dann zum Erfolg führen, wenn die optimierten Geschäftsprozesse auch DV-technisch von integrierten Informationssystemen unterstützt werden (vgl. Keller/Meinhardt/Zencke 1994).

BIFOA-Fachseminare führten zu der Erkenntnis, daß im einzelnen heute die folgenden Anforderungen an ein neues Informationssystem gestellt werden:

- Unterstützung der erfolgskritischen Geschäftsprozesse,
- Durchgängiges und ganzheitliches I&K-Konzept,
- Standardsoftware für Standardanwendungen,
- Effiziente Entwicklungsumgebung für unternehmungs-spezifische Erweiterungen und Ergänzungen,
- Standardisierung der Hardware-Komponenten,
- Beteiligung der Anwender an der Systemeinführung.

Der Erfolg einer Optimierung der Geschäftsprozesse ist eng mit dem Fortschritt der Informationstechnologie verknüpft, einmal durch die Verfügbarkeit von Werkzeugen (Tools) für die Beschreibung und Analyse von Geschäftsabläufen, zum anderen durch den Einsatz von Standardsoftware zur Unterstützung reformierter Abläufe (vgl. Meinhardt/Teufel 1995).

Davenport stellt an Tools für das Reengineering der Geschäftsprozesse die folgenden, idealtypischen Anforderungen (Davenport 1993):

- Grafische Repräsentation der Prozeßschritte,
- Aufzeigen des Mengenaufkommens innerhalb einer Zeiteinheit und des dadurch verursachten Ressourcenbedarfs (Personal- und Sachmittelkapazität),
- Darstellung der Abläufe in detaillierter und verdichteter Form,
- interaktive grafische Benutzeroberfläche,
- Möglichkeit der on-line-Simulation dokumentierter Abläufe,

- Identifikation von Engpässen innerhalb der Geschäftsprozesse,
- Schnittstellen zur Beschreibung von Datenbanken und Transaktionen (Computer Aided Software Engineering).

Effizient können solche Werkzeuge allerdings erst in Verbindung mit Referenzmodellen innerhalb der Organisations- und Systemgestaltung genutzt werden. Die Referenzmodelle stellen gebündeltes betriebswirtschaftliches Know-how dar und machen dies für die Prozeßoptimierung verfügbar (vgl. hierzu im einzelnen Scheer 1994 sowie auch Keller 1994).

Vor diesem Hintergrund stellt die sinnvolle Nutzung der I&K-Technik den Schlüssel zu prozeßorientierten Organisationsformen dar. Ein Kernproblem für Business Reengineering besteht darin, einen optimalen Fit zwischen den Potentialen der I&K-Technik-Systeme und der Organisation zu erreichen, um damit die kritischen Erfolgsfaktoren der Unternehmung nachhaltig zu unterstützen. Beobachtungen in der Praxis zeigen, daß sich die I&K-Technik-Systeme und die betriebliche Organisation keineswegs immer ergänzen, sondern sich häufig gegenseitig behindern. I&K-Technik-Systeme werden traditionell zu wenig als Intelligenzverstärker mit positiven Auswirkungen auf die Kooordinationsprozesse in der Unternehmung genutzt. Dies scheint sich nunmehr zu ändern. Nach Davenport (1993) findet zur Zeit eine durch die I&K-Technik-Systeme induzierte Renaissance der organisatorischen Gestaltung statt.

Im einzelnen ergeben sich aus den im folgenden genannten Entwicklungen im Bereich der I&K-Technik-Systeme neue Gestaltungspotentiale, die ein Redesign der Geschäftsprozesse begünstigen:

- der Wandel vom Mainframe Computing zum Information Networking,
- der Übergang vom zentralen Host zur Client/Server-Architektur,
- der Übergang von geschlossenen, proprietären Welten zur offenen, standardisierten IT-Infrastruktur,
- die Fokussierung nicht nur auf die eigene Unternehmung, sondern die Vernetzung mit Kunden und Lieferanten,
- die immer stärkere Verbreitung von leistungsfähiger Standardsoftware.

Vor diesem Hintergrund lautet heute die Fragestellung der Anwender nicht mehr: "Wie können die neuen Möglichkeiten der I&K-Technik eingesetzt werden, um überkommene Arbeitsweisen zu verbessern oder zu rationalisieren?" Statt dessen muß die

Frage gestellt werden: "Wie können die Geschäftsprozesse mit Hilfe der modernen I&K-Technik anders gehandhabt werden?"

Abgesehen von der Notwendigkeit, die Potentiale der I&K-Technik-Systeme besser zu nutzen, ergibt sich auch aus einem anderen Grunde Handlungsbedarf: De facto besteht die Infrastruktur der Informationssysteme heute in vielen Unternehmungen aus veralteten Individual- und Standardlösungen, die überkommene funktional gegliederte Unternehmungsstrukturen unterstützen und ohnehin kaum noch eine längerfristige Perspektive haben. Es stellen sich die beiden Alternativen Ausbau der bestehenden Infrastruktur oder Aufbau einer neuen Infrastruktur (Abbildung 5).

Abb. 5: Alternativen für die Weiterentwicklung der Infrastruktur

Ausbau der bestehenden Infrastruktur	**Aufbau einer neuen Infrastruktur**
• Hoher Investitionsbedarf • Unabsehbare Folgekosten • Unklare Zukunftssicherheit • Ungelöste Integrationsprobleme (Insellösungen)	• Unterstützung durchgängiger Geschäftsprozesse (Integration) • Einheitliches Systemkonzept alle Arbeitsebenen alle Standorte • Wirtschaftlichkeit • Zukunftssicherheit

Eine ganzheitliche Führung von Geschäftsprozessen verlangt ihre Hinterlegung mit integrierter Software. Dabei gewinnt Standardsoftware und hierbei insbesondere der Einsatz von SAP R/3 immer mehr an Bedeutung. Vor dem Einsatz der Standardsoftware sollte jedoch in jedem Fall die Chance zur Optimierung der Geschäftsprozesse genutzt werden, um die Möglichkeiten des Reengineering von vornherein auszuschöpfen.

BIFOA-Fachseminare zeigen, daß die Entscheidung für SAP R/3 in den Unternehmungen auf der Grundlage einer Reihe von Argumenten getroffen wird (Abbildung 6).

Abb. 6: Argumente für SAP R/3

• Graphische Benutzeroberfläche • Moderne Entwicklungsumgebung • Tools für die Integration weiterer Applikationen • Effizientes Systemmanagement • Einsatz auf Client-/Server-Systemen • Insgesamt stellt R/3 eine Lösung mit einer Perspektive von 10 oder mehr Jahren dar.	• Durchgängiges IT-Konzept – Umfassende betriebswirtschaftliche Funktionalität – Flexible Abbildung von Organisationsstrukturen und Geschäftsprozessen – International einsetzbar – Skalierbarkeit • Schnelle Systemimplementierung durch komfortables Customizing Fachabteilungen können bereits in frühen Phasen der Systemeinführung einbezogen werden.

Die traditionelle Stärke von SAP ist die Integration der Anwendungen auf der Grundlage einer einheitlichen Unternehmungsdatenbasis. Diese wichtige Eigenschaft ermöglicht den Unternehmungen die Konfigurierung durchgängiger betriebswirtschaftlicher Prozesse. Ein durchgängiger Prozeß tangiert eine Kette unterschiedlicher Funktionen in den traditionellen Bereichen Einkauf, Produktion, Verkauf, Logistik, Buchhaltung und Personalwesen. Damit liefert SAP R/3 die notwendigen Voraussetzungen für die Neugestaltung eines nicht unerheblichen Teils der Geschäftsprozesse in der Unternehmung. SAP R/3 hat dabei den Weg gewählt, die einzelnen Funktionskomplexe so leistungsstark auszustatten, daß sie in den verschiedenen Prozeßketten durch Customizing auf die benötigten Leistungen hin konfiguriert werden können. Der denkbare umgekehrte Weg, eine Optimierung durch getrennt entwickelte Anwendungssoftware für die einzelnen Prozeßfunktionen zu erreichen, würde schnell ins Chaos paralleler oder unabgestimmter Daten führen (Meinhardt/Teufel 1995).

Vordergründig besteht ein Gegensatz zwischen schlanken Geschäftsprozessen und überladener Software, als die das SAP-Programm gelegentlich bezeichnet wird. Dieser Gegensatz läßt sich nicht ganz auflösen: Je unterschiedlichere Geschäftsprozesse in den Unternehmungen eingesetzt werden, desto reicher - aber auch flexibler - muß Standardsoftware in ihren Möglichkeiten werden (vgl. Zencke 1994). Meinhardt/Teufel (1995, S. 71) formulieren die zentrale Frage zur Rolle von Standardsoftware zu recht wie folgt: "Ist ein neues Softwaresystem flexibel genug für den permanenten Wandel des Unternehmens und gibt es in der Softwaretechnologie Potentiale für einen völlig neuen Produktivitätsnutzen (d.h. Reengineering der Geschäftsprozesse; Anmerkung des Verfassers)?"

Bei der Einführung von SAP R/3 sollte nicht, wie noch bei SAP R/2, Baustein für Baustein, sondern prozeßorientiert, applikationsübergreifend vorgegangen werden (vgl. hierzu Boll 1993). Nur auf diese Weise können Schnittstellen und Brüche bei der informationstechnischen Unterstützung und der organisatorischen Abwicklung der Geschäftsprozesse in der Unternehmung auf ein Minimum reduziert werden.

Die optimierte modellhafte Gestaltung der Soll-Geschäftsprozesse sowie der Informationsflüsse auf Basis des R/3-Systems bilden die Grundlage der zukünftigen Ablauforganisation. Hiervon ausgehend stellt sich eventuell die Notwendigkeit, auch die Aufbauorganisation zu verändern und diese an die verbesserten Abläufe anzupassen.

Die Einführung von R/3 bietet also die große Chance zur Optimierung der Abläufe im Sinne eines Business Process Reengineering. Es gilt daher, im Rahmen der R/3-Einführung die zur Zielerreichung der Unternehmung relevanten Geschäftsprozeßalternativen aus dem Leistungsangebot des R/3-Systems auszuwählen und diese den unternehmungsindividuellen Belangen anzupassen.

Die zentrale Fragestellung lautet vor diesem Hintergrund:

Wie findet eine Unternehmung die betriebswirtschaftlichen Lösungen heraus, die das R/3-System zur Verfügung stellt, und wie sieht eine geeignete Vorgehensweise im Rahmen des Einführungsprozesses aus? (Vgl. Meinhardt/Teufel 1995)

Mit dem R/3-Referenzmodell stellt SAP die komplette Wissensbasis über die Funktionalität und die integrierten Geschäftsprozesse des R/3-Systems in Form von Modellbildern zur Verfügung. Auf Basis des Referenzmodells ist eine Unternehmung wesentlich leichter in der Lage, ihre unternehmungsspezifischen Geschäftsprozesse zu definieren und zu beschreiben. Anschließend kann durch Auswahl, Anpassung und Ergänzung des Referenzmodells ein spezifisches Abbild der Unternehmung als Dokumentation des Soll-Konzeptes erstellt werden.

Die SAP-Software geht von einem nicht unbegrenzt flexiblen Organisationsmodell aus, das aus den Elementen Konzern ("Mandant"), Gesellschaft ("Buchungskreis") und Standort ("Geschäfts- bzw. Vertriebsbereich", "Werk") besteht. In der Regel läßt sich jedoch hiermit arbeiten, und es ist in Konzernen kein Problem, neue Tochtergesellschaften zu integrieren.

Der Einsatz der SAP-Software ermöglicht und erfordert eine Standardisierung der Abläufe, aber auch eine Standardisierung von Daten auf Mandanten- bzw. Konzernebene. Dies hat Vorteile im Hinblick auf eine durchgängige Kommunikation innerhalb der Unternehmung und fördert ein integriertes Handeln.

BIFOA-Fachseminare zeigten, daß eine erfolgreiche Standardisierung der Geschäftsprozesse an die folgenden Voraussetzungen gebunden ist:

- Existenz fachlicher Ziele für den Einsatz der Standardsoftware, d.h. Existenz eines Firmenmodells hinsichtlich des Ablaufs der wichtigsten Geschäftsprozesse,
- Bereitschaft, die Geschäftsprozesse eventuell völlig neu anhand der verbesserten Möglichkeiten der Standardsoftware zu gestalten,
- Bereitschaft, - falls erforderlich - bestehende Abläufe an die im Vergleich zu Individualsoftware eingeschränkten Möglichkeiten der Standardsoftware anzupassen und auf Modifikationen weitgehend zu verzichten.

Standardisierte Geschäftsprozesse erleichtern die Neugestaltung konkurrenzneutraler Abläufe. Für Bereiche, in denen eine Unternehmung keine Wettbewerbsvorteile erwarten kann, helfen standardisierte Modelle, die eigenen Geschäftsprozesse auf der Grundlage etablierter Prozesse zu gestalten. Referenzmodelle für Geschäftsprozesse können als Vorbild für die Soll-Prozesse einer Unternehmung dienen. Die Übernahme standardisierter Abläufe bietet den Vorteil, daß von den Erfahrungen anderer Unternehmungen profitiert werden kann. Unnötige Fehler werden vermieden. Dauer, Kosten und Risiken der Reengineering-Projekte werden kalkulierbar (vgl. Brenner/Hamm 1995).

Ein anderer Vorteil resultiert aus der Verbindung von Informationstechnik und Organisation. Standardisierte Abläufe auf der Basis von Standardsoftware, wie sie beispielsweise mit dem SAP-Analyzer angeboten werden, sind so konstruiert, daß die optimale Unterstützung durch Standardsoftware gewährleistet ist (vgl. Keller/Meinhardt 1994). Das mit der Implementierung eines neuen Geschäftsprozesses verbundene Risiko wird dadurch erheblich reduziert.

5 Ausblick

Business Reengineering ist zweifellos ein Modewort; es ist keine neue Wunderwaffe und kein Instrumentenkasten. Business Reengineering beschränkt sich nicht nur auf organisatorische Veränderungen, sondern erfordert auch ein Umdenken in Controlling, in Personalentwicklung und Personalführung sowie eine andere Unternehmungskultur. Im Kern beinhaltet es die Aufforderung zu unternehmerischem Handeln und zur permanenten Auseinandersetzung mit dem Kerngeschäft, das die Unternehmung betreibt, sowie zur Konzentration auf die Verbesserung der erfolgskritischen Geschäftsprozesse, ohne daß dabei auf Erbhöfe Rücksicht genommen wird. Harte Schnitte durch Business-Reengineering-Projekte müssen einmünden in eine kontinuierliche aggressive Selbsterneuerung der Unternehmung. Der organisatorische Wandel und die immer intensivere Nutzung der Möglichkeiten der I&K-Technik sollten dabei Hand in Hand gehen. Bei der Optimierung eines großen Teils der Geschäftsprozesse muß nicht jedes Mal das Rad neu erfunden werden. Bei den nicht unmittelbar wettbewerbsrelevanten Geschäftsprozessen kann eine Optimierung im Sinne eines Business Process Reengineering durch standardisierte Lösungen erreicht werden. Hier kommt der kreativen Ausschöpfung der Möglichkeiten von Standardsoftware eine erhebliche Bedeutung zu. Die hierfür erforderlichen Tools werden permanent verbessert und lassen für die Zukunft noch einiges erwarten (vgl. hierzu Scheer 1994). Die Impulse und Vorgaben für das Reengineering der Geschäftsprozesse müssen jedoch von der Unternehmungsleitung kommen. Hier sei die Prognose gewagt, daß die durch die Auseinandersetzung mit Business Reengineering und Lean Management ausgelöste Diskussion um neue prozeßorientierte Organisationsformen in der Zukunft den organisatorischen Wandel zur Konstante machen wird und den Einsatz von Standardsoftware weiter beflügeln dürfte.

6 Literaturverzeichnis

Boll, M.: Prozeßorientierte Implementation des SAP Softwarepaketes. In: Wirtschaftsinformatik, 35. Jg. 1993, S. 418-423.

Brenner, W.; Hamm, V.: Prinzipien des Business Reengineering. In: Business Reengineering mit Standardsoftware, hrsg. von W. Brenner und G. Keller. Frankfurt am Main - New York 1995, S. 17-43.

Dangel, J. W.: Business Process Reengineering: Radikale Umgestaltung von Geschäftsprozessen. In: io Management Zeitschrift, 63. Jg. 1994, Nr. 5, S. 31-33.

Frese, E.; v. Werder, A.: Organisation als strategischer Wettbewerbsfaktor - Organisationstheoretische Analyse gegenwärtiger Umstrukturierungen. In: Organisationsstrategien zur Sicherung der Wettbewerbsfähigkeit - Lösungen deutscher Unternehmungen. Zeitschrift für betriebswirtschaftliche Forschung, Sonderheft 33, 1994, S. 1-27.

Hammer, M.; Champy, J.: Reengineering the Corporation. New York 1993.

Imai, K.: KAIZEN - the Key to Japan´s Competitive Success. New York 1986.

Johansson, H. J.: Business Process Reengineering. Break Point Strategies for Market Dominance. Chichester u.a. 1993.

Keller, G.: Eine einheitliche betriebswirtschaftliche Grundlage für das Business Reengineering. In: Business Reengineering mit Standardsoftware, hrsg. von W. Brenner und G. Keller. Frankfurt am Main - New York 1995, S. 45-66.

Keller, G.; Meinhardt, St.: SAP R/3-Analyzer - Optimierung von Geschäftsprozessen auf Basis des R/3-Referenzmodells, hrsg. von SAP AG. Walldorf 1994.

Keller, G.; Meinhardt, St..; Zencke, P.: Business Process Reengineering im SAP-Umfeld. In: Management & Computer, 2. Jg. 1994, S. 293-305.

Kluge, J. u.a.: Wachstum durch Verzicht. Schneller Wandel zur Weltklasse: Vorbild Elektronikindustrie. Stuttgart 1994.

Meinhardt, S.; Teufel, T.: Business Reengineering im Rahmen einer prozeßorientierten Einführung der SAP-Standardsoftware R/3. In: Business Reengineering mit Standardsoftware, hrsg. von W. Brenner und G. Keller. Frankfurt am Main - New York 1995, S. 69-94.

Müller, U. R.: Schlanke Führungsorganisationen. Die neuen Aufgaben des mittleren Managements. Planegg 1995.

Osterloh, M.; Frost, J.: Business Reengineering: Modeerscheinung oder „Business Revolution"?. In: Zeitschrift Führung und Organisation, 63. Jg. 1994, S. 356-363.

Rommel, G. u.a.: Einfach überlegen - das Unternehmenskonzept, das die Schlanken schlank und die Schnellen schnell macht. Stuttgart 1994.

Scheer, August-Wilhelm: Wirtschaftsinformatik. Referenzmodelle für industrielle Geschäftsprozesse. 4. Auflage, Berlin u.a. 1994.

Servatius, H.-G.: Reengineering-Programme umsetzen. Von erstarrten Strukturen zu fließenden Prozessen. Stuttgart 1994.

Zencke, P.: Softwareunterstützung im Business Process Reengineering. Wiesbaden 1994.

Ein Vorgehensmodell für Business-Reengineering-Projekte

Siegfried Gagsch, Jörg Hilgenfeldt, Albrecht Windler*

* Dipl.-Kfm. Siegfried Gagsch, Gruppenleiter am BIFOA.
Dipl.-Kfm. Jörg Hilgenfeldt, ehem. Gruppenleiter am BIFOA.
Dipl.-Kfm. Albrecht Windler, Projektleiter am BIFOA.

"Manche Modekonzepte sind 'offen', lassen sich nur mit Fantasie umsetzen. Beispielsweise 'Tücher ins Haar winden'. Viele Managementkonzepte haben ebenfalls diese Eigenschaft: Reengineering beispielsweise ist ein sehr vages, im Detail viele Lösungen zulassendes Konzept. Könnerschaft zeigt sich darin, mit kunstvollen Folien überzeugend zu demonstrieren, daß das Unternehmen XY nun gerade dieses Konzept am dringendsten benötigt. Und derjenige, der widerspricht, setzt sich der Gefahr aus, begründen zu müssen, weshalb er dagegen ist. Haben Sie schon einmal versucht, ein vages Konzept, das unumstritten ist, knallhart abzuschießen? Die Gefahr ist groß, als Ewig Gestriger abgestempelt zu werden." *Alfred Kieser, ZFO, 4/1994, S. 223.*

1 Einleitung

Die Engineering-"Familie" hat Zuwachs bekommen. War bislang schon die Rede von "Industrial Engineering", "Systems Engineering", "Social Engineering", "Software Engineering", "Knowledge Engineering", "Simultaneous Engineering" oder sogar von "Organisations-Engineering",[1] so sind die weitgehend synonym verwendeten Begriffe "Business Reengineering", "Business Process Reengineering" oder "Enterprise Reengineering" spätestens seit den Schriften von Hammer/Champy,[2] Morris/Brandon[3] und Davenport[4] zu zentralen Bestandteilen einer wahren Flut von Monographien, Zeitschriftenbeiträgen, Kongressen und Fachseminaren geworden.

Vor dem Hintergrund dieser Entwicklung stellt sich aus der Sicht der Praxis die Frage, wie die mit diesen oder ähnlichen Begriffen verbundenen Vorstellungen (Ideen, Konzepte, Empfehlungen, Forderungen) in konkrete Gestaltungsmaßnahmen umgesetzt, also realisiert werden können. Die Zielsetzung des vorliegenden Beitrags besteht darin, diese Frage durch Präsentation eines Vorgehensmodells für Business-Reengineering-Projekte (im folgenden BR-Projekte) konstruktiv zu beantworten. Die Grundlagen für dieses Vorgehensmodell wurden im Rahmen von BIFOA-Forschungs- und Beratungsprojekten erarbeitet.

---

1 Zur Abgrenzung und näheren Erläuterung vgl. v. Kortzfleisch, Harald: Rechnergestützte organisatorische Gestaltung. Entwicklungsstand und betriebswirtschaftliche Beurteilung. Bergisch Gladbach - Köln 1993, S. 10 ff.

2 Hammer, Michael; Champy, James: Reengineering the Corporation: A Manifesto for Business Revolution. New York 1993. Hammer, Michael; Champy, James: Business Reengineering. Die Radikalkur für das Unternehmen. 2. Aufl., Frankfurt - New York 1994.

3 Morris, Daniel; Brandon, Joel: Re-Engineering Your Business. New York 1993. Morris, Daniel; Brandon, Joel: Revolution im Unternehmen. Reengineering für die Zukunft. Landsberg am Lech 1994.

4 Davenport, Thomas H.: Process Innovation: Reengineering Work through Information Technology. Boston, MA 1993.

2 Gestaltungsziele als Basis von Vorgehensmodellen

Die Struktur und die Ausgestaltung eines jeden Vorgehensmodells werden ganz entscheidend durch die jeweils intendierten Gestaltungsziele geprägt. So unterscheiden sich z. B. die in einem Vorgehensmodell für die Software-Entwicklung beschriebenen Aufgaben und Aktivitäten sowohl inhaltlich als auch hinsichtlich ihrer logischen oder zeitlichen Abfolge von den in einem Vorgehensmodell für Organisations- oder Reorganisationsprojekte beschriebenen Aufgaben und Aktivitäten.

Aufgrund der angedeuteten Zusammenhänge zwischen Gestaltungszielen und den darauf jeweils abgestimmten Vorgehensmodellen bedarf es zunächst einer kurzen Analyse der grundlegenden Zielvorstellungen, die mit dem Begriff "Business Reengineering" verbunden sind und daher bei der Entwicklung eines Vorgehensmodells für die Durchführung von BR-Projekten berücksichtigt werden müssen. Diese Analyse ist vor allem deshalb erforderlich, weil sich hinter dem Begriff "Business Reengineering" organisatorische Zielvorstellungen und Lösungskonzepte verbergen, bei deren Realisierung auf bereits erprobte Vorgehensmodelle für "klassische" Organisations- bzw. Reorganisationsprojekte zurückgegriffen werden kann, so daß bei der Entwicklung eines speziellen Vorgehensmodells für BR-Projekte zumindest einzelne Komponenten vorhandener Vorgehensmodelle verwendet werden können.

2.1 Business Reengineering und klassische Reorganisation: Gemeinsamkeiten und Unterschiede

Hinter dem Begriff "Business Reengineering" verbirgt sich kein ausgearbeitetes, theoretisch fundiertes Konzept. Vielmehr handelt es sich um eine Ansammlung von mehr oder weniger programmatischen Ideen, Empfehlungen, Appellen oder Forderungen, die meist von international tätigen Unternehmensberatern propagiert und anhand von Fallbeispielen illustriert werden. Dabei geht es letztlich immer um ein zentrales Thema: die fundamentale und radikale organisatorische - und in Verbindung damit in aller Regel auch personelle, kulturelle und technologische - Umstrukturierung von Unternehmungen und sonstigen Institutionen.

Als zentrale Bezugsobjekte der Umstrukturierung (Re-Design, Re-Strukturierung, Re-Organisation) werden Geschäftsprozesse betrachtet, d. h. miteinander verkettete, Abteilungsgrenzen überschreitende Aktivitäten, die durch bestimmte interne oder externe Kunden ausgelöst werden. Die Geschäftsprozesse dienen - im klassischen betriebswirtschaftlichen Sinne - in ihrer Gesamtheit dazu, bestimmte Leistungen in Form von Sachgütern oder Dienstleistungen für bestimmte Kunden zu erzeugen.

Die mit dem Begriff "Prozeßorientierung" plakativ umschriebene Stoßrichtung des Business Reengineering sowie die zur Re-Strukturierung kundenorientierter Geschäftsprozesse empfohlenen oder tatsächlich realisierten Organisationskonzepte und Gestaltungsgrundsätze sind allerdings im Prinzip nicht neu. Denn sowohl in der anglo-amerikanischen als auch in der deutschsprachigen Literatur werden bereits seit einigen Jahrzehnten prozeßorientierte Gestaltungsansätze beschrieben. Ein Beispiel hierfür sind die schon zu Beginn der 60er Jahre von Chapple/Sayles veröffentlichten Berichte über konkrete organisatorische Re-Strukturierungen, die sich an dem Konzept "Work Flow as the Basis for Organisation Design" orientierten.[1] In der deutschsprachigen Literatur haben u. a. Wild[2] sowie vor allem Gaitanides[3] prozeßorientierte Gestaltungsansätze propagiert, bei denen "die Stellen- und Abteilungsbildung unter Berücksichtigung spezifischer Erfordernisse des Ablaufs betrieblicher Prozesse im Rahmen der Leistungserstellung und -verwertung konzipiert werden."[4]

Auch die von Vertretern des Business Reengineering zur effizienten Gestaltung kundenorientierter Geschäftsprozesse propagierten und durch zahlreiche Erfahrungsberichte illustrierten organisatorischen Lösungen - einschließlich der dabei besonders betonten Rolle moderner Informations- und Kommunikationstechnologien - greifen überwiegend Altbekanntes auf. So verweisen Schlagworte wie "Rundumbearbeitung", "Ganzheitliche Aufgabenerfüllung", "Integrierte Arbeits-Teams" oder "Kundenmanagement" auf Grundformen der Arbeitsstrukturierung (insbesondere "Job Enlargement" und "Job Enrichment" sowie die zahlreichen Varianten der "Gruppenarbeit" bzw. des "Teamwork"), die nicht

1 Chapple, Eliot D.; Sayles, Leonard R.: The Measure of Management. Designing Organizations for Human Efectiveness. New York 1961, S. 18-45.

2 Wild, Jürgen: Grundlagen und Probleme der betriebswirtschaftlichen Organisationslehre. Berlin 1966.

3 Gaitanides, Michael: Prozeßorganisation. München 1983.

4 Gaitanides, Michael: Prozeßorganisation, a.a.O., S. 62.

nur in der Literatur[1] seit langem diskutiert, sondern auch in vielen Fällen schon praktiziert werden. Während die auf diesen Prinzipien basierenden organisatorischen Lösungen namentlich in Berichten über Re-Strukturierungsmaßnahmen amerikanischer Unternehmungen als typische Ergebnisse eines erfolgreichen Business Reengineering gefeiert werden, sind solche Lösungen in vielen deutschen Unternehmungen schon seit einigen Jahren im Rahmen "normaler" Re-Organisationsprojekte realisiert worden.[2] Daß auch diese Reorganisationsprojekte in aller Regel durch Verschärfungen des Wettbewerbs ausgelöst wurden, und daß bei der Realisierung der Organisationskonzepte moderne Informations- und Kommunikationstechnologien eine wichtige Rolle gespielt haben und auch weiterhin spielen werden, sei hier nur der Vollständigkeit halber erwähnt.

Trotz der skizzierten Übereinstimmungen und Berührungspunkte,[3] gibt es einige wesentliche Unterschiede zwischen "klassischer" Reorganisation und "modernem" Business Reengineering, so daß es zweckmäßig sein dürfte, ein spezielles Vorgehensmodell für BR-Projekte zu entwickeln. Im wesentlichen handelt es sich dabei um Unterschiede, die auf qualitative Veränderungen in den betrieblichen Ressourcenbedingungen zurückzuführen sind und "im Kern in einer Erweiterung der Leistungspotentiale der Personal- und Sachressourcen und in einer erweiterten Ausschöpfung dieser Potentiale"[4] bestehen. Exemplarisch geht dies z. B. aus aktuellen Berichten über Re-Strukturierungsmaßnahmen deutscher Unternehmungen hervor:[5]

---

1 Vgl. z.B. Hackman, J. Richard (Hrsg.): Improving Life at Work: Behavioral Science Approaches to Organizational Change. Santa Monica, CA 1977. Ulich, Eberhard: Arbeitsstrukturierungsmodelle. In: Handwörterbuch des Personalwesens. 2. Aufl., hrsg. von Eduard Gaugler und Wolfgang Weber. Stuttgart 1992, Sp. 374-387. Ulich, Eberhard; Groskurth, Peter; Bruggemann, Agnes: Neue Formen der Arbeitsgestaltung. Möglichkeiten und Probleme der Qualität des Arbeitslebens. Frankfurt am Main 1973.

2 Vgl. z.B. die Berichte in Frese, Erich; Maly, Werner (Hrsg.): Kundennähe durch moderne Informationstechnologie. Sonderheft 25 der ZfbF, Düsseldorf - Frankfurt am Main 1989.

3 Vgl. auch Osterloh, Margit; Frost, Jetta: Business Reengineering: Modeerscheinung oder "Business Revolution"? In: ZFO, 6/1994, S. 356-363.

4 Frese, Erich; v. Werder, Axel: Organisation als strategischer Wettbewerbsfaktor. Organisationstheoretische Analyse gegenwärtiger Umstrukturierungen. In: Organisationsstrategien zur Sicherung der Wettbewerbsfähigkeit. Lösungen deutscher Unternehmungen. Sonderheft 33 der ZfbF, hrsg. von Erich Frese und Werner Maly. Düsseldorf - Frankfurt am Main 1994, S. 23.

5 Vgl. zum folgenden die Beiträge in Frese, Erich; Maly, Werner (Hrsg.): Organisationsstrategien zur Sicherung der Wettbewerbsfähigkeit. Lösungen deutscher Unternehmungen. Sonderheft 33 der ZfbF, Düsseldorf - Frankfurt am Main 1994.

(1) Die Unternehmungsführungen scheinen - eher als in der Vergangenheit - bereit zu sein, bestehende Geschäftsprozesse radikal zu hinterfragen, auf der Basis bereits bekannter Organisationsprinzipien Konzepte für tiefgreifende Re-Strukturierungen zu entwickeln und diese Konzepte auch konsequent durchzusetzen. Dies hat u. a. erhebliche Konsequenzen für die Art und den Umfang der vom Top-Management bei der Initiierung und Durchführung eines BR-Projekts zu übernehmenden Aufgaben.

(2) Die Belegschaft scheint eher als in der Vergangenheit bereit zu sein, an der Realisierung tiefgreifender Re-Strukturierungen mitzuwirken und die daraus resultierenden Konsequenzen mitzutragen. Dies dürfte einerseits auf Veränderungen in der Führungs- und Unternehmungskultur zurückzuführen sein und die Bedeutung sozialer Faktoren und personalpolitischer Maßnahmen im Rahmen eines BR-Projekts erhöhen. Auf der anderen Seite ist aber nicht auszuschließen, daß auch die angespannte Situation auf dem Arbeitsmarkt mit dazu beiträgt, daß tiefgreifende Veränderungen der Arbeitsanforderungen von den Mitarbeitern eher als in der Vergangenheit toleriert werden.

(3) Die strategisch relevanten Zielgrößen "Kosten", "Kundenorientierung" und "Zeit" werden nicht mehr - wie dies in der Vergangenheit meist üblich war - als konkurrierende oder einander ausschließende Größen betrachtet, sondern im Rahmen von Re-Strukturierungsmaßnahmen als gleichwertig behandelt. Ein Beispiel hierfür ist das Bestreben, kundenorientierte Organisationsformen ohne den Einsatz zusätzlicher Ressourcen bzw. ohne eine Erhöhung der Kosten zu realisieren.

(4) Die Re-Strukturierung bezieht sich nicht mehr, wie dies z. B. bei der Optimierung einzelner Arbeitsabläufe auch heute noch durchaus geschieht, auf einzelne Abschnitte von Geschäftsprozessen, sondern erfaßt umfangreiche, Abteilungsgrenzen überschreitende Prozeßketten unter Einbeziehung der zugehörigen administrativen und entscheidungsspezifischen Aktivitäten, wobei nicht nur das "Wie", sondern auch das "Warum" der prozeßkonstituierenden Aufgaben kritisch hinterfragt werden.

Was aber nun die konkrete Vorgehensweise im Rahmen eines BR-Projekts anbelangt, so sind entsprechende Erfahrungen oder gar praktikable Empfehlungen äußerst spärlich. Bezeichnend für diese Situation ist die Feststellung von Hammer/Champy: "Eine Vorgehensweise für die Leitung eines Reengineering-Projekts, die Organisation einer Kampagne für den Wandel, die Gestaltung und das Timing der neugestalteten Unternehmensprozesse sowie Taktiken für den Umgang mit häufigen Implementierungsproblemen sind Themen, die den Rahmen eines einzigen Buches sprengen."[1] So werden in der Literatur zwar konkrete BR-Projekte beschrieben, aus denen durchaus einzelne Anhaltspunkte oder Hinweise für die Vorgehensweise erschlossen werden können. Für die erfolgreiche Durchführung eines BR-Projekts dürften derartige partielle Anhaltspunkte oder Hinweise jedoch nicht ausreichen. Benötigt wird vielmehr ein integriertes Vorgehensmodell, in dem die für BR-Projekte charakteristischen Phasen und Aktivitäten in einer systematischen und differenzierten Form beschrieben werden.

2.2 Vorgehensmodelle: Funktion und Struktur

Vorgehensmodelle - und mithin auch das im vorliegenden Beitrag zur Diskussion gestellte Vorgehensmodell für BR-Projekte - sind mehr oder weniger abstrakte Beschreibungen der Vorgehensweise bei der Durchführung von Gestaltungsprozessen.[2] Sie haben eine sehr wichtige handlungsleitende Funktion, denn sie beinhalten eine Einteilung des Gestaltungsprozesses in einzelne Phasen sowie eine Beschreibung der innerhalb dieser Phasen durchzuführenden Gestaltungshandlungen bzw. Aktivitäten. Vorgehensmodelle werden deshalb auch häufig als "Phasen- und Aktivitäten-Schemata" bezeichnet.

Das nachfolgend dargestellte Vorgehensmodell für die Planung und Durchführung von BR-Projekten hat - wie andere Vorgehensmodelle auch - in erster Linie eine präskriptive bzw. normative Funktion. Denn es enthält bestimmte Teilaufgaben bzw. Aktivitäten, die im Rahmen organisatorischer Re-Strukturierungen durchzuführen sind oder zweckmäßigerweise durchgeführt werden sollten. Die Reihenfolge der Aktivitäten innerhalb der einzelnen Phasen sowie die gewählte Phaseneinteilung spiegeln dabei lediglich eine logische Ordnung bzw. Gruppierung wider, dürfen also nicht als eine starre, streng sequentiell zu durchlaufende Abfolge einzelner Arbeitsschritte aufgefaßt werden. Vielmehr ist ein Überspringen von Phasen und Aktivitäten häufig ebenso unvermeidlich wie die erneute Durchführung von Aktivitäten bereits durchlaufener Phasen: "Phasenschemata bringen

---

1 Hammer, Michael; Champy, James: Business Reengineering. Die Radikalkur für das Unternehmen, a.a.O., S. 278.

2 Zu einem Überblick über "Ausgewählte Phasenschemata von Reorganisationsprozessen" vgl. Kirsch, Werner; Esser, Werner-Michael; Gabele, Eduard: Reorganisation. Theoretische Perspektiven des geplanten organisatorischen Wandels. München 1978, S. 56 ff.

insofern lediglich eine gewisse generelle Tendenz der Reihenfolge zum Ausdruck."[1]

Formal gesehen handelt es sich bei BR-Projekten um komplexe Prozesse, bei denen soziale Faktoren den gleichen Stellenwert besitzen wie organisatorische, technische und ökonomische Faktoren. Für die phasenmäßige Differenzierung solcher Prozesse gibt es kein Patentrezept. Im einfachsten Falle kann von der für alle Handlungen geltenden formalen Unterscheidung zwischen Handlungsvorbereitung (Planung) und Handlungsausführung (Realisierung) ausgegangen werden. Darauf aufbauend erfolgt dann eine mehr oder weniger differenzierte gedankliche Unterteilung dieser beiden Handlungs-Komponenten.[2] So unterscheidet beispielsweise Davenport "fife steps of process innovation" (Identifying Processes for Innovation; Identifying Change Levers; Developing Process Visions; Understanding Existing Processes; Designing and Prototyping the New Process) denen er wiederum insgesamt zehn "key activities" zuordnet.[3] Dähler/Mannes dagegen orientierten sich im Rahmen eines konkreten Reengineeringprojekts an einer aus vier Schritten bestehenden "Vorgehensmethodik": Prozeßbeschreibung; Identifizieren von Schwachstellen; Gestalten des Soll-Prozesses; Umsetzung und Controlling.[4]

---

1 Kirsch, Werner; Esser, Werner-Michael; Gabele, Eduard: Reorganisation, a.a.O., S. 70.

2 Vgl. Frese, Erich; Gagsch, Siegfried: Organisationsanalyse. In: Handwörterbuch des Personalwesens. 2. Aufl., hrsg. von Eduard Gaugler und Wolfgang Weber. Stuttgart 1992, Sp. 1455-1467.

3 Vgl. Davenport, Thomas H.: Process Innovation, a.a.O., S. 199 ff.

4 Vgl. Dähler, Stefan; Mannes, Ernst: Process Reengineering in der Praxis. In: io Management Zeitschrift, 63(5) 1994, S. 37-40. Ein Zusammenstellung relativ abstrakter Vorgehensbeschreibungen liefern Hess, Thomas; Brecht, Leo: State of the Art des Business Process Redesign. Darstellung und Vergleich bestehender Methoden. Wiesbaden 1995.

3 Phasen und Aktivitäten des Business Reengineering

Das am BIFOA entwickelte Phasen- und Aktivitätenschema für BR-Projekte besteht aus den folgenden fünf Phasen:

Phase 1: **Initiierung**

Phase 2: **Konstituierung und Planung**

Phase 3: **Analyse der Ist-Prozesse**

Phase 4: **Konzipierung des neuen Geschäftsprozesses**

Phase 5: **Implementierung des neuen Geschäftsprozesses.**

3.1 Phase 1: Initiierung

Diese Phase ist dem eigentlichen BR-Projekt vorgeschaltet. Denn erst dann, wenn die in dieser Phase zu erarbeitenden Ergebnisse vorliegen, kann die definitive Entscheidung für oder gegen die Durchführung eines BR-Projekts getroffen werden.

BR-Projekte werden in aller Regel dann initiiert, wenn eine Verschlechterung der Wettbewerbssituation von den Mitgliedern der Unternehmungsführung mehrheitlich als existenzbedrohend eingestuft wird. Falls ohne einen entsprechenden Konsens ein BR-Projekt in Angriff genommen wird, besteht die Gefahr, daß der erwartete Erfolg ausbleibt oder die Bemühungen um eine radikale Re-Strukturierung eines Geschäftsprozesses im Sande verlaufen.

Aktivitäten der Initiierungsphase

- Entwickeln einer Vision
- Sammeln, Auswerten und Analysieren von Störgefühlen, Problemen und Schwachstellen
- Feststellen und Begründen von Veränderungsnotwendigkeiten
- Setzen anspruchsvoller Ziele für die Veränderungen
- Entscheidung über die Durchführung eines BR-Projekts.

Entwickeln einer Vision

Visionen sind Initiativkonzepte oder Lösungsideen, die primär eine motivierende Funktion haben. Diese Motivationswirkung kann allerdings nur dann voll zum Tragen kommen, wenn die

Vision von einem Mitglied der Unternehmungsführung mit Nachdruck vertreten wird, dessen Rolle als "Promotor", "Schirmherr", "Vordenker", "Vorkämpfer" oder einfach als "Visionär" bezeichnet werden kann.

Visionen für tiefgreifende organisatorische Re-Strukturierungen müssen nicht nur vorhandene organisatorische Lösungen, sondern darüber hinaus auch vorhandene Personal- und Machtstrukturen sowie unternehmungskulturelle Gegebenheiten wie Überzeugungen, Haltungen und Wertvorstellungen der Mitarbeiter grundsätzlich in Frage stellen. Der Visionär ist (im Sinne von Witte) zwar "Machtpromotor",[1] jedoch muß er neben seiner machtbegründenden hierarchischen Position auch über ein gewisses Charisma sowie über ein äußerst hohes Maß an Glaubwürdigkeit, Überzeugungskraft und Kommunikationsfähigkeit verfügen. Nicht zuletzt muß er auch bereit sein, einen beachtlichen Anteil seines Zeit-Budgets während des gesamten BR-Projekts permanent zur Verfügung zu stellen.

Nach Davenport sollte bei der Ausarbeitung einer Vision zunächst die Frage "How could we do things differently?" beantwortet werden. Hiervon ausgehend sind dann im einzelnen folgende Aufgaben zu erledigen:[2]

- Formulierung der charakteristischen Eigenschaften des neuen Prozesses (z. B. Struktur und Output des Prozesses).
- Festlegung der Ziele und Performance-Maßstäbe des Prozesses (z. B. Kosten, Qualität, Durchlaufzeiten).
- Ermittlung kritischer Erfolgsfaktoren (z. B. Qualifikation der Mitarbeiter, erforderliche Technologien).
- Ermittlung von Implementierungs-Barrieren (z. B. Unternehmungskultur, verfügbare Ressourcen).

Es empfiehlt sich, die genannten Aufgaben im Rahmen von Workshops zu bearbeiten. Die Ergebnisse des "Visionierungs"-Prozesses sollten in einem ca. 3-5 Seiten umfassenden Papier dokumentiert werden.

Sammeln, Auswerten und Analysieren von Störgefühlen, Problemen und Schwachstellen

Störgefühle, Probleme und Schwachstellen sowie die ihnen - tatsächlich oder vermutlich - zugrunde liegenden Ursachen sind erfahrungsgemäß relativ häufig bekannt, so daß sich entsprechende Nachforschungen erübrigen. So haben in den USA

---

1 Vgl. Witte, Eberhard: Organisation für Innovationsentscheidungen. Das Promotoren-Modell. Göttingen 1973.

2 Vgl. Davenport, Thomas H.: Process Innovation, a.a.O., S. 131 ff.

41% und in Europa 36% der Unternehmungen, die ein Reengineering-Projekt durchführten, das Projekt ohne eine vorherige Schwachstellen-Analyse begonnen. Bei den Versicherungen traf dies sogar in 79% der Fälle zu.[1]

Sofern eine Ermittlung von Störgefühlen, Problemen und Schwachstellen für notwendig erachtet wird, kann dies mit Hilfe einschlägiger Erhebungstechniken (z. B. Checklisten, schriftliche oder mündliche Befragung) erfolgen.

Feststellen und Begründen von Veränderungsnotwendigkeiten

Hierbei geht es vor allem um die Klärung der Frage, warum in der Vergangenheit bestimmte Zielgrößen nicht realisiert werden konnten und welche Veränderungen sich infolgedessen als notwendig erweisen. Strategisch relevante Faktoren wie "Kundenzufriedenheit" und "Marktanteile" sind dabei besonders zu berücksichtigen. Entsprechende Untersuchungen können z. B. mit Hilfe von Benchmarking-Techniken, Wettbewerbs-Analysen oder Prozeßkosten-Analysen durchgeführt werden.

Setzen anspruchsvoller Ziele für die Veränderungen

Diese Aufgabe bzw. Aktivität ergibt sich aufgrund der im Rahmen eines BR-Projekts - im Unterschied zu "klassischen" Re-Organisationsmaßnahmen - angestrebten fundamentalen und radikalen Re-Strukturierung des jeweils betrachteten Geschäftsprozesses. Die im Einzelfall beabsichtigten "Quantensprünge" sind dabei in Abhängigkeit von der Unternehmungsstrategie und den ihr zugrunde liegenden Sachzielen und Formalzielen zu bestimmen. Die Formulierung anspruchsvoller Veränderungsziele ist Aufgabe der Unternehmungsführung und erfolgt üblicherweise im Rahmen von Einzel- oder Gruppengesprächen.

Entscheidung über die Durchführung eines BR-Projekts

Die Ergebnisse der skizzierten Aufgaben bzw. Aktivitäten der Initiierungs-Phase sind in dem bereits erwähnten Visions-Papier zu dokumentieren. Mit der Bekanntmachung und Verbreitung dieses Papiers durch die Unternehmungsführung wird die Entscheidung für die Durchführung eines BR-Projekts manifestiert.

3.2 Phase 2: Konstituierung und Planung

In dieser Phase erfolgt die konkrete Projektierung des BR-Vorhabens. Im Mittelpunkt stehen projektspezifische Aufgaben,

[1] Vgl. CSC Index (Hrsg.): State of Reengineering Report. Executive Summary. Cambridge, MA 1994.

die erledigt sein müssen, bevor die mit der Analyse und Konzipierung der Geschäftsprozesse verbundenen Aktivitäten in Angriff genommen werden können.

Aktivitäten der Konstituierungs- und Planungsphase

- Sicherstellen der weiteren Unterstützung durch das Top-Management
- Definition und Kommunikation der Ressourcen-Anforderungen
- Bestimmung der Projektorganisation
- Information der Mitarbeiter und der Mitarbeitervertretung
- Ausarbeitung des Aufgaben- und Zeitplans.

Sicherstellen der weiteren Unterstützung durch das Top-Management

Wie bereits betont wurde, muß die radikale Re-Strukturierung eines erfolgskritischen Geschäftsprozesses - zumindest mehrheitlich - von den Mitgliedern der Unternehmungsführung befürwortet und gefördert werden. Darüber hinaus muß ein Mitglied der Unternehmungsleitung sich ohne Wenn und Aber mit dem BR-Vorhaben identifizieren und die Rolle des BR-Promotors übernehmen. Falls nach Abschluß der Initiierungsphase noch nicht feststeht, welches Mitglied des Top-Managements diese Rolle definitiv übernehmen soll, so muß hierüber spätestens jetzt, also zu Beginn der 2. Phase entschieden werden.

Definition und Kommunikation der Ressourcen-Anforderungen

BR-Projekte unterscheiden sich von "klassischen" Re-Organisationsvorhaben durch besonders hohe Anforderungen bezüglich der projektspezifischen Ressourcen-Ausstattung. So muß zuvor gewährleistet sein, daß der BR-Promotor einen erheblichen Anteil seiner Arbeitszeit dem Projekt widmen kann. Darüber hinaus muß sichergestellt sein, daß die Mitglieder des Projektteams während der gesamten Laufzeit des Re-Strukturierungsprozesses uneingeschränkt für die Durchführung projektspezifischer Aufgaben zur Verfügung stehen, also von allen sonstigen Aufgaben entbunden sind. Diese projektbezogenen Anforderungen sind bei der Konstituierung und Planung eines BR-Projekts besonders sorgfältig zu definieren und allen Beteiligten durch entsprechende Kommunikationsprozesse bewußt zu machen.

Bestimmung der Projektorganisation

Für die konkrete Ausgestaltung der Projektorganisation gibt es keine allgemeingültigen Regeln. Jedoch sollte gewährleistet sein, daß - neben einem Lenkungsausschuß und dem Reengineering-

Team - ein Mitglied des Managements (z. B. ein Bereichs- oder Abteilungsleiter) die Funktion eines "Prozeßverantwortlichen" wahrnimmt, dessen Aufgabe u. a. darin besteht, das Reengineering-Team zu rekrutieren und alle Maßnahmen zu veranlassen, die den Team-Mitgliedern eine effiziente Erfüllung der ihnen übertragenen Aufgaben ermöglichen. Als Mitglied des Managements kann der Prozeßverantwortliche naturgemäß nur vom BR-Promotor ernannt werden. Der Prozeßverantwortliche sollte - wie auch der BR-Promotor - dem Lenkungsausschuß angehören.

Information der Mitarbeiter und der Mitarbeitervertretung

Es kann nicht oft und nachdrücklich genug darauf hingewiesen werden, daß die möglichst frühzeitige, offene und vor allem auch ehrliche Information der Mitarbeiter und der Mitarbeitervertretung über die Gründe und Ziele der Re-Strukturierung eine ganz entscheidende Maßnahme für den Erfolg eines BR-Projekts darstellt. Denn nur auf diese Weise kann versucht werden, die Mitarbeiter in den Veränderungsprozeß mit einzubeziehen und Verständnis sowohl für die personellen Konsequenzen der Re-Strukturierung als auch für die Notwendigkeit radikaler Veränderungen in den Einstellungen und Verhaltensweisen zu erreichen. Keineswegs ausreichend ist dabei eine einseitige und einmalige Informationsübermittlung, z. B. im Rahmen einer Betriebsversammlung oder durch Versendung eines Rundschreibens. Erforderlich ist vielmehr ein permanenter Dialog zwischen Unternehmungsführung und Mitarbeitern auf der Basis eines für Kritik offenen Gesprächsklimas. In letzter Konsequenz werden damit bereits Fragen aufgeworfen, die untrennbar mit dem Phänomen "Unternehmungskultur" verbunden sind.

Ausarbeitung des Aufgaben- und Zeitplans

Bei der Aufstellung eines Aufgaben- und Zeitplans geht es im wesentlichen darum, die im Rahmen des BR-Projekts zu bewältigenden Aufgaben zu bestimmen, voneinander abzugrenzen und in eine Reihenfolge zu bringen sowie den jeweiligen Zeitbedarf der Aufgabenerfüllung zu prognostizieren. Aufgrund der großen Spannbreite der heterogenen Veränderungen, die mit der radikalen Re-Strukturierung von Geschäftsprozessen verbunden sind, erweist es sich als notwendig, verhaltensspezifischen Faktoren den gleichen Stellenwert beizumessen wie aufgabenspezifischen, organisatorischen und technologischen Faktoren, wobei sich allerdings die Bestimmung und Prognose verhaltensspezifischer Faktoren als vergleichsweise schwierig erweist. So sind z. B. die unter dem Begriff "Unternehmungskultur" zusammengefaßten kollektiven Phänomene (z. B. gemeinsame Einstellungen, Werte und Orientierungen der Mitarbeiter)[1] wesentlich schwieriger zu erfassen als die Anwendungspotentiale moderner Informations- und Kommunikationstechnologien.

3.3 Phase 3: Analyse der Ist-Prozesse

Das Ziel dieser Phase besteht darin, einen oder mehrere besonders erfolgskritische "Kernprozesse" sowie deren Umfeld zu ermitteln und so weit zu verstehen, daß Konzepte für die Re-Strukturierung entwickelt werden können.

Aktivitäten der Analyse-Phase

- Präzisierung anspruchsvoller Ziele
- Identifizierung und Ranking der relevanten Kernprozesse
- Analyse des strategischen Umfeldes
- Beurteilung der unternehmungskulturellen Voraussetzungen
- Beschreiben und Verstehen des neu zu gestaltenden Prozesses

Präzisierung anspruchsvoller Ziele

Die aus den Kundenwünschen und unter Einbeziehung des gesamten betrieblichen Umfeldes abgeleiteten strategischen Ziele sind im Hinblick auf die besonders erfolgskritischen Kernprozesse so weit zu präzisieren bzw. zu operationalisieren, daß sie bei der Entwicklung von Konzepten zur Re-Strukturierung als (möglichst quantitative) Maßstäbe zur Beurteilung alternativer Konzepte verwendet werden können. In diesem Zusammenhang wird u. a. gefordert, daß die aus den strategischen Zielen abgeleiteten Maßstäbe den Charakter von "Quantensprüngen" haben sollten (z. B. "Reduzierung der Durchlaufzeit um 90%"), weil die Orientierung an solchen Quantensprüngen einen wesentlichen Einfluß auf den Erfolg eines BR-Projekts habe. Zur Zeit gibt es allerdings nur einige wenige empirische Befunde, die diesen Zusammenhang tendenziell zu bestätigen scheinen,[2] so daß es verfrüht sein dürfte, daraus eine generelle Handlungsempfehlung herzuleiten.

Identifizierung und Ranking der relevanten Kernprozesse

Bei der Identifizierung von "Kernprozessen", d. h. von Geschäftsprozessen, die für den zukünftigen Erfolg der Unterneh-

---

1 Vgl. z.B. Schreyögg, Georg: Organisationskultur. In: Handwörterbuch der Organisation. 3. Aufl., hrsg. von Erich Frese. Stuttgart 1992, Sp. 1525-1537.

2 Vgl. CSC Index (Hrsg.): State of Reengineering Report, a.a.O.

mung von entscheidender Bedeutung sind, geht es zunächst nur um die Beantwortung der Frage, welche Geschäftsprozesse als potentielle Kandidaten einer Re-Strukturierung in Betracht kommen. Dies zu beantworten stellt eine der schwierigsten Aufgaben im Rahmen eines BR-Projekts dar. Dies ist darauf zurückzuführen, daß das gesamte betriebliche Geschehen nahezu beliebig in einzelne Prozesse zerlegt werden kann, so daß sich das Problem der Grenzziehung und das damit verbundene Problem der jeweils relevanten Abgrenzungskriterien stellt. Hinzu kommt, daß bei der Identifizierung von Geschäftsprozessen nicht von den vorhandenen Abteilungsgrenzen ausgegangen werden kann, sondern abteilungsübergreifende Aktivitätsketten ermittelt werden müssen. Sofern mehrere Kernprozesse als potentielle Re-Strukturierungskandidaten identifiziert werden, können diese Prozesse in aller Regel (z. B. aufgrund von Ressourcen-Engpässen) nicht gleichzeitig völlig neu gestaltet werden. In diesem Falle sind die in Betracht kommenden Geschäftsprozesse in eine Rangordnung zu bringen, die sich an der strategischen Bedeutung der Prozesse orientieren sollte.

Analyse des strategischen Umfeldes

Spätestens bei der Identifizierung und rangmäßigen Differenzierung der relevanten Kernprozesse ist das strategische Umfeld der Unternehmung einer eingehenden Analyse zu unterziehen. Im Mittelpunkt steht dabei die Ermittlung der Kundenwünsche, da diese erklärtermaßen den Ausgangspunkt aller Re-Strukturierungsüberlegungen bilden. Darüber hinaus sind im Rahmen einer mehr oder weniger umfassenden Konkurrenzanalyse insbesondere die komparativen Stärken und Schwächen der bisherigen Geschäftstätigkeit einer kritischen Beurteilung zu unterziehen. Hierfür kann auf ein breit gefächertes Arsenal relativ erprobter Methoden und Techniken der strategischen Unternehmungsführung zurückgegriffen werden.

Beurteilung der unternehmungskulturellen Voraussetzungen

Aufgrund der im Rahmen eines BR-Projekts angestrebten fundamentalen und radikalen Veränderungen der gewohnten Denkmuster, Regeln und Machtstrukturen können Widerstände gegen diese Veränderungen nicht ausgeschlossen werden - und zwar nicht nur seitens der betroffenen Mitarbeiter, sondern auch seitens übergeordneter Führungskräfte. Ob und inwieweit diese Widerstände das BR-Vorhaben verzögern oder sogar völlig in Frage stellen, hängt ganz entscheidend von der jeweils spezifischen Ausprägung der Unternehmungskultur ab. Die Beantwortung der Frage, ob die im Verlaufe der Unternehmungsentwicklung gewachsene Unternehmungskultur auf die für notwendig erachtete Re-Strukturierung einen eher "positiven" oder einen eher "negativen" Einfluß ausübt, ist somit von allerhöchstem Interesse im Hinblick auf den Erfolg oder Mißerfolg eines BR-Projekts. Die Beantwortung dieser Frage ist allerdings mit erheblichen Schwierigkeiten verbunden. Dies ist insbesondere darauf zurückzuführen, daß es sich bei der Unternehmungskultur im wesentlichen um ein implizites kollektives Phänomen handelt, das sich nur indirekt anhand von Symptomen bzw. "Oberflächenphänomenen" erfassen läßt.[1] Beispiele hierfür sind die Art und Weise der Kommunikation zwischen Vorgesetzten und Untergebenen, der Umgang mit Kritik, die Betonung von Titeln und hierachischem Status, oder die Art und Weise, wie Kunden behandelt werden: als "lästiger Bittsteller" oder nach dem Motto "der Kunde ist König".[2]

Beschreiben und Verstehen des neu zu gestaltenden Prozesses

Ob und inwieweit im Rahmen der Re-Strukturierung eine detaillierte Darstellung und Analyse des jeweils betrachteten Geschäftsprozesses erforderlich ist, oder ob ein grober Überblick über die Grundstruktur des Prozesses ausreicht, ist umstritten. So vertreten z. B. Hammer/Champy die Ansicht, daß es zum Verständnis eines Geschäftsprozesses ausreicht, wenn die Hauptabschnitte des Prozesses unter expliziter Einbeziehung der Kunden in einem Prozeßdiagramm abgebildet werden, das je nach Bedarf in Teildiagramme zerlegt werden kann.[3] Im Unterschied dazu erweist es sich nach Ansicht von Morris/Brandon als notwendig, den vorhandenen Betriebsablauf in einem möglichst detaillierten Modell abzubilden und dieses Modell einer eingehenden Analyse zu unterziehen, weil nur so beurteilt werden könne, inwieweit die im Rahmen der Re-Strukturierung konzipierten neuen Entwürfe eine Verbesserung des "alten" Geschäftsprozesses darstellen.[4]

Insgesamt kann davon ausgegangen werden, daß auch im Rahmen eines BR-Projekts nicht völlig auf eine Erhebung und Darstellung des jeweils neu zu gestaltenden Geschäftsprozesses verzichtet werden kann. Bei der Analyse ist jedoch nicht nur zu prüfen, *wie* die vorhandenen Aufgaben erfüllt werden, sondern insbesondere auch, *welche* Aufgaben *warum* erfüllt werden. Die

---

1 Vgl. Schreyögg, Georg: Organisationskultur, a.a.O., Sp. 1527.

2 Zu Ausdrucksformen sowie zur Erfassung der Unternehmungskultur vgl. Wever, Ulrich A.: Unternehmenskultur in der Praxis. Frankfurt am Main 1989.

3 Hammer, Michael; Champy, James: Business Reengineering, a.a.O., S. 158 sowie insbesondere S. 167 ff.

4 Morris, Daniel; Brandon, Joel: Revolution im Unternehmen, a.a.O., S. 191 ff.

Frage des Umfangs und Detaillierungsgrades der Analyse und Darstellung kann nur im konkreten Einzelfall beantwortet werden.

3.4 Phase 4: Konzipierung des neuen Geschäftsprozesses

Im Rahmen dieser Phase findet die eigentliche innovative Re-Strukturierung des Geschäftsprozesses statt. Im Mittelpunkt steht die Entwicklung von Alternativen für die radikale Neugestaltung des Geschäftsprozesses, die vergleichende Beurteilung dieser Alternativen sowie die Entscheidung für eine bestimmte zu realisierende Alternative.

Aktivitäten der Konzipierungs-Phase

- Definition der prozeßkonstituierenden Aufgaben
- Festlegung des neuen Prozesses
- Definition der personellen Anforderungen
- Definition der IT-spezifischen Anforderungen
- Definition der unternehmungskulturellen Anforderungen.

Definition der prozeßkonstituierenden Aufgaben

Die Bestimmung der im Rahmen eines Geschäftsprozesses zu erfüllenden Aufgaben bildet bei der Konzipierung des neuen Geschäftsprozesses den Ausgangspunkt aller Überlegungen. Denn Art und Umfang der prozeßkonstituierenden Aufgaben bestimmen sowohl den Rahmen für die organisatorische Gestaltung des neuen Geschäftsprozesses, als auch den Bedarf an Ressourcen, die für die Ausgestaltung und Aufrechterhaltung des neuen Geschäftsprozesses benötigt werden.

Die prozeßkonstituierenden Aufgaben haben den Charakter von Soll-Vorstellungen, deren Inhalte aus den jeweiligen Zielvorstellungen der Re-Strukturierung hergeleitet werden müssen. Da es bei der Re-Strukturierung ganz wesentlich um das Auffinden neuer, noch nicht realisierter innovativer Lösungen geht, handelt es sich bei der Herleitung und Definition prozeßkonstituierender Aufgaben um einen Vorgang der Ideengenerierung, der durch diverse Kreativitätstechniken - insbesondere durch Brainstorming - wirksam unterstützt werden kann. Bei der Entwicklung kreativer Ideen für die Re-Strukturierung besteht allerdings die Gefahr, daß zu sehr auf bereits bekannte Lösungen des vorhandenen Geschäftsprozesses zurückgegriffen wird. Um dieser Gefahr zu begegnen, empfiehlt es sich, bereits bei der Herleitung und Definition der prozeßkonstituierenden Aufgaben "externe Berater" hinzuzuziehen, die entweder die Rolle eines "Ideenlieferanten" oder die eines "kritischen Katalysators" bzw. "advocatus diaboli" übernehmen. Als "externe Berater" kommen zwar in erster Linie Mitarbeiter einer Beratungsfirma in Betracht. Aber auch Mitarbeiter, die nicht unmittelbar in den neu zu gestaltenden Geschäftsprozeß eingebunden sind, können grundsätzlich die Funktion eines "externen Beraters" übernehmen.

Festlegung des neuen Prozesses

Nachdem Art und Anzahl der prozeßkonstituierenden Aufgaben festgelegt worden sind, müssen die Organisationsformen der Aufgabenerfüllung festgelegt und bestimmten Organisationseinheiten zugeordnet werden. Hierzu bedarf es entsprechender Prinzipien der organisatorischen Gestaltung, wobei vor allem solche Prinzipien zu berücksichtigen sind, die den Mitarbeitern eine weitgehend eigenverantwortliche und abwechslungsreiche Tätigkeit ermöglichen. Schlagworte wie "Rundumbearbeitung", "Ganzheitliche Aufgabenerfüllung", "Integrierte Arbeits-Teams" oder "Kundenmanagement" umschreiben Organisationsformen, die auf solchen Prinzipien basieren. Weiterhin sind die Zeit- und Mengengerüste der zur Aufgabenerfüllung notwendigen Material- und Informationsflüsse zwischen den Organisationseinheiten sowie die Schnittstellen zu verbleibenden "alten" Geschäftsprozessen zu bestimmen. Die auf diese Weise konzipierte Grundstruktur des neuen Geschäftsprozesses sollte in einem Prozeß-Diagramm dokumentiert werden, das als Grundlage für die Ermittlung der personellen, informationstechnischen und unternehmungskulturellen Anforderungen des neu konzipierten Geschäftsprozesses dient.

Definition der personellen Anforderungen

Die grundlegende Re-Strukturierung eines Geschäftsprozesses ist mit erheblichen Konsequenzen sowohl für Führungskräfte als auch für deren Mitarbeiter verbunden. So ergeben sich infolge der radikalen und fundamentalen Neugestaltung von Aufgabeninhalten und Organisationsformen nicht nur erhöhte, sondern häufig auch völlig neuartige Anforderungen an die Leistungsfähigkeit und Leistungsbereitschaft der Mitarbeiter. Diese Anforderungen müssen bei der Konzipierung des neuen Geschäftsprozesses prognostiziert und in stellenspezifischen Anforderungs-Katalogen dokumentiert werden, die als Grundlage für die Planung entsprechender personalspezifischer Maßnahmen dienen.

Bei diesen Maßnahmen geht es nicht nur um die Konzipierung von Qualifizierungs-, Schulungs- und Trainingsmaßnahmen für die bereits in der Unternehmung tätigen Mitarbeiter, sondern auch um die Planung von Maßnahmen, die in Verbindung mit

Entlassungen und Neueinstellungen ergriffen werden müssen. Nicht zuletzt erweist sich in vielen Fällen eine kritische Überprüfung der Grundsätze der Personalpolitik als notwendig, indem z. B. angestrebt wird, Beförderungen nicht aufgrund von Leistungen, sondern nach Fähigkeiten vorzunehmen, und besondere Leistungen nicht durch Beförderungen, sondern durch Prämien zu belohnen.[1]

Definition der IT-spezifischen Anforderungen

Die im Rahmen eines BR-Projekts konzipierten organisatorischen Lösungen können in aller Regel nur durch den Einsatz moderner Informations- und Kommunikationstechnologien in einer effizienten Art und Weise realisiert werden. Umgekehrt eröffnen die enormen Potentiale dieser Technologien völlig neue Anwendungsmöglichkeiten, die nicht nur bei der Optimierung vorhandener Geschäftsprozesse ausgeschöpft werden, sondern durchaus auch zum Auslöser von BR-Projekten werden können. Die bei der Implementierung dieser Technologien zu berücksichtigenden Aufgaben- und benutzerspezifischen Anforderungen an Hardware, Software und Datenbestände sind deshalb spätestens bei der Konzipierung des neuen Geschäftsprozesses zu ermitteln, wobei auf Methoden, Techniken und Werkzeuge zurückgegriffen werden kann, die schon seit Jahren in "klassischen" DV-Projekten mit Erfolg eingesetzt werden.

Definition der unternehmungskulturellen Anforderungen

Die Unternehmungskultur ist - wie bereits erwähnt - von entscheidender Bedeutung für den Erfolg oder Mißerfolg eines BR-Projekts. So geht aus den Ergebnissen einer empirischen Studie hervor, daß 43% der befragten amerikanischen Unternehmungen das größte Hindernis für den Erfolg eines BR-Projekts in der vorhandenen Unternehmungskultur sahen.[2]

Zunächst ist die Frage zu klären, welche unternehmungskulturellen Faktoren einen positiven Einfluß auf den Erfolg der Re-Strukturierung ausüben. Aufgrund der zur Zeit vorliegenden Erfahrungen mit BR-Projekten kann davon ausgegangen werden, daß vor allem folgende, auf grundlegende Orientierungs- und Verhaltensmuster zurückzuführende Faktoren (Normen und Standards) von Bedeutung sind: offene, angstfreie Kommunikation (namentlich zwischen Führungskräften und ihren Mitarbeitern); Entscheidungsfreudigkeit; Innovationsbereitschaft; Risiko-

---

1 Vgl. zu diesem Vorschlag Hammer, Michael; Champy, James: Business Reengineering, a.a.O., S. 99 ff.

2 Vgl. CSC Index (Hrsg.): State of Reengineering Report, a.a.O., S. 6.

freudigkeit; Teamgeist; leistungsgerechte und motivierende Lohn- und Gehaltssysteme. Während die Präzisierung dieser und weiterer Faktoren vergleichsweise einfach sein dürfte, ist die Ausarbeitung von Konzepten zur Förderung oder Herbeiführung der durch diese Faktoren bewirkten Effekte mit erheblichen Schwierigkeiten verbunden. Dies ist zum einen darauf zurückzuführen, daß in jeder Unternehmung zwar eine - wie auch immer geartete - Unternehmungskultur existiert, deren konkrete Ausprägung jedoch nicht unmittelbar erkennbar ist, sondern nur indirekt über Symptome erschlossen werden kann, was entsprechend aufwendige Erhebungsprozeduren erfordert. Zum andern sind diese Schwierigkeiten darauf zurückzuführen, daß BR-behindernde Unternehmungskulturen nicht durch "Anordnung von oben", sondern nur durch vorsichtige, schrittweise Beeinflussung bestimmter Rahmenbedingungen, insbesondere von Anreizsystemen, verändert werden können: "Jeder Versuch, eine *Kulturveränderung* zu bewirken, bedarf der kritischen, analytischen *Diagnose* einer Ist-Kultur und des visionären *Konzipierens* einer zu erreichenden Soll-Kultur. ... Zwischen der Ist- und einer angepeilten soll-kulturellen Prägung ergibt sich ein schwieriger und unsicherer Übergang."[1]

Aufgrund der angedeuteten Schwierigkeiten kann die Ausarbeitung von Konzepten zur Veränderung vorhandener Unternehmungskulturen in aller Regel nicht als eine relativ begrenzte Aufgabe bzw. Aktivität im Rahmen der Konzipierung eines neuen Geschäftsprozesses betrachtet werden. Vielmehr muß davon ausgegangen werden, daß Konzepte und Maßnahmen zur Initiierung und Durchführung einer "Kultur-Evolution" im Rahmen spezieller Projekte erarbeitet werden müssen,[2] bei denen verhaltenswissenschaftliche Erkenntnisse und Strategien des "Planned Organizational Change" und des "Organizational Development" eine ausschlaggebende Rolle spielen.

3.5 Phase 5: Implementierung des neuen Geschäftsprozesses

Das Ziel der Implementierung besteht darin, die zur Re-Strukturierung des Geschäftsprozesses entwickelten Lösungskonzepte möglichst vollständig und reibungslos zu verwirklichen, d. h.

1 Bleicher, Knut: Unternehmungskultur. In: Handwörterbuch des Personalwesens. 2. Aufl., hrsg. von Eduard Gaugler und Wolfgang Weber. Stuttgart 1992, Sp. 2250.

2 Zu einem konkreten Beispiel vgl. Schweiker, Konrad F. et al.: Restrukturierungsprogramme in der Henkel-Gruppe. In: Organisationsstrategien zur Sicherung der Wettbewerbsfähigkeit. Lösungen deutscher Unternehmungen. Sonderheft 33 der ZfbF, hrsg. von Erich Frese und Werner Maly. Düsseldorf - Frankfurt am Main 1994, S. 65 ff.

einzuführen und durchzusetzen. Die Erfahrung zeigt, daß es - namentlich infolge von Konflikten aufgrund unterschiedlicher Interessen zwischen Management und Betroffenen - weitaus schwieriger ist, Konzepte für die Re-Strukturierung zu realisieren, als solche Konzepte zu entwickeln.[1] Aufgrund dieser Schwierigkeiten werden die bei der Implementierung zu unterscheidenden organisatorischen, informationstechnischen, personellen und unternehmungskulturellen Problemfelder in aller Regel jeweils in gesonderten Implementierungs-Projekten bearbeitet. Diese arbeitsteilige Lösung ist naturgemäß mit entsprechenden Koordinationsproblemen verbunden, die den Einsatz eines speziellen Implementierungs-Managements nahelegen.

Aktivitäten der Implementierungs-Phase

- Detaillierte organisatorische Beschreibung des neuen Geschäftsprozesses
- Schaffung noch fehlender unternehmungskultureller Voraussetzungen
- Schaffung der personellen Voraussetzungen
- Schaffung der informationstechnischen Voraussetzungen.

Detaillierte organisatorische Beschreibung des neuen Geschäftsprozesses

Sowohl die Struktur des neuen Geschäftsprozesses als auch die prozeßkonstituierenden Stellen müssen unter organisatorischen Gesichtspunkten detaillierter beschrieben werden, als dies bei der Konzipierung erforderlich und zweckmäßig war. Das Ziel dieser Beschreibungen besteht darin, die neuen organisatorischen Regeln zu dokumentieren und ihre Geltung verbindlich zu deklarieren. Während bezüglich der Prozeßstruktur eine übersichtsartige Darstellung in Form eines Prozeß-Diagramms genügt, müssen die prozeßkonstituierenden Stellen wesentlich detaillierter anhand von Organisationsplänen, Stellenbeschreibungen und Arbeitsplatzbeschreibungen dokumentiert werden. Die Anfertigung von Organisationsplänen und Stellenbeschreibungen, in denen die Aufgaben, Kompetenzen und Zuständigkeiten der Stelleninhaber sowie die Arbeits- und Leitungsbeziehungen zu anderen Stellen in einheitlicher Form graphisch bzw. schriftlich fixiert werden, stellt dabei eine "klassische" Aufgabe des Organisators bzw. der Organisationsabteilung dar. Hinzu

---

1 Vgl. auch Marr, Rainer; Kötting, Marcus: Implementierung, organisatorische. In: Handwörterbuch der Organisation. 3. Aufl., hrsg. von Erich Frese. Stuttgart 1992, Sp. 827-841.

kommt die Anfertigung von Arbeitsplatzbeschreibungen, die primär personalwirtschaftlichen Zwecken dienen.

Schaffung noch fehlender unternehmungskultureller Voraussetzungen

Während schon der Brückenschlag zwischen den Ergebnissen einer kritischen Diagnose der jeweiligen Ist-Kultur und der visionären Konzipierung einer Soll-Kultur mit erheblichen Schwierigkeiten verbunden ist, so ist die Durchführung konkreter Maßnahmen zur Realisierung einer bestimmten Soll-Kultur noch weitaus schwieriger. Wie bereits angedeutet, liegt dies daran, daß kulturelle Gegebenheiten nicht unmittelbar per Befehl "verordnet", sondern nur indirekt durch Veränderung kultureller Rahmenbedingungen beeinflußt werden können.

Ansatzpunkte hierfür dürften vor allem in der Schaffung von Bedingungen liegen, die zur Entwicklung einer auf Offenheit und Vertrauen basierenden Kommunikationskultur beitragen. So hat sich z. B. die Einrichtung eines "Runden Tisches" bewährt, an dem die Führungskräfte den Mitarbeitern zu bestimmten Zeiten zu allen möglichen Fragen als Gesprächspartner zur Verfügung stehen.[1] Weitere erfolgversprechende Maßnahmen sind "Zielgespräche", in denen Führungskräfte und Mitarbeiter zukünftige Aufgabenschwerpunkte gemeinsam besprechen, sowie jährliche "Führungsdialoge", bei denen Fragen der persönlichen Entwicklung der Mitarbeiter erörtert werden. Allerdings darf bei all dem nicht übersehen werden, "daß es für die Umsetzung der dargestellten Maßnahmen nicht ausreicht, neue Kommunikationsforen einzurichten. Vielmehr ist hierzu auch der radikale Wandel der Gesprächsmentalität aller einbezogenen Mitarbeiter erforderlich."[2]

Weiterhin bietet sich z. B. die Möglichkeit, im Rahmen der Personalplanung solche Personen bevorzugt zu fördern, die befähigt sind, positive Wertvorstellungen glaubwürdig zu vertreten und vorzuleben und auf diese Weise u. U. eine allmähliche Veränderung in den Einstellungen und Verhaltensformen "ihrer" jeweiligen Umwelt zu bewirken. Nicht zuletzt können auch konkrete Veränderungen in der Lohn- und Gehaltspolitik einen positiven Einfluß auf die Entwicklung der Unternehmungskultur

1 Zu diesen und weiteren Maßnahmen vgl. Schweiker, Konrad F. et al.: Restrukturierungsprogramme in der Henkel-Gruppe, a.a.O., S. 76.

2 Schweiker, Konrad F. et al.: Restrukturierungsprogramme in der Henkel-Gruppe, a.a.O., S. 76.

ausüben, indem z. B. transparentere und "gerechtere" Lohn- und Gehaltssysteme eingeführt werden.[1]

Schaffung der personellen Voraussetzungen

Die zur Implementierung des neu gestalteten Geschäftsprozesses erforderlichen personellen Maßnahmen sind eingebettet in die klassischen Felder der qualitativen und quantitativen Personalplanung und reichen von der Rekrutierung neuer Mitarbeiter über Schulungs- und Trainingsmaßnahmen bis hin zur Entlassung von Mitarbeitern.[2] Neben den schon im Zusammenhang mit der Beeinflussung der Unternehmungskultur angedeuteten Maßnahmen sind insbesondere solche personellen Maßnahmen von Bedeutung, die dazu dienen, die aus dem neu gestalteten Geschäftsprozeß resultierenden stellenspezifischen Anforderungen zu befriedigen. Dabei liegt es zunächst nahe, vom vorhandenen Mitarbeiterstamm auszugehen und die neu geschaffenen Stellen bzw. Arbeitsplätze mit entsprechend qualifizierten Mitarbeitern zu besetzen, z. B. im Rahmen innerbetrieblicher Umsetzungsprogramme. Darüber hinaus bietet es sich an, Defizite in den Kenntnissen und Fähigkeiten vorhandener Mitarbeiter schrittweise durch innerbetriebliche Aus- und Weiterbildungsmaßnahmen zu beseitigen. Hierzu bedarf es bestimmter Aktivitäten, die von der Ausarbeitung entsprechender Aus- und Weiterbildungsprogramme, über die Auswahl von (meist externen) Lehrkräften bis hin zur Schaffung der organisatorischen und technischen Voraussetzungen für die Durchführung der Programme reichen. Sofern diese Maßnahmen nicht ausreichen, kann das Stellenbesetzungsproblem letztlich nur durch Neueinstellungen gelöst werden. Die hierzu notwendigen Aktivitäten gehören zum Arsenal des "klassischen" Personalwesens und bedürfen daher keiner näheren Erläuterung.[3] Gleiches gilt im Hinblick auf die Vorbereitung und Durchführung von Freisetzungsmaßnahmen, die im Rahmen eines BR-Projekts nicht selten integraler Bestandteil der projektspezifischen Zielvorstellungen sind.[4]

---

1 Vgl. hierzu ausführlich Schweiker, Konrad F. et al.: Restrukturierungsprogramme in der Henkel-Gruppe, a.a.O., S. 71-73.

2 Vgl. Drumm, Hans Jürgen: Personalplanung. In: Handwörterbuch des Personalwesens. 2. Aufl., hrsg. von Eduard Gaugler und Wolfgang Weber. Stuttgart 1992, Sp. 1758-1769.

3 Zum Überblick über Aufgaben und geeignete Methoden und Techniken der Personalplanung vgl. z.B. REFA (Hrsg.): Methodenlehre der Organisation für Verwaltung und Dienstleistung. Teil 3: Aufbauorganisation. München 1985, S. 119-181.

4 Zu diesen und weiteren brisanten Fragen von BR-Projekten vgl. Morris, Daniel; Brandon, Joel: Revolution im Unternehmen, a.a.O., S.334-343.

Schaffung der informationstechnischen Voraussetzungen

Die zur Realisierung informationstechnischer Konzepte erforderlichen Maßnahmen werden meist unter den Begriff "Implementierung" subsumiert, wobei zweckmäßigerweise zwischen systemtechnischer Implementierung und organisatorischer Implementierung zu unterscheiden ist.[1] Während bei der systemtechnischen Implementierung die Auswahl und Installation von Hardware sowie die Entwicklung von Anwendungsprogrammen bzw. die Anschaffung von Standardsoftware im Mittelpunkt stehen, geht es bei der organisatorischen Implementierung im wesentlichen darum, die für den Betrieb und die effiziente Nutzung der systemtechnischen Lösung erforderlichen organisatorischen und benutzerspezifischen Voraussetzungen zu schaffen, wobei naturgemäß Überschneidungen mit den bereits beschriebenen organisatorischen und personellen Maßnahmen bestehen.

Insbesondere die einzelnen Arbeitsschritte bzw. Aktivitäten der systemtechnischen Implementierung werden nicht nur in der Literatur, sondern auch in unternehmungsindividuellen Vorgehensmodellen der Systementwicklung relativ detailliert und konkret beschrieben.[2] So gibt es z. B. sehr differenzierte und weitgehend normierte Empfehlungen für die einzelnen Arbeitsschritte der Programmierung (Erstellung eines Programmablaufplans, Codierung, Programmtest, Programmdokumentation), die zum Standardwissen des DV-Praktikers gehören und an dieser Stelle nicht weiter erläutert werden müssen.[3]

Im Rahmen der organisatorischen Implementierung[4] geht es zum einen um die Erstellung und Einführung von Organisationsrichtlinien bzw. "Benutzervorgaben", die einen möglichst reibungslosen Systembetrieb gewährleisten sollen. Beispiele hierfür

1 Vgl. z. B. Schmitz, Paul; Seibt, Dietrich: Einführung in die anwendungsorientierte Informatik. München 1975. Grochla, Erwin; Meller, Friedrich: Datenverarbeitung in der Unternehmung. Bd. 2: Gestaltung und Anwendung. Reinbek bei Hamburg 1977.

2 Vgl. z.B. Endres, Albert: Die technische Implementierung von Informationssystemen. In: Entwicklungstendenzen der Systemanalyse, hrsg. von Hans Robert Hansen. München - Wien - Oldenburg 1978, S. 401-432.

3 Vgl. z.B. Der Bundesminister des Inneren (Hrsg.): Planung und Durchführung von IT-Vorhaben in der Bundesverwaltung: Vorgehensmodell. KBSt-Schriftenreihe, Nr. 27/1, Köln 1992. Der Bundesminister des Inneren (Hrsg.): Planung und Durchführung von IT-Vorhaben in der Bundesverwaltung: Anlageband zum Vorgehensmodell. KBSt-Schriftenreihe, Nr. 27/2, Köln 1992.

4 Vgl. zum folgenden Seibt, Dietrich: Implementierung, organisatorische. In: Handwörterbuch der Organisation. 2. Aufl., hrsg. von Erwin Grochla. Stuttgart 1980, Sp. 853-862. Marr, Rainer; Kötting, Marcus: Implementierung, organisatorische. In: Handwörterbuch der Organisation. 3. Aufl., hrsg. von Erich Frese. Stuttgart 1992, Sp. 827-841.

sind Regeln für die Erfassung und Eingabe sowie für die Ausgabe und Verwendung von Daten. Zum andern beinhaltet die organisatorische Implementierung alle Maßnahmen, die mit dem Begriff "Benutzerschulung" umschrieben werden können und im weitesten Sinne dazu dienen, den Benutzer mit dem neu eingeführten System vertraut zu machen. Im Mittelpunkt steht dabei die Vorbereitung und Durchführung von Schulungsmaßnahmen, die sich - schon allein unter Akzeptanzgesichtspunkten - möglichst eng an den individuellen Einstellungen, Erfahrungen und Kenntnissen der zukünftigen Benutzer orientieren sollten Die im Rahmen entsprechender "Funktionsschulungen" und "Grundschulungen" verwendeten Unterlagen (z. B. Darstellungen und Erläuterungen der System-Architektur und wichtiger Systemfunktionen) sollten nach Abschluß der Schulungsmaßnahmen in Form eines Benutzerhandbuchs dokumentiert werden. Dabei ist allerdings zu beachten, daß ein solches Benutzerhandbuch nur dann die ihm zugedachte Funktion zu erfüllen vermag, wenn es den jeweils aktuellen Entwicklungsstand des Systems widerspiegelt. Erfahrungsgemäß kann dies nur dann gewährleistet werden, wenn ein entsprechender Aufwand für die Aktualisierung des Handbuchs in Kauf genommen wird.

4 Ausblick

Bei dem hier nur in seinen Grundzügen dargestellten Vorgehensmodell handelt es sich um einen ersten Vorschlag zur Strukturierung der Vorgehensweise im Rahmen eines BR-Projektes. Ob bzw. inwieweit das Vorgehensmodell die ihm zugeschriebene handlungsleitende Funktion zu erfüllen vermag, kann dabei nur durch entsprechende Praxistests entschieden werden. In diesem Zusammenhang bietet sich u. a. die Möglichkeit, das Vorgehensmodell in zweifacher Hinsicht zu erweitern bzw. zu ergänzen. So liegt es nahe, den phasenspezifischen Aktivitäten jeweils bestimmte Techniken oder Werkzeuge zuzuordnen, die eine möglichst effiziente Durchführung der einzelnen Gestaltungsschritte ermöglichen. Dabei dürfte es sich im wesentlichen um Techniken und Werkzeuge handeln, die bereits im Rahmen "klassischer" Organisationsprojekte bei der Erhebung, Darstellung und Analyse gestaltungsrelevanter Sachverhalte sowie bei der Konzipierung, Evaluierung und Implementierung organisatorischer Lösungskonzepte mit Erfolg verwendet werden.[1] Darüber hinaus dürfte es zweckmäßig sein, die Rollen der an einem BR-Projekt beteiligten Mitarbeiter und Führungskräfte phasenspezifisch zu differenzieren, indem für jede einzelne Phase ausgewiesen wird, wer für die Durchführung welcher Aktivitäten zuständig ist.[2]

---

1 Zur Darstellung entsprechender Techniken und Werkzeuge vgl. z.B. Grochla, Erwin: Grundlagen der organisatorischen Gestaltung. Stuttgart 1982, S. 295-421. Schmidt, Götz: Methode und Techniken der Organisation. 9. Aufl., Gießen 1991, S. 116-366.

2 Vgl. hierzu den Vorschlag von Hammer, Michael; Champy, James: Business Reengineering, a.a.O., S. 134-152.

5 Literatur

Bleicher, Knut: Unternehmungskultur. In: Handwörterbuch des Personalwesens. 2. Aufl., hrsg. von Eduard Gaugler und Wolfgang Weber. Stuttgart 1992, Sp. 2241-2252.

CSC Index (Hrsg.): State of Reengineering Report. Executive Summary. Cambridge, MA 1994.

Chapple, Eliot D.; Sayles, Leonard R.: The Measure of Management. Designing Organizations for Human Effectiveness. New York 1961.

Dähler, Stefan; Mannes, Ernst: Process Reengineering in der Praxis. In: io Management Zeitschrift, 63(5) 1994, S. 37-40.

Davenport, Thomas H.: Process Innovation: Reengineering Work through Information Technology. Boston, MA 1993.

Der Bundesminister des Inneren (Hrsg.): Planung und Durchführung von IT-Vorhaben in der Bundesverwaltung: Vorgehensmodell. KBSt-Schriftenreihe, Nr. 27/1, Köln 1992.

Der Bundesminister des Inneren (Hrsg.): Planung und Durchführung von IT-Vorhaben in der Bundesverwaltung: Anlageband zum Vorgehensmodell. KBSt-Schriftenreihe, Nr. 27/2, Köln 1992.

Drumm, Hans Jürgen: Personalplanung. In: Handwörterbuch des Personalwesens. 2. Aufl., hrsg. von Eduard Gaugler und Wolfgang Weber. Stuttgart 1992, Sp. 1758-1769.

Endres, Albert: Die technische Implementierung von Informationssystemen. In: Entwicklungstendenzen der Systemanalyse, hrsg. von Hans Robert Hansen. München - Wien - Oldenburg 1978, S. 401-432.

Frese, Erich; Gagsch, Siegfried: Organisationsanalyse. In: Handwörterbuch des Personalwesens. 2. Aufl., hrsg. von Eduard Gaugler und Wolfgang Weber. Stuttgart 1992, Sp. 1455-1467.

Frese, Erich; Maly, Werner (Hrsg.): Kundennähe durch moderne Informationstechnologie. Sonderheft 25 der ZfbF, Düsseldorf - Frankfurt am Main 1989.

Frese, Erich; Maly, Werner (Hrsg.): Organisationsstrategien zur Sicherung der Wettbewerbsfähigkeit. Lösungen deutscher Unternehmungen. Sonderheft 33 der ZfbF, Düsseldorf - Frankfurt am Main 1994.

Frese, Erich; v. Werder, Axel: Organisation als strategischer Wettbewerbsfaktor. Organisationstheoretische Analyse gegenwärtiger Umstrukturierungen. In: Organisationsstrategien zur Sicherung der Wettbewerbsfähigkeit. Lösungen deutscher Unternehmungen. Sonderheft 33 der ZfbF, hrsg. von Erich Frese und Werner Maly. Düsseldorf - Frankfurt am Main 1994, S. 1-27.

Gaitanides, Michael: Prozeßorganisation. München 1983.

Grochla, Erwin: Grundlagen der organisatorischen Gestaltung. Stuttgart 1982.

Grochla, Erwin; Meller, Friedrich: Datenverarbeitung in der Unternehmung. Bd. 2: Gestaltung und Anwendung. Reinbek bei Hamburg 1977.

Hackman, J. Richard (Hrsg.): Improving Life at Work: Behavioral Science Approaches to Organizational Change. Santa Monica, CA 1977.

Hammer, Michael; Champy, James: Reengineering the Corporation: A Manifesto for Business Revolution. New York 1993.

Hammer, Michael; Champy, James: Business Reengineering. Die Radikalkur für das Unternehmen. 2. Aufl., Frankfurt - New York 1994.

Hess, Thomas; Brecht, Leo: State of the Art des Business Process Redesign. Darstellung und Vergleich bestehender Methoden. Wiesbaden 1995.

Kieser, Alfred: Kennen Sie schon das allerneueste Organisationskonzept? In: ZFO, 4/1994, S. 223.

Kirsch, Werner; Esser, Werner-Michael; Gabele, Eduard: Reorganisation. Theoretische Perspektiven des geplanten organisatorischen Wandels. München 1978.

Marr, Rainer; Kötting, Marcus: Implementierung, organisatorische. In: Handwörterbuch der Organisation. 3. Aufl., hrsg. von Erich Frese. Stuttgart 1992, Sp. 827-841.

Morris, Daniel; Brandon, Joel: Re-Engineering Your Business. New York 1993.

Morris, Daniel; Brandon, Joel: Revolution im Unternehmen. Reengineering für die Zukunft. Landsberg am Lech 1994.

Osterloh, Margit; Frost, Jetta: Business Reengineering: Modeerscheinung oder "Business Revolution"? In: ZFO, 6/1994, S. 356-363.

REFA (Hrsg.): Methodenlehre der Organisation für Verwaltung und Dienstleistung. Teil 3: Aufbauorganisation. München 1985.

Schmidt, Götz: Methode und Techniken der Organisation. 9. Aufl., Gießen 1991.

Schmitz, Paul; Seibt, Dietrich: Einführung in die anwendungsorientierte Informatik. München 1975.

Schreyögg, Georg: Organisationskultur. In: Handwörterbuch der Organisation. 3. Aufl., hrsg. von Erich Frese. Stuttgart 1992, Sp. 1525-1537.

Schweiker, Konrad F. et al.: Restrukturierungsprogramme in der Henkel-Gruppe. In: Organisationsstrategien zur Sicherung der Wettbewerbsfähigkeit. Lösungen deutscher Unternehmungen. Sonderheft 33 der ZfbF, hrsg. von Erich Frese und Werner Maly. Düsseldorf - Frankfurt am Main 1994, S. 63-81.

Seibt, Dietrich: Implementierung, organisatorische. In: Handwörterbuch der Organisation. 2. Aufl., hrsg. von Erwin Grochla. Stuttgart 1980, Sp. 853-862.

Ulich, Eberhard: Arbeitsstrukturierungsmodelle. In: Handwörterbuch des Personalwesens. 2. Aufl., hrsg. von Eduard Gaugler und Wolfgang Weber. Stuttgart 1992, Sp. 374-387.

Ulich, Eberhard; Groskurth, Peter; Bruggemann, Agnes: Neue Formen der Arbeitsgestaltung. Möglichkeiten und Probleme der Qualität des Arbeitslebens. Frankfurt am Main 1973.

v. Kortzfleisch, Harald: Rechnergestützte organisatorische Gestaltung. Entwicklungsstand und betriebswirtschaftliche Beurteilung. Bergisch Gladbach - Köln 1993.

Wever, Ulrich A.: Unternehmenskultur in der Praxis. Frankfurt am Main 1989.

Wild, Jürgen: Grundlagen und Probleme der betriebswirtschaftlichen Organisationslehre. Berlin 1966.

Witte, Eberhard: Organisation für Innovationsentscheidungen. Das Promotoren-Modell. Göttingen 1973.

Verzeichnis der BIFOA-Projekte 1994/1995

Die Projekte sind den Forschungs- und Entwicklungs-Schwerpunkten des BIFOA entsprechend gruppiert:

- **Betriebswirtschaft, Organisation**
- **Dokumenten-Management-Systeme**
- **Informations- und Bürosysteme**
- **Informationssicherheit**
- **Telekommunikation, Telekooperation**

F&E-Schwerpunkt: Betriebswirtschaft, Organisation

Projektname	*Projekttitel*	*Laufzeit*
ASSIA	Assistenz-Analyse	01.06.94 -31.08.94
ERAKOS	Entwicklung eines Rahmenkonzeptes, Vorbereitung und Durchführung einer "Summerschool"	01.07.93 -31.05.95
ESTIMOR	Schätzung des Aufwands von Organisationsprojekten	15.11.94 -31.05.95
METHO	Methodisches Vorgehen bei der Inangriffnahme und Durchführung von Organisationsprojekten	01.09.94 -31.03.95
METIM	Methodengestützte Durchführung von Organisationsvorhaben: Ein Leitfaden für mittelständische Unternehmungen	01.03.92 -31.05.94
ORGASOFT	Optimierung der Ablauforganisation einschließlich Test von Softwareprodukten	31.07.94 -18.11.93
ORG-Verbund	Organisationsüberprüfung des Verteilers einer Bundesbehörde	31.07.94 -15.03.94
ORIK	Organisation Instrumente und Kennzahlen	01.04.94 -31.08.94
PROKON 1-4	Konzept für ein Projektmanagementverfahren	16.09.93 -31.01.95
ZADEPA	Zuständigkeitsabgrenzung in Personalangelegenheiten einer Stadtverwaltung	01.04.94 -28.04.95

F&E-Schwerpunkt: Dokumenten-Management-Systeme

Projektname	*Projekttitel*	*Laufzeit*
DOM-BUS	Dokumenten-Management in Bundesbehörden - Status quo	01.09.92 -31.01.94
DOM-RENT-2	Dokumentenmanagement in einer Rentenversicherung. Vorbereitung und Einführung eines optoelektronischen Archivierungssystems (Teilprojekte 2 und 3)	22.11.93 -31.03 95
KARO-ASS	Konzept und Anwendung einer Retrievallösung für MS Office im Assistenzbereich - Vorstudie	15.11.94 -31.01.95
ZUDOM	Zukunftsorientiertes Dokumentenmanagement	01.01.94 -31.03.94

F&E-Schwerpunkt: Informations- und Bürosysteme

Projektname	*Projekttitel*	*Laufzeit*
BINK-2	Bürosysteme und ihre DV-Integration in einer Krankenversicherung	01.01.94 -31.10.94
BK-RENT-2	Bürokommunikation in einer Rentenversicherung - Umsetzung	16.11.91 -31.12.94
DRUKO-3	Drucken und Kopieren im Büro - Realisierung	01.07.94 -28.02.95
EDIHAND	Electronic Data Interchange (EDI) bei einer Warenhauskette - Eine empirische Untersuchung zu Akzeptanz und Nutzen aus Lieferantensicht	01.09.93 -28.02.94
EDIMIB	Electronic Data Interchange (EDI) im mittelständischen Betrieb - Organisation und Technik, Chancen und Risiken	01.05.94 -30.06.95
EG-RENT	IT-Einsatz und Bürokommunikation in einer Rentenversicherung	14.01.94 -31.03.95

F&E-Schwerpunkt: Informations- und Bürosysteme (Fortsetzung)

Projektname	Projekttitel	Laufzeit
IDAM	Individuelle Datenverarbeitung in mittelständischen Betrieben	01.06.93 -30.09.94
INAS-1-3	Informationsbedarfs-Analyse und Entwicklung einer Strategie der Informationsversorgung	01.05.93 -Juli 95
ITEM	Einsatz der Informationstechnik in einem mittelständischen Betrieb	13.10.94 -30.11.94
KFI	Kölner Forum für Informationstechnik	01.10.92 -30.06.95
KOSO	Konzeption der Produktverwaltung des Software-Entwicklungsprozesses	01.11.93 -30.04.94
WIBOR	Konzept und Aufbau eines Prototyps für eine Wissensbank ORGANISATION	01.06.94 -Juni 95

F&E-Schwerpunkt: Informationssicherheit

Projektname	Projekttitel	Laufzeit
BI-ISi	Informations-Blätter zur Informationssicherheit	01.01.92 -31.03.94
ISi-PA	Auswahl eines PC-Sicherheitsproduktes	01.11.94 -31.12.94
ISi-PC-1-2	Informationssicherheit beim Einsatz intelligenter Endgeräte	16.09.93 -30.04.94
ISi-REPORT	KES-Sicherheitsstudie 94: Erarbeitung des Fragebogens und Auswertung der Ergebnisse	16.09.93 -31.07.94
PRODEF	Produktdefinition: Backup-Dienstleistungen für verteilte Systeme	01.12.94 -31.03.95

F&E-Schwerpunkt: Telekommunikation / Telekooperation

Projektname	*Projekttitel*	*Laufzeit*
BTÖV	Bedarf für Telekooperation in der öffentlichen Verwaltung	01.06.94 -Mai 96
MEDIAFURN	Multimediale Kommunikationssysteme im Möbeleinzelhandel (Durchführbarkeitsstudie)	25.11.94 -25.03.95
MIMIS	Multipoint Interactive Multimedia Interpersonal System	01.01.92 -31.12.94
POLIWORK	Telekooperation und Dokumentenverwaltung am persönlichen Arbeitsplatz	01.05.94 -April 98
TELEKOOP-ZENTRUM	Zentrum zur Förderung der wirtschaftlichen Anwendung der Telekommunikation und Telekooperation in kleinen und mittelgroßen Unternehmen des Landes Nordrhein-Westfalen	01.12.94 -Nov. 97

Schriftenverzeichnis von Paul Schmitz*

I. Selbständige Schriften

II. Beiträge in Sammelwerken

III. Aufsätze in Zeitschriften

IV. Herausgeber von Zeitschriften, Schriften-Reihen und Einzelschriften

* Prof. Dr. Paul Schmitz, emeritierter Professor für Informatik der Universität zu Köln; 1971-1990: Inhaber des Lehrstuhls für Informatik an der Universität zu Köln.

I. Selbständige Schriften

1. Mit Erwin Grochla, Norbert Szyperski, Dietrich Seibt und Erhard Geiss: Die Ausbildung und Fortbildung auf dem Gebiet der Automatisierten Datenverarbeitung für Unternehmensleiter und Führungskräfte.
   AWV-Fachbericht, Sonderheft 8, Frankfurt/M. 1969.
2. Mit H. Garbe, M. Hoffmann, G. Philipp: Kenngrößen für Datenbankprozessoren. Projektbericht des MBP, Dortmund, Februar 1971.
3. Studienkreis Paul Schmitz: Die Wirksamkeit von Programmiersprachen. Ergebnisse eines Studienkreises des Betriebswirtschaftlichen Instituts für Organisation und Automation an der Universität zu Köln.
   Schriftenreihe des BIFOA, Bd. 19, Wiesbaden 1972.
4. Mit G. Schwichtenberg und W. Sodeur: Ein Kombinationsverfahren für Rangfolgeentscheidungen - unter besonderer Berücksichtigung der Auswahl-Problematik bei Rechensystemen. Schriftenreihe des Rechenzentrums der Universität zu Köln, Heft 23/1975.
5. Mit D. Seibt: Einführung in die anwendungsorientierte Informatik.
   Verlag F. Vahlen, München 1975.
6. Mit Th. Ellinger u.a.: Entwicklung eines Modellgenerators zur Lösung komplexer Reihenfolgeprobleme in der Fertigung. Bericht über ein Forschungsvorhaben.
   Universität zu Köln, Industrieseminar und Lehrstuhl für Informatik 1975.
7. Mit A. Schönlein: Lineare und linearisierbare Optimierungsmodelle sowie ihre ADV-gestützte Lösung.
   Verlag Vieweg, Braunschweig 1978.
8. Mit H. Bons, W. Linnartz, R. van Megen: Situation des Testens und der Aufwandschätzung in der Praxis. Auswertung einer Fragebogenaktion.
   Projektgruppe Softwaretechnologie, Universität zu Köln 1978.
9. Mit U. Stremmel und D. Flosbach: Automatisierte Textverarbeitung im Hochschulbereich. Erste Ergebnisse der Erprobung eines Textsystems WANG WP 20 am Lehrstuhl für Informatik und einer Befragung ausgewählter Institutionen an der Universität zu Köln.
   Universität zu Köln, Lehrstuhl für Informatik 1979.
10. Mit Th. Ellinger, H. Bons, H. Goldbecker, U. Hasenkamp, R. Haupt, W. Linnartz, R. van Megen, B. Oellers, L. Ortmann:

Generatorsystem für die Simulation von Reihenfolgeproblemen (SIRE).
Bundesministerium für Forschung und Technologie, Forschungsbericht DV 79-03 Datenverarbeitung. Eggenstein, Leopoldshafen 1979.

11. Mit H. Voß: Zur beruflichen Situation von Betriebsinformatikern mit Kölner Examen.
Informatik-Fachbericht 80/1 der Universität zu Köln.

12. Mit H. Bons und R. van Megen: Methoden und Richtlinien für das Testen in Software-Entwicklungsprojekten für die öffentliche Verwaltung (TMR-Vorstudie).
Informatik-Fachbericht 80/2 der Universität zu Köln.

13. Mit H. Bons, R. van Megen: Methoden zur Aufwandschätzung von Software-Entwicklungsprojekten.
Projektgruppe Softwaretechnologie, Universität zu Köln 1979.

14. Mit H. Bons, R. van Megen: Systematische Testfallermittlung als Vorbereitung des dynamischen Programmtests.
Projektgruppe Softwaretechnologie, Universität zu Köln 1979.

15. Softwaretechnologische Methoden für das Programmtesten und für die Aufwandschätzung.
Abschlußbericht zum Forschungsprojekt "Softwaretechnologische Methoden für das Programmtesten und für die Aufwandschätzung", Dez. 1980.

16. Mit U. Hasenkamp: Rechnerverbundsysteme. Offene Kommunikationssysteme auf der Basis des ISO-Referenzmodells.
Verlag Carl Hanser, München 1981.

17. Mit S. Berendes, H. Doebler, W. Zimmermann: Automatisierte Planungs- und Entscheidungshilfen für den Einsatz von Mikrocomputersystemen in mittelständischen Unternehmungen.
Informatik-Fachbericht 82/1 der Universität zu Köln.

18. Mit N. Szyperski, E. Grochla, K. Höring: Bürosysteme in der Entwicklung. Studien zur Typologie und Gestaltung von Büroarbeitsplätzen.
Verlag Vieweg, Braunschweig 1982.

19. Mit D. Seibt: Einführung in die anwendungsorientierte Informatik I. Systemtechnische Grundlagen. 2. Auflage.
Verlag F. Vahlen, München 1982.

20. Mit H. Bons, R. van Megen: Software-Qualitätssicherung. Test im Software-Lebenszyklus.
Verlag F. Vieweg, Braunschweig, Wiesbaden 1982.

21. Mit H. Bons, R. van Megen: Software-Qualitätssicherung. Test im Software-Lebenszyklus. 2. durchgesehene Auflage. Verlag F. Vieweg, Braunschweig, Wiesbaden 1983.

22. Mit D. Seibt: Einführung in die anwendungsorientierte Informatik I. Systemtechnische Grundlagen. 3. Auflage, Verlag F. Vahlen, München 1985.

II. Beiträge in Sammelwerken

1. Programmiersprachen.
   In: Handwörterbuch der Organisation, hrsg. von Erwin Grochla, Stuttgart 1969, Sp. 1349-1358.

2. Programmierung.
   In: Handwörterbuch der Organisation, hrsg. von Erwin Grochla, Stuttgart 1969, Sp. 1358-1362.

3. Datenverarbeitung.
   In: Staatslexikon - Recht, Wirtschaft, Gesellschaft -, hrsg. von der Görres-Gesellschaft. Bd. 9, 6. Aufl. 1969, Sp. 395-404.

4. Voraussetzungen für die Gestaltung computergestützter Entscheidungssysteme.
   In: Computer-gestützte Entscheidungen in Unternehmungen. Fachtagung 1970 des Betriebswirtschaftlichen Instituts für Organisation und Automation an der Universität zu Köln, hrsg. von Erwin Grochla, Wiesbaden 1971, S. 232-235.

5. Software- und Sprachsysteme in Management-Informationssystemen. Bericht über eine Sektionssitzung.
   In: Management-Informationssysteme, hrsg. von Erwin Grochla und Norbert Szyperski, Wiesbaden 1971, S. 297-308.

6. Computergestützte Management-Informationssysteme.
   In: Festschrift für E. Kosiol zu seinem 75. Geburtstag, hrsg. von J. Wild, Berlin 1974.

7. Programmierung und Programmiersprachen.
   In: Handwörterbuch der Betriebswirtschaft, hrsg. von Erwin Grochla und Waldemar Wittmann, Stuttgart 1975, Sp. 3250-3256.

8. Das regionale Rechnersystem an der Universität zu Köln - Baustein in einem Rechnerverbundsystem der Hochschulen in Nordrhein-Westfalen.

In: Computer an der Universität zu Köln. Vorträge zur Einweihung des Regionalen Rechenzentrums an der Universität zu Köln, Bonn 1975.

9. Zusammen mit A. Schönlein: Modell zur Ermittlung eines dezentralisierten Rechnersystems mit minimalen Kosten. In: Informatik-Fachberichte. Rechnernetze und Datenfernverarbeitung, Fachtagung der GI-NTG, Aachen 1976, Berlin 1976, S. 75-80.

10. ADV-Systementwicklung und Organisation der Aufgabenerfüllung. In: Informatik-Fachberichte. GI - 6. Jahrestagung 1976, hrsg. von E. J. Neuhold, Berlin 1976, S. 22-42.

11. Die Simulation komplexer Reihenfolgeprobleme mit Hilfe von automatischen Datenverarbeitungsanlagen - Vorstellung eines Lösungsansatzes. In: 5. Int. Kongreß Datenverarbeitung im Europäischen Raum, Computer im Dienste der Menschen. Bd. I, Wien 1977.

12. Mit W. Frowein: Reihenfolgeplanung in der Werkstattfertigung. In: Tagungsband zur Systems 77. München 1977.

13. Das Studium der anwendungsorientierten Informatik an wissenschaftlichen Hochschulen. In: Scientific Papers of the Institute of Management of Wroclaw Technical University, 1978.

14. Mit H. Bons, R. van Megen: Methods and Techniques of Dynamic Program Testing. In: Proceedings of the International Workshop on Practice in Software Adaption and Maintenance. Berlin 5.-6. April 1979, hrsg. von R. Ebert, J. Lügger und L. Goecke, Amsterdam 1980, S. 193-208.

15. Mit R. van Megen, H. Bons: Methods of Systematic Test Case Determination and Test Case Preparation. In: Proceedings of the International Workshop on Practice in Software Adaption and Maintenance. Berlin 5.-6. April 1979, hrsg. von R. Ebert, J. Lügger und L. Goecke, Amsterdam 1980, S. 209-221.

16. Der Einfluß der technologischen Entwicklung auf die Gestaltung der Büroautomation. In: Diebold-Arbeitsgruppenbericht AB 16 "Büroautomation", o. Ort 1979.

17. Zusammen mit H. Bons, R. van Megen, C. Uhlig: Anforderungen an Werkzeuge zum Testen von Programmen.
In: PDV-Berichte "Testen und Verifizieren von Prozeßrechnersoftware", Kernforschungszentrum Karlsruhe. KFK-PDV 179, 1979, hrsg. von L. Gmeiner (IDT) und G. Hommel (PDV), S. 52-99.

18. Textverarbeitung und Informatik.
In: Informatik-Fachberichte. Textverarbeitung und Informatik, Fachtagung der GI Bayreuth, Mai 1980, Berlin 1980, S. 1-14.

19. Betriebsinformatik.
In: Handwörterbuch der Organisation, 2. Aufl., hrsg. von Erwin Grochla, Stuttgart 1980, Sp. 347-353.

20. Die Entwicklung des ADV-Leistungspotentials und seine Nutzung in Wirtschaft und Verwaltung.
In: Organisation, Planung, Informationssysteme. Festschrift für Erwin Grochla, hrsg. von E. Frese, P. Schmitz und N. Szyperski, Stuttgart 1981, S. 289-300.

21. Erfahrungen von Absolventen der Betriebs- und Wirtschaftsinformatik - Ergebnisse einer Umfrage.
In: Studien- und Forschungsführer Betriebs- und Wirtschaftsinformatik. Wiesbaden 1981, S. 73-93.

22. Mehrere Stichworte zum Themenbereich Programmierung und Rechnerverbundsysteme.
In: Lexikon der Informatik und der Datenverarbeitung, hrsg. von H.-J. Schneider, München - Wien 1983.

23. Organisation von Rechnergestützten Betrieblichen Informationssystemen (RBIS).
In: Management Betrieblicher Informationsverarbeitung. Fachberichte und Referate, München 1983.

24. Die Bedeutung statistischer Ansätze für die Sicherung der Softwarequalität.
In: Statistik zwischen Theorie und Praxis. Festschrift für Karl-August Schäffer, Göttingen 1985, S. 201-212.

25. Planung des Informations- und Kommunikationssystems.
In: Handwörterbuch der Planung, hrsg. von N. Szyperski, Stuttgart 1989, Sp. 684-692.

26. Softwarequalitätssicherung.
In: Handbuch Wirtschaftsinformatik, Stuttgart 1990, S. 309-320.

27. Die Entstehungs- und Entwicklungsgeschichte des Informationskreises Organisation und Datenverarbeitung.

In: Informatik in Wirtschaft und Verwaltung: gestern - heute - morgen, hrsg. von D. Seibt, Wiesbaden 1992, S. 1-10.

III. Aufsätze in Zeitschriften

1. Möglichkeiten des Einsatzes elektronischer Datenverarbeitungsanlagen bei der Media-Auswahl. In: forschen planen entscheiden - Zeitschrift für praktische Marktforschung, Heft 1/1965.
2. Der Einsatz elektronischer Datenverarbeitungsanlagen in der Technik. In: Automatik, 11. Jg. 1966, Heft 3, S. 79-87.
3. Berechnung der Druckverteilung eines belasteten Streifens auf elastischem Untergrund. In: Forschung auf dem Gebiet des Ingenieurwesens, 33. Jg. 1967, Nr. 2, S. 59-65.
4. Entscheidungsmodell und automatisierte Datenverarbeitung. In: elektronische datenverarbeitung, 9. Jg. 1967, Heft 8, S. 329-335.
5. Mit H. Gross; W. Haacke; F. Hallmann; G. Hund; G. Obelode; D. Seibt; G. Wegmann: Vorschlag für ein Studienmodell "Informatik" an Fachhochschulen. In: elektronische datenverarbeitung, 12. Jg. 1970, Heft 7, S. 327-331.
6. Voraussetzungen für die Gestaltung computergestützter Entscheidungssysteme. In: elektronische datenverarbeitung, 12. Jg. 1970, Heft 9, S. 401-406.
7. Zur Behandlung simulationszeitabhängiger Warteschlangendisziplinen mit der Simulationssprache GPSS. In: Angewandte Informatik, 13. Jg. 1971, Heft 1, S. 31-34.
8. Mit J. Minnemann: Ein GPSS-Programm zur Auftragsfertigung bei zeitabhängiger Priorität der Aufträge. In: Angewandte Informatik, 13. Jg. 1971, Heft 2, S. 69-72.
9. Mit E. Grochla, D. Seibt, N. Szyperski: Ein Vorschlag für einen Studiengang "Diplom-Betriebswirt der Fachrichtung Informatik". In: Angewandte Informatik, 14. Jg. 1972, Heft 2, S. 81-90.
10. Mit G. Schwichtenberg: CD 8600 - ein neuer Hochleistungsrechner. In: Angewandte Informatik, 14. Jg. 1972, Heft 5, S. 236-238.
11. Zum Standpunkt einer anwendungsorientierten Informatik. In: Angewandte Informatik, 15. Jg. 1973, Heft 1, S. 3-6.
12. Was ist und zu welchem Ende studiert man Informatik? In: Mitteilungen der Universität zu Köln, 1974, Heft 2, S. 18-22.

13. Mit Th. Ellinger, H. Bons, U. Hasenkamp, W. Linnartz: Ein Generatorsystem für die Simulation von Reihenfolgeproblemen. In: Angewandte Informatik, 19 Jg. 1977, Heft 10, S. 422-430.

14. Mit Th. Ellinger: Simulationssystem für Reihenfolgeprobleme der Industriellen Fertigung. In: Rationalisierung, 29. Jg 1978, Heft 1, S. 17-21, Heft 2, S. 43-45.

15. Mit U. Hasenkamp: Zukünftige Nutzungsformen der ADV im Hochschulbereich. In: Angewandte Informatik, 20. Jg. 1978, Heft 5, S. 194-202.

16. Mit N. Szyperski: Organisatorisches Instrument zur Gestaltung von Informations- und Kommunikationssystemen in Unternehmungen. In: Angewandte Informatik, 20. Jg. 1978, Heft 7, S. 281-292.

17. Erfahrungen von Absolventen der Betriebs- und Wirtschaftsinformatik - Ergebnisse einer Umfrage. In: Angewandte Informatik, 22. Jg. 1980, Heft 10, S. 417-423.

18. Die Nutzung des ADV-Leistungspotentials in der Unternehmung - Ergebnisse einer Expertenbefragung. In: Angewandte Informatik, 23. Jg. 1981, Heft 5, S. 185-190.

19. Die Auswirkung der Informationstechnologie auf die Betriebsorganisation. In: Betriebswirtschaftliche Forschung und Praxis, 33. Jg. 1981, Heft 4, S. 297-312.

20. Methoden, Verfahren und Werkzeuge zur Gestaltung Rechnergestützter betrieblicher Informationssysteme (RBIS). In: Angewandte Informatik, 24. Jg. 1982, Heft 2, S. 72-79.

21. Mit D. Krekel: Aufgabenorientiertes Modell zur Nutzung der automatisierten Datenverarbeitung im Hochschulbereich. In: Das Rechenzentrum, 5. Jg. 1982, Heft 2 (Teil 1), S. 110-125, Heft 3 (Teil 2), S. 142-158.

22. Mit H. Weber: Die Sachgebiete für Fachgutachter im Bereich Informationsverarbeitung - Entwurf einer Sachgebietseinteilung. In: Datenschutz und Datensicherung, 6. Jg. 1982, Heft 4, SD. 277-283.

23. Mit K. Höring, N. Szyperski: Bürokommunikation. Bezugsrahmen und Perspektiven der Anwendungen. In: Office Management, 31. Jg. 1983, Heft 6, S. 504-509.

24. Automatisierbare betriebliche Aufgaben der Informationsverarbeitung und ihre Anforderungen an die Technologie. In: WISU, Heft 10, 1983, S. 149-153 (Teil 1), Heft 11, 1983, S. 443-447 (Teil 2).

25. Den Ernstfall immer wieder anders trainieren. In: Computerwoche, Nr. 9, 1984, S. 47.

26. Verbundkommunikation - ein Konzept für ein elektronisches Informationstransport- und Archivierungssystem der Sparkassenorganisation. In: Betriebswirtschaftliche Blätter, Deutscher Sparkassen- und Giroverband e.V., 36. Jg., Dezember 1987, S. 592-594.

27. Mit J. Griese, G. Obelode, D. Seibt: Ergebnisse des Arbeitskreises Wirtschaftlichkeit der Informationsverarbeitung. In: Schmalenbachs Zeitschrift für betriebswirtschaftliche Forschung, Heft 7, 1987, S. 515-551.

28. DV-Anwender - Erhebung zu Aufgaben, Ausbildungskonzeption und Bedarf. In: Wirtschaftsinformatik, Heft 1, 1990, S. 20-32.

29. Wirtschaftsinformatik - eine Positionsbestimmung zu Beginn der 90er Jahre. In: Wirtschaftsinformatik, Heft 1, 1990, S. 5-6.

30. Mit D. Seibt, H. Strunz: Informatiker, Wirtschaftsinformatiker und Ingenieure der Fachrichtung Informatik aus der Sicht der DV-Anwender - Erhebung zu Aufgaben, Ausbildungskonzeption und Bedarf. In: Wirtschaftsinformatik, Heft 1, 1990, S. 20-32.

31. Mit K. Brunnstein: Zur Beurteilung der Sicherheit von anwendungsorientierten Informationssystemen. In: Wirtschaftsinformatik, Heft 4, 1992, S. 365-366.

IV. Herausgeber von Zeitschriften, Schriften-Reihen und Einzelschriften

a) Herausgeber von Zeitschriften:

- Zeitschrift "elektrionische datenverarbeitung". Verlag F. Vieweg & Sohn, Braunschweig 1969-1970.
- Zeitschrift "Angewandte Informatik" (Nachfolger von "elektronische datenverarbeitung"). Verlag F. Vieweg & Sohn, Braunschweig 1971-1989, ab 1974 zusammen mit N. Szyperski.
- Zeitschrift "Wirtschaftsinformatik" (Nachfolger von "Angewandte Informatik"). Verlag F. Vieweg & Sohn, Braunschweig 1990-1991 zusammen mit N. Szyperski und P. Mertens.
- Zeitschrift "Datenschutz und Datensicherung". Verlag F. Vieweg & Sohn, Braunschweig 1977-1989 zusammen mit K. Rihaczek, ab 1982 zusammen mit K. Rihaczek und H. Meister.

b) Herausgeber von Schriftenreihen

- Reihe "Angewandte Informatik". Verlag F. Vieweg & Sohn, Braunschweig, ab 1978 zusammen mit N. Szyperski.
- Reihe "Planung, Information und Unternehmungsführung". Verlag J. Eul, Bergisch-Gladbach - Köln, ab 1984 zusammen mit N. Szyperski, W. Matthes, U. Winand, J. Griese.
- Reihe "DuD-Fachbeiträge". Verlag F. Vieweg & Sohn, Braunschweig, ab 1981 zusammen mit K. Rihaczek und H. Meister.
- Reihe "BIFOA-Monographien". Wison-Verlag, Köln, ab 1983 zusammen mit E. Grochla, N. Szyperski, D. Seibt.
- Reihe "Informatik-Fachberichte der Universität zu Köln", 1971-1990 (Eigenverlag).

c) Herausgeber von Einzelschriften

- "Sicherheit in netzgestützten Informationssystemen. Proceedings des BIFOA-Kongresses SECUNET '90", zusammen mit H. Lippold, Verlag F. Vieweg & Sohn, Braunschweig 1990.
- "Sicherheit in netzgestützten Informationssystemen. Proceedings des BIFOA-Kongresses SECUNET '92", zusammen mit H. Lippold, Verlag F. Vieweg & Sohn, Braunschweig 1992.
- "Sicherheit in netzgestützten Informationssystemen. Proceedings des BIFOA-Kongresses SECUNBET '93", zusammen mit H. Lippold und D. Seibt, Verlag F. Vieweg & Sohn, Braunschweig 1993.

GPSR Compliance

The European Union's (EU) General Product Safety Regulation (GPSR) is a set of rules that requires consumer products to be safe and our obligations to ensure this.

If you have any concerns about our products, you can contact us on ProductSafety@springernature.com

In case Publisher is established outside the EU, the EU authorized representative is:

Springer Nature Customer Service Center GmbH
Europaplatz 3
69115 Heidelberg, Germany

Batch number: 10815974

Printed by Printforce, the Netherlands